生态文明与社会主义

Ecological Civilization & Socialism

张 剑／著

中央民族大学出版社
China Minzu University Press

图书在版编目（CIP）数据

生态文明与社会主义/张剑著. —北京：中央民族大学出版社，2010.11
　ISBN 978-7-81108-934-9

　Ⅰ. ①生… Ⅱ. ①张… Ⅲ. ①生态环境-建设-研究-中国　Ⅳ. ①X171.4

中国版本图书馆 CIP 数据核字（2010）第 211358 号

生态文明与社会主义

作　　者	张　剑
责任编辑	戴佩丽
封面设计	布拉格工作室・乌日恒
出 版 者	中央民族大学出版社
	北京市海淀区中关村南大街27号　邮政编码：100081
	电话：68472815（发行部）　传真：68932751（发行部）
	68932218（总编室）　　　68932447（办公室）
发 行 者	全国各地新华书店
印 刷 厂	北京华正印刷有限公司
开　　本	880×1230（毫米）　1/32　印张：10
字　　数	250千字
版　　次	2010年9月第1版　2010年9月第1次印刷
书　　号	ISBN 978-7-81108-934-9
定　　价	25.00元

版权所有　翻印必究

序

在当今世界,生态环境问题作为一个全球性的问题,日益引起了人们的关注。自从党的十七大报告中提出了"生态文明"的科学概念以来,生态文明建设问题作为一个重大的研究课题也成为学术界研究的热点之一。与一些学者主要是从一种中性的、非意识形态化的立场出发研究生态文明不同,张剑同志的专著《生态文明与社会主义》却能从科学社会主义的角度,包括运用阶级分析的方法来思考和研究生态文明建设问题,这给我们提供了一个新的理论视角。

此书对马克思主义经典作家的生态观、对生态马克思主义的主要代表人物关于生态问题的主要思想和观点进行了较为翔实和深刻的论述。《生态文明与社会主义》一书,能够立足于当代、立足于国情,在认真研读原著的基础上,将经典作家的自然观和生态思想置于整个马克思主义理论体系之中,并作为它的一个有机组成部分加以把握和阐述,包括从其阶级分析的视角来进行梳理、归纳和分析,力求从中得出思考有关现实问题的启示。毫无疑问,这有助于对我们当前的环境保护和生态文明建设进行有深度的理论思考,有助于我们在这个基础上,去探寻解决问题的有效对策。有人认为生态马克思主义是西方马克思主义发展的新形态,有人认为生态马克思主义是经典马克思主义当代发展的新形态。我们且不论生态马克思主义是否属于马克思主义范畴,但无论如何,生态马克思主义以当代的生态问题为切入点,能够正视生态问题的严峻性,并进而探寻生态问题背后的制度性根源,这样就超越了生态主义的浪漫主义,而对全球的生态问题的研究和解决同马克思主义有了一定的契合点和思想共鸣，也有了一定的理论上的解释力，是当代的资本主义批判理论中值得重视的一个理论流派。生态马克思主义批判资本主义方面有三大论题具有较为广泛的影响，即资本主义生产方式的反生态性批判、消费社会的反生态性批判以及基于资本主义本性的生态帝国主义批判。《生态文明与社会主义》一书，借鉴了生态马克思主义的资本主义批判观，而力求以马克思主义的视角，对这三大论题进行了详细的分析，尤其是对消费社会的生态批判的分析，还颇有新意，对学术界深入研究这些问题具有推动作用。

该书的理论部分资料翔实，论述充分，逻辑性强，论证有力，从而为社会主义生态文明的实践提供了有益的理论支持。在论述中国社会主义生态文明建设的理论和实践部分，书中也有一些亮点，比如关于对食品安全、饮用水安全的论述，关于环境群体性事件与地方政府的责任的论述，关于生态文明建设与社会主义物质文明、政治文明、精神文明建设的实践关联的论述等等，都在不同程度上具有对我们的生态文明建设的启迪作用。但是稍有不足的是，社会主义生态文明的实践部分的论述，相对于理论基础部分则显得薄弱。比如关于社会主义公有制经济在社会主义生态文明建设中的基础性地位，关于生态政治在社会主义初级阶段的表现形式的探索等等，都未能深入展开。当然这也有客观方面的因素。由于我国当前处于、并将长期处于社会主义初级阶段，社会主义市场经济体制有待进一步健全和完善，这些都与社会主义生态文明建设密切相关。毫无疑问，这些方面需要在社会主义的发展进程中逐渐得以解决。同时，在理论和实践方面的课题化研究，也需要学术界的共同努力。

张剑同志治学认真、努力勤奋，据我了解，她是非常喜欢读书思考的，而且能够沉的下来，在从事学术研究上有了一个好的开端。《生态文明与社会主义》一书是张剑在博士论文的基础上加工修改和充实而成的,是她的第一部专著。我作为她的导师,对于她的进步感到高兴。希望她继续努力、坚持不懈,在学术上做出更好的成绩。

目 录

导论 ··· 1
  第一节　生态文明建设的时代背景：世界与中国 ············ 1
  第二节　生态问题和马克思主义相遇：资本主义
　　　　　的宿命 ·· 7
    一、生态文明在国内外研究现状概述 ······················ 7
    二、2009 年国内生态马克思主义研究概况与
　　　　未来指向 ·· 15
  第三节　从科学社会主义的视角研究生态文明 ············ 26
  第四节　本书的基本内容与框架 ···························· 33
第一章　马克思恩格斯的自然观与生态思想 ······················ 36
  第一节　马克思恩格斯的自然观中的生态思想 ············ 36
    一、马克思恩格斯的自然观及其生态思想 ············· 36
    二、马克思恩格斯自然观的当代启示 ···················· 47
  第二节　马克思恩格斯对资本主义生产方式反生态
　　　　　性的批判 ··· 49
    一、资本主义生产方式矛盾的激化：经济危机与生
　　　　态危机并存相演化 ···································· 50
    二、资本主义对人的剥削与对自然界的过分掠夺是
　　　　同一历史过程 ·· 56
    三、社会主义制度取而代之才能从根本上解决可持
　　　　续发展问题 ··· 74
第二章　生态马克思主义：界定·批判·借鉴 ··················· 77
  第一节　生态马克思主义的界定 ···························· 77

第二节　生态马克思主义批判资本主义的主要观点 ………… 83
   第三节　生态马克思主义的局限性——以本顿为例 ……… 99
      一、本顿生态思想的哲学基础………………………………… 102
      二、《马克思主义和自然的限制》及评价 ………………… 110
      三、关于本顿"生态历史唯物主义"的争论与评价 ……… 119
      四、几点思考………………………………………………… 122
   第四节　消费社会的生态批判…………………………………… 123
      一、消费社会生态批判的理论背景………………………… 124
      二、消费社会生态批判的逻辑进路………………………… 133
      三、几点思考………………………………………………… 143
   第五节　生态殖民主义批判……………………………………… 149
      一、生态殖民主义的表现与内涵…………………………… 149
      二、对生态殖民主义的实质批判…………………………… 154
      三、科学社会主义对待生态殖民主义的战略与策略……… 162

第三章　中国生态意识的思想渊源和实践形式的历史
          进展 ……………………………………………………… 168
   第一节　中国传统文化中的生态意识与实际表现…………… 168
      一、儒道释的主流自然观概述……………………………… 168
      二、传统社会中人们生产生活中的生态意识因素………… 171
      三、中国传统文化与生产生活实践中的生态元素对
          我们的启示……………………………………………… 176
   第二节　新中国成立至今生态意识的觉醒和实践发展…… 178
      一、我国生态环境建设的发展阶段述评…………………… 178
      二、对我国现阶段生态环境问题的总体分析……………… 191

第四章　中国社会主义生态文明理念对科学社会主义
          的发展 ………………………………………………… 195
   第一节　社会主义生态文明概念的提出及其重大意义…… 195
      一、社会主义生态文明的概念和内涵……………………… 196

二、正确认识建设社会主义生态文明的重大意义……… 197
　第二节　中国生态文明建设的社会主义性质和内
　　　　　在要求……………………………………………… 199
　　一、我国市场经济建设对生态环境的影响…………… 199
　　二、中国社会主义生态文明建设的性质和内在要求…… 202
　第三节　科学发展观对生态文明建设的指导作用……… 210
　　一、以人为本与生态文明建设………………………… 210
　　二、可持续发展与生态文明建设……………………… 214
　　三、生态文明建设与和谐社会建设…………………… 219
　　四、生态文明建设的指导原则和基本特点…………… 224
　　五、中国社会主义生态文明建设的发展趋势………… 228

第五章　中国社会主义生态文明建设的主要内容……… 239
　第一节　加强教育、宣传和立法，提高全民的生态
　　　　　意识……………………………………………… 240
　第二节　防治环境污染，促进生态优化………………… 246
　第三节　狠抓食品安全与饮用水安全，切实改善民生…… 250
　第四节　使人口、资源、环境与经济社会协调发展…… 254
　第五节　完善生态文明建设的规划、管理和实施……… 256

第六章　中国社会主义生态文明建设与物质文明、政治
　　　　文明和精神文明建设的实践关联………………… 261
　第一节　生态文明建设和物质文明建设中的矛盾和
　　　　　解决的思路……………………………………… 261
　　一、传统社会主义实践的有关经验与教训…………… 261
　　二、生态文明建设和物质文明建设的实践关联……… 263
　第二节　生态文明建设需要政治文明建设的保障
　　　　　和引导…………………………………………… 269
　　一、生态文明建设要坚持法治原则…………………… 269
　　二、环境群体性事件以及地方政府的角色与责任…… 272

第三节　生态文明建设与精神文明建设的实践关联
　　　　和互促关系…………………………………… 279
结束语：中国社会主义生态文明建设在解决全球生态问题
　　　　中的责任………………………………………… 285
参考文献……………………………………………………… 288
后　记………………………………………………………… 308

导　论

第一节　生态文明建设的时代背景：世界与中国

人类历史走到 21 世纪的今天，严峻的生态环境问题的普遍存在已是一个不争的事实。如果说人类在农耕时代对地球环境的改变及对地球生态的影响还不是那么显著的话，那么，自近代西方工业革命以来的整个近现代史，则可以称为是人类不断征服自然、改造自然、一路凯歌高进的历史。这个过程今天仍在继续。究竟如何看待人类对自然的这种"胜利"呢？我们来看恩格斯在《自然辩证法》中的一段话，他说："我们不要过分陶醉于我们人类对自然界的胜利。对于每一次这样的胜利，自然界都对我们进行报复。每一次胜利，起初确实取得了我们预期的结果，但是往后和再往后却发生完全不同的、出乎预料的影响，常常把最初的结果又消除了。"① 事实的确如此。以森林资源为例，起初地球 2/3 的面积曾为森林所覆盖，但是一百多年以来，人们出于对耕地与木材的需要不断采伐，使全球森林面积减少了一半。这在当时暂时满足了人类的生产生活需要，但是随着时间的推移，人们越来越感受到这种毁灭性采伐带来的恶果——生物多样性的减少导致地球物种的大量灭绝和生态平衡的破坏；土地退化与沙化严

---

① 《马克思恩格斯选集》第四卷，人民出版社 1995 年版，第 383 页。

重；气候异常、臭氧层破缺、温室效应愈演愈烈，环境污染严重，淡水资源匮乏等等，不一而足。这种结果又以恶性循环的形式不断加剧。人类对生态环境的主动改造，再加上人类活动对自然环境的破坏与污染，造成了能源危机、人口危机、空气污染、水污染、自然灾害增加以及各种与生态问题相关的疾病的产生与蔓延。经过三四百年的工业化时代，生态危机已经成为一个摆在世界人民面前的、关乎人类能否可持续发展甚至能否继续生存的、亟须认真对待与解决的重大问题。

1962年蕾切尔·卡逊发表著作《寂静的春天》，成为环境保护启蒙的先声，人们的环保意识与生态意识开始觉醒。自20世纪60年代以来，欧美的环境主义、生态主义运动以及相应的思想理论相继产生、成长、传播开来，对社会生活各领域都产生了巨大的影响。1972年，罗马俱乐部出版了研究报告《增长的极限》，警告人们如果人口增长与生产中的能源资源耗费，以及对环境的污染按现在的趋势发展下去，社会发展就很可能在今后的一百年的某个时候达到极限，人类陷入生态灾难，从而导致整个社会的衰退甚至崩溃。尽管有人反对这种悲观的论调，但毕竟引发了人们对一种可持续发展的经济增长方式以及稳定平衡的社会进步模式的思考与探索。20世纪80年代，世界环境与发展委员会出版著作《我们共同的未来》，提出了代际可持续发展的思想。1992年，联合国在巴西召开的环境与发展会议通过了总共四十章的《21世纪议程》，号召各国政府和人民关注生态问题、致力于生态问题的解决和国际的协调与合作。这表明人类生态意识的普遍觉醒和生态文明思想的实际产生，在生态文明思想指导下的经济发展与社会进步已经成为一种广泛的社会共识。与此同时，欧洲绿党积极介入政治，欧盟也大大扩展了其应对绿色议题的权能与民主合法性。

目前，西方资本主义发达国家的生态问题在局部上有明显的缓解。但这是以牺牲广大发展中国家的生态效益、甚至是全球生态问题的恶化作为代价和前提的。现在有些西方国家为了缓解本国的生态危机，想方设法不断向第三世界国家转移污染环境的废弃物。根据绿色和平组织的一份调查报告，发达国家以每年5000万吨的规模向发展中国家转移危险废物，使非洲、拉美、亚洲以及东欧独联体国家成为发达国家的"垃圾袋"。自1993年以来，我国也受到"洋垃圾"的危害，仅1995年6—8月，中国海关就查处各类洋垃圾共计1850吨；1996年4月，北京京郊平谷县发现了639.4吨美国城市生活垃圾，而至发现之时，已堆放此地7个月之久。关于向第三世界国家输送污染的合理性，资本主义自有其所谓的经济逻辑为之辩护。1992年2月8日，《经济学家》杂志刊登了世界银行首席经济学家劳伦斯·萨默斯的一份备忘录，题目是"让他们吃下污染"。萨默斯认为，世界银行应该鼓励更多的污染企业迁往欠发达国家，有三个所谓的理由："1，衡量污染对健康损害的成本取决于从过去日益增长的发病率和死亡率所获的收益。从这一点解释，污染对健康损害成本最低的国家，也应该是工资收入最低的国家。我认为，向低收入国家倾倒大量有毒废料背后的经济逻辑是无可指责的，我们应该勇于面对。2，污染成本可能是非线性的，因为最初的污染增量可能只有很低的成本。我一直在想，非洲人烟稀少的国家应该是污染最少的国家，那里的空气质量与洛杉矶或墨西哥城相比在吸纳污染方面的效率也应该是很低的。唯独令人不快的事实是，大量的污染是由非贸易性行业产生的（运输、发电），并且运输固体废料的单位成本过高，阻碍了造福世界的空气污染和废料的贸易。3，出于审美和健康的原因提出环境清洁的要求可能有很高的收入弹性。显然，在一个即使得了前列腺癌也可以存活的国家里，人们对于只有百万分之一的可能导致前列腺癌的因素之关注，要比对在一个千分之二百人存活率不到五岁的国度里出现这种情况的关注要高得多。而且，我们对于工业大气排放的关注也只是针对影响能见度的微粒。这些排放对身体的直接影响甚微。很明显，引起人们对于污染进行审美关注的商品贸易更有利于造福世界。生产是可移动的，而清洁空气的消费是不可贸易的。所有与反对向欠发达国家输送更多污染建议的观点（获得特定商品的固有权利、道德权益、社会关注、缺乏充分市场等）相关的问题是有可能逆转的，并且或多或少可以用来有效地反对世界银行的每一项自由化建议。"

在这里，之所以大段地引用了萨默斯的原文，并非出于激怒发展中国家的意图，而是为了使人更清楚地看到这种被称为"生态殖民主义"的主张所表达的赤裸裸的资本主义的经济逻辑、或者简称为资本的逻辑的实质。一句话，利润、金钱就是资本逻辑中的上帝，除此之外，发展中国家中的人权、公正、资源破坏、环境污染等等一系列的政治社会问题与生态问题，发达国家都可以置之不理。所以，资本的逻辑本质上是侵略主义的逻辑、殖民主义的逻辑、帝国主义的逻辑。中国作为一个社会主义大国，不管是在社会基本制度上，还是在国家主流意识形态上，都与资本主义国家不同。西方发达国家的一些人出于"非我族类，其志必异"的心态，始终对中国这个以马克思主义为指导思想的、共产党执政的社会主义东方大国怀有敌意。伴随着中国加入世贸组织，已经纳入全球经济发展体系，我们尤其要警惕发达资本主义国家利用我国迫切发展经济，同时环境进入门槛较低的状况，对我国进行的生态殖民主义活动。否则，中国就谈不上真正的可持续发展。如果有着13亿人口的中国爆发了生态危机与经济社会危机，那将不只是中国一国的灾难，而必定是国际性的甚至是全球性的灾难。而且，中国本身也在发展社会主义市场经济、大量招商引资，兴办企业实现工业化的过程中，不少企业主急功近利，大量排放工业废物和城市生活污染物，造成了空气、水体和土地污染，致使环境恶化与生态失衡。再加上我国关于生态环境保护的法律法规不健全，监管不严，地方政府生态意识淡漠，可持续发展观念不强，这一系列的原因加在一起导致我国生态赤字严重。

中国作为一个发展中的社会主义国家，在解决全球生态问题中有其不可替代的责任。首先，中国是一个发展中的人口大国，面临着实现现代化的历史任务，而这个现代化正是以工业化和城市化为主要特征的。从近代开始的西方工业化过程，耗费了大量的能源、资源，生产过程中产生的废水、废气以及有毒有害物质严重污染了环境，而且与工业文明所伴生的一切政治、经济、社会结构与人们的生活方式、消费方式，以及在此基础上形成的社会文化、心理结构都与生态文明的原则与主张大相径庭。中国如果沿着这个类型的工业化的路子走向现代化，只能重演西方的生态危机，阻碍经济社会发展，导致一系列社会问题，甚至产生难以预料的社会危机和全面的生态危机。所以，中国必须走一条可持续发展的现代化之路，即中国共产党提出的以科学发展观为指导的发展之路。其次，在世界体系的大视野下来看中国的发展，的确是困难重重。中国是一个后发展国家，在总体上处于世界经济体系链条的低端。过去，中国曾是发达国家的原料、资源、能源供给国与过剩产品倾销地；而今，又成为由于发达国家产业升级淘汰的夕阳产业的接受国。在此过程中，我们对本国资源能源的无度开发与过量耗费，加之夕阳产业对本国环境的污染已经对我国的生态环境造成了极为严重的破坏。

中国要在全世界防治生态危机、构建生态文明社会中发挥积极的作用，就必须在思想理论领域以马克思主义关于人与自然和解、人与人和解的思想教育和武装自己的人民，不断提高建设生态文明的自觉性，同时坚持用马克思主义基本原理剖析和批判资本主义及其生态殖民主义；在实践上以身作则，搞好本国的生态文明建设，并努力在国际上联合其他社会主义国家与广大发展中国家，共同谴责与抵制发达国家的生态殖民主义，不断推进解决全球生态问题的国际协调和国际合作。

党的十七大以来，理论界对生态文明的研究进入了一个活跃期，对生态文明的理论研究作出了一定的贡献，但同时也存在着继续深化与系统化的现实需要。所以进行生态文明研究，尤其是中国特色社会主义的生态文明研究就具有重大的理论意义与实践意义，而且具有相当的严峻性和紧迫性。

西方工业化的生态转向，是与中国工业化的市场转向大致同步的，在距西方工业化的生态转向很长时间之后，中国才从实践层面、从社会整体意义上开始进行工业文明的生态化转向，二者存在近三十年的时间差距。我们认为，中国是在工业化过程中，形成、发展、实现社会主义生态文明，这本身就对全世界以及社会主义事业具有重要的理论和实践意义。西方发达国家的工业化道路一般遵循的是"先发展后治理"的道路，而中国在工业化发展到一定阶段后，要实现经济发展与环境保护，经济发展与能源消费、生态治理同时协调优化，将这些范畴纳入同一历史进程。这在资本主义制度下是不可能实现的。社会主义初级阶段的中国如果要实现这一目标，就必须从社会主义本质上挖掘资源，将社会主义的优越性充分发挥出来。

我国发展的是社会主义市场经济，说到底就是以社会主义的本质对资本本性进行利用和制约，以市场经济的发展来服务于社会主义制度。自由主义的资本主义势必导致生态殖民主义，它也许在每一个具体的国家、地区，某个具体的历史阶段会呈现出不同的特点，但本质不会改变。在很大程度上，发达资本主义国家生态危机有所缓解的背后是第三世界更大规模、更深程度的生态破坏与环境污染，是其民众为此付出的包括健康权、生命权在内的生存权利代价。所以环境正义、经济正义在全球化的进程中都上升为一个具有原则高度的政治正义问题，而马克思的学说则让我们明了，为什么会是这样的。资本主义制度内在的不公正、反平等，在环境问题上凸显出来。

生态问题是一个全球性的问题，也必然与当今正在发展着的经济全球化过程综合起来进行考量，这究竟是怎样一个全球化？是富者愈富、穷者愈穷的全球化，还是第三世界受益的全球化？是生态危机全球蔓延的全球化，还是全世界实现生态环境逐步改良的全球化？对这些问题的不同回答体现了马克思主义与新自由主义的对立。奥康纳对绿色分子提出的"全球思考、地方行动"的观点进行了批评，提出要使全球生态环境有一个实质的改善，必须全球行动起来。在此意义上，生态环境问题或许可以成为社会主义运动全球复兴的推动因素之一。

第二节　生态问题和马克思主义相遇：资本主义的宿命

一、生态文明在国内外研究现状概述

国外对生态问题的关注自20世纪70年代就已经开始了，而且从关注生态保护、防治环境污染的技术层面逐步深入到对产生生态危机的制度分析，从而有一批哲学家、社会学家著书立说，用以揭露和抨击资本主义制度是产生生态危机的根源，对生态问题的研究渐趋深入。国内自20世纪90年代后逐步日益关注生态问题，进入21世纪后对建设社会主义生态文明的呼唤更是成为大势所趋。国内理论界关于生态文明的研究，作出了很大的努力，取得了明显的进展。

生态马克思主义是西方马克思主义的一个流派。它致力于

资本主义生态问题的揭露、分析和批判，也试图提出解决生态问题的种种设想和主张，从而为我们研究中国社会主义生态文明提供了启示和借鉴，是一种重要的思想资源。国内对生态马克思主义主要作者的作品翻译成果斐然，比如福斯特的《马克思的生态学》、《生态危机与资本主义》，佩珀的《生态社会主义：从深生态学到社会正义》，奥康纳的《自然的理由：生态学马克思主义研究》，以及20世纪90年代翻译的莱斯和阿格尔的作品。并对利奥波德的"大地伦理学"、罗尔斯顿的"自然的内在价值"以及鲍德里亚、阿格里塔的消费社会理论进行研究与介绍。在下一部分我们将对国内生态马克思主义的研究现状进行细致的总结。

国外学界对生态问题的研究重点在于批判资本主义生产生活方式耗费资源、污染环境、破坏生态平衡。其中，许多学者都从马克思主义那里汲取理论养分，作为自己立论的重要理论依据。福斯特对马克思主义生态学做了忠实于原著的挖掘与分析，的确对研究马克思的生态学思想具有很强的启示意义。但是，他的研究也存在对马克思主义生态化的倾向，因为毕竟以哲学、政治经济学、科学社会主义为三大组成部分的马克思主义关注的对象与研究的重心仍然在于人类社会尤其是资本主义社会的生产关系与社会结构，生态思想是它的一个组成部分，但是并非中心内容。

除了福斯特的阐释，西方马克思主义、生态马克思主义中也蕴含了大量的生态学思想。霍克海姆、阿道尔诺的《启蒙辩证法》批判了启蒙以来科学技术对生态环境的破坏性影响，马尔库塞在《单向度的人》以及《革命与反革命》中指出资本主义对自然界的破坏源自于科学技术的资本主义使用，从而从单纯的技术批判转向了更高一层的制度批判。莱斯与阿格尔开创并发展了生态马克思主义理论，他们从马克思的资本主义经济危机理论发展出了资本主义的生态危机理论,从马克思的异化劳动概念发展出了异化消费概念。之后,1997 年奥康纳出版了《自然的理由》,提出,资本主义除了生产力与生产关系之间的第一类矛盾外,还有生产力、生产关系与生产条件之间的"第二类矛盾",并在此基础上提出了资本主义的双重危机理论,即资本主义的经济危机与生态危机同时存在,并相互促进,最终只能以生态社会主义代替资本主义。

西方马克思主义中生态马克思主义的这一条发展线索,基本上是对马克思主义在理论上的生态学修正与补充,不同于福斯特对马克思文本的历史考察。虽然它们不是真正的、正统的马克思主义,但其对生态问题的关注和研究还是值得重视和认真研究借鉴的。关于生态马克思主义,我们将在第二章专门论述。

关于马克思与恩格斯的生态思想,早在 1977 年,霍华德·帕森斯就编辑出版了《马克思恩格斯论生态学》一书,将马克思主义经典文本中有关自然与生态的内容摘录出来,书中认为马克思恩格斯的生态思想包括自然辩证法思想、人的生存与自然相互依赖的思想、人类对自然的科学技术应用的思想、资本主义的污染与自然的毁灭的思想、在工作场所与居住地资本主义对人的污染以及共产主义条件下人与自然关系的转化等部分。在对马克思恩格斯的生态思想进行文本摘录之前,帕森斯用了接近全书一半的篇幅写作了引言,在引言中,帕森斯认为,马克思恩格斯对使自然服从于人类需要的资本主义策略是认同的,但是在以下三个方面,马克思恩格斯的生态观不同于资本主义的,"(1)对自然的统治要使所有的人受益,而非只是少数统治阶级;(2)对自然的统治应该保持自然生态与人类需求相和谐的辩证平衡,而非通过将地球变为小贩叫卖的商品而破坏我们自身;(3)对自然的统治应赋予其在理论上的理解与审美欣赏的品质,而非像资本主义那样贬低辱没自然。"① 帕森斯通过事实来证明了这一点,他说,在 1917 年以来,社会主义国家面对着来自资本主义世界的反对与攻击,经济尚欠发展,人民生活也很贫穷,但即使是在这样的情况下,"对自然的热爱与欣赏在社会主义国家的艺术表现中也大量的涌现,而只是在近十年以来(即 20 世纪 60、70 年代——笔者注),在资本主义的哲学与文学作品中,生态的关注与渗透于自然之中的审美情绪才开始被突出的提出来。"② Jonathan Hughes 的《生态学与历史唯物主义》一书,则试图将马克思主义与当代的生态问题联系起来,认为历史唯物主义为思考环境问题、发展对环境问题的政治回应提供了一个解释性和规范性的框架。③ 他认为,马克思主义中的许多理论包含生态意蕴,比如马克思主义认为人类社会依赖于、而且被自然条件所型塑的观点,马克思关于在一个更广泛的意义上——而非仅仅在商品的市场价值方面——对价值的关注等观点,都给予我们以丰富的生态启示④。以上两本著作再加上福斯特、伯克特等人对马克思的生态化解读,为我们理解经典马克思主义的生态启示奠定了基础。

国内对生态文明的关注源于环境保护的思想,在第三章我们将具体论述。学术界对由于生态问题而渗透的经济社会等各方面也在理论与实践上进行了探讨,比如关于生态补偿、循环经济的探索,关于环境状况与贫困的关联的研究,关于消费主义产生的

---

① Howard L. Parsons, *Marx and Engels on Ecology*, Greenwood Press, 1977, p67-68.

② Howard L. Parsons, *Marx and Engels on Ecology*, Greenwood Press, 1977, p68.

③ Jonathan Hughes, *Ecology and Historical Materialism*, Cambridge University Press, 2000, p1.

④ Jonathan Hughes, *Ecology and Historical Materialism*, Cambridge University Press, 2000, p4.

生态后果的思考等等，撰写了大量的论文与著作。但在生态政治方面的研究还仍然处于起步状态，有进一步深化的空间。

国内学者也提出了一些关于生态文明研究的新观点。比如余谋昌提出了一系列的新观点，陈学明提出了中国要建设"生态导向的现代化"的观点，对推进中国社会主义生态文明研究的深化具有理论意义。

国内学界对生态问题的关注大多都上升到对生态文明的理论阐发，产生了较为丰富的论点。以下列举一些有代表性的观点：

第一，关于生态文明的内涵。关于如何具体界定生态文明的概念，多数学者都认同它是指关于人与生态环境之间相互关系的物质成果与精神成果的总和，潘岳《论社会主义生态文明》一文从文化价值观的角度，指出生态文明是以人与自然、人与人、人与社会和谐共生、良性循环为宗旨的文化伦理形态。郇庆治在《环境政治国际比较》中认为，生态文明应该是基于后工业主义社会的，在新的价值理念——即传统经济理性服从于社会与生态理性——的基础上，人类生活方式的重建，它应该是一种基于多元原则、共享原则与合作原则的文明。宋林飞在《生态文明的理论与实践》中提出，生态文明主张认识自然规律，坚持可持续发展，正确处理人与自然的关系，要保护生态、修复生态，更要建设生态。在这方面只是由于侧重点不同，而对其内涵的实质性争议不多。

第二，关于生态文明是否可以作为一个独立的文明形态。在时间序列上，许多学者都认为生态文明是继原始文明（渔猎文明）、农业文明、工业文明之后的一个新的文明形态，是一个独立的文明发展阶段。余谋昌的《生态文明——人类文明的新形态》一文认为，生态文明是超越工业文明的一个新的文明形态、新的社会形态，生态社会主义是人类社会的发展目标。申曙光在《生态文明及其理论与现实基础》一文中认为，生态文明是一种新的文明，是比工业文明更先进、更高级、更伟大的文明，但也承认在发展阶段上，文明发展的不同阶段有兼容。陈学明也基本上持相近的观点，认为渔猎文明、农业文明、工业文明、生态文明是一个顺序递进的序列。但是，学者们关于中国目前所处的阶段上存在认识差异，比如申曙光就认为中国正处于从工业文明阶段向生态文明阶段过渡，而陈学明则认为中国现在处于农业文明向工业文明过渡的阶段。[1]

在与物质文明、精神文明、政治文明的关系上，学界充分赞成党的十七大报告将生态文明与其他三个文明并提，同时更进一步的论述了生态文明与三大文明的关系，陈学明认为四大文明并列，但生态文明渗透到其余三个文明之中，表现为生态伦理学、生态经济学、生态政治学。高红杰《关于生态文明的哲学思考》认为生态文明作为一种文明形态有独立的价值与意义，但同时它对物质文明、精神文明、政治文明有依附性或依赖性。张荣华的《中国特色社会主义生态文明建设论析》认为生态文明是其他三大文明当然的基础，因为自然生态在人类社会产生之前就已存在，它的基础性是从发生学的意义上讲的。

第三，关于社会主义生态文明。有人在资本主义与工业文明等同的意义上，认为社会主义与生态文明在本质上具有一致性，因为社会主义是对资本主义的超越，生态文明是对工业文明的超越，"生态文明为各派社会主义理论在更高层次的融合提供了发展空间，社会主义为生态文明的实现提供了制度保障。"周苏玉、张丰清《生态文明视野下的中国特色社会主义观》认为，社会主义生态文明是一种迄今为止人类历史的最高文明形态，根本超越了工业文明与传统社会主义文明。印裔学者萨拉·萨卡的著作

---

[1] 陈学明：《生态文明视野下的中国发展之路——陈学明教授访谈录》，载《晋阳学刊》，2008年第3期。

《生态社会主义还是生态资本主义》，对以前苏联为代表的传统社会主义模式对自然生态的破坏进行了详尽的分析。学者一致认为马克思所设想的共产主义社会是实现了人与自然、人与人双重和解的生态文明社会，共产主义通过"人的自由联合体"的方式完全废除私有财产，这种共产主义即是马克思在《巴黎手稿》中指出的"作为完成了的自然主义，等于人道主义，而作为完成了的人道主义，等于自然主义，它是人和自然界之间、人和人之间的矛盾的真正解决，是人同自然界的完成了的本质的统一，是自然界的真正的复活，是人的实现了的自然主义和自然界的实现了的人道主义。"社会主义是共产主义的初级阶段，所以社会主义社会是最有可能实现生态文明的社会，生态文明也只有在社会主义（共产主义）社会中才能真正实现。

我们认为社会主义生态文明，是指在社会主义制度下，在经济建设与社会发展的过程中，保护环境、优化生态，从而改善民生的理论与实践的总称。本书的社会主义生态文明概念就是在此意义上使用的。关于社会主义生态文明的概念、内涵及其相关的理论问题，我们将在第四章专门论述。

当下学术界较普遍存在的一种"非意识形态化"或"去意识形态化"现象。更有一些学者认为，生态文明很难分清是社会主义或资本主义的，或者认为，这种区分毫无意义。事实上，发达资本主义国家的生态环境明显优于诸如中国这样的发展中的社会主义大国，在实践上不仅不能证实社会主义制度的优越性，反而使社会主义在资本主义生态现状面前自惭形秽。我们的任务就是以马克思、恩格斯的自然观为基础，直接回答这些问题，其中首要的一点就是，我们必须明确界定中国生态文明建设的社会主义性质，证实社会主义制度为生态文明的实现提供了基本保障。中国特色社会主义理论认为，社会主义的本质特征是解放与发展生产力，消灭剥削与两极分化，最终达到共同富裕。与资本主义制度相比，社会主义制度的优越性不仅仅体现在生产力的发展上，更加体现在公平公正、共同富裕、道德文化、可持续发展、人的全面发展和社会和谐等方面。从这个角度讲，社会主义与生态文明具有内在的一致性，因此它们能够互为基础、共同发展。

在构建和谐社会的过程中，生态文明建设是关键的一环。胡锦涛同志指出，我们所要建设的社会主义和谐社会，应该是民主法治、公平正义、诚信友爱、充满活力、安定有序、人与自然和谐相处的社会。学术界关于生态文明与和谐社会建设的关系进行了多方面的探讨。关于生态文明与和谐社会的关系，学者们提出，生态文明是构建和谐社会的重要指标、基础、前提条件和重要保障。赵良在《生态文明视野中的和谐社会构建》一文中指出，生态文明与构建和谐社会的基本目标和本质特征是一致的，基本原理是相通的。张云飞提出，生态文明升华了对作为社会主义和谐社会的基本要求和重要特征的人与自然和谐相处的社会价值、理论内涵和实现路径的科学认识，开辟了社会主义和谐社会的新境界。李一中认为，和谐与公平是生态文明的核心。周玉明在《环境保护与构建和谐社会》一文中提出，环境公平是和谐社会的重要特征之一，构建和谐社会必须走生态文明发展之路。方世南提出，注重生态价值，以生态和谐促进社会和谐是构建社会主义和谐社会的重要内容。也有学者提出了生态和谐的观念。除此之外，学界对如何建设生态文明、构建和谐社会的途径和手段也进行了探索。

可见，生态文明、社会主义以及和谐社会的建设存在着内在的一致性，三者是不可分割的整体。具体而言，第一，和谐社会必然是社会主义社会，自由资本主义制度下无法实现真正意义上的世界范围内的社会和谐。同时，由资本主义生产方式的反生态性决定了，生态文明只有在社会主义制度下才能彻底实现，所以，只有坚持社会主义制度，才能最终建成和谐社会、实现生态文明，换言之，社会主义性质是和谐社会与生态文明的最高契合点。第二，要在建设和谐社会的过程中建设生态文明，必须在经济领域坚持社会主义公有制的主导地位，对资本主义生态方式的反生态性质进行引导，这是建设生态文明的物质基础；在政治领域，坚持共产党的领导，将人民主体性原则贯彻落实到党和政府的各项工作中去，不仅对关系国计民生的生态环境问题进行重视和解决，更重要的是在处理由于企业污染等问题而引发的环境群体性事件时，要站在人民群众的立场上，为人民群众谋福利。同时，加强环境法治建设；在文化领域，弘扬社会主义核心价值，突出社会主义文化对全社会文化的引导作用，用集体主义教育人民，发动群众，保护生态环境，抵制危害和破坏生态环境的企业和个人行为；在社会领域，积极开展社区、街道、村庄、城市的生态文明建设，将节约能源资源、保护环境、实现人与人、人与社会、人与自然的和谐等理念贯彻落实到社会建设的各方面。同时，在消费方式、消费行为方面，也要用社会主义性质的和谐消费观对群众进行引导。

二、2009年国内生态马克思主义研究概况与未来指向

生态马克思主义将生态问题置于马克思主义的思想视阈之内，对理解当代的生态问题产生诸多有益的启示，因此成为我们关注的对象。在这一部分，我们将对国内学界关于生态马克思主义的研究状况做一个概括，从而明确我们进一步研究的基础。

生态马克思主义研究在近年来逐渐成为学术界尤其是西方马克思主义方面研究的热点。究其原因，大致有以下几方面：第一，中国的现实国情因素。在现当代中国的生态环境问题凸现出来，20世纪90年代，提出了可持续发展的理念，近年来又提出了建设生态文明的理论。这就促使学界到西方的环境哲学、生态马克思主义等中寻求资源，以期为当下的经济社会发展实践提供

借鉴和启示。第二，国际政治因素。西欧、北欧的绿党与本国的左翼政党结盟，在国内政治中发挥了重要作用。中国作为以马克思主义为指导的社会主义国家，从中可以借鉴有益的东西。第三，在马克思主义本身的发展来看，生态马克思主义成为当代资本主义批判理论中较为有效的一个流派，有学者认为，生态马克思主义作为西方马克思主义发展的最新阶段应该进行深入研究。而且，生态马克思主义的代表作者也处于思想的活跃期。比如福斯特对生态马克思主义的广泛传播发挥了较大的作用。由于以上综合因素的作用，生态马克思主义研究在我国迅速兴起，取得了较大的进展。

20世纪后期以来，我国对于生态马克思主义的代表人物代表著作的译介工作卓有成效，比如阿格尔、莱斯、佩珀、奥康纳以及福斯特等。国内学界对生态马克思主义进行课题化的研究，几部博士论文的研究出版起了基础性的作用[①]，而王雨辰2009年出版的专著《生态批判与绿色乌托邦》则成为近些年对此研究的一个集大成者。以下仅就2009年关于生态马克思主义的研究做一个简单的梳理，并提出关于研究中存在的问题及其未来指向的思考。

（一）研究概况　在2009年，国内学界关于生态马克思主义的研究继续深化，发表了二十余篇相关的学术论文，出版了几部学术专著。通过总结归纳，我们认为研究的热点聚集在以下几个方面。

1. 关于马克思主义的生态思想以及历史唯物主义的生态学向度有较为深入的探讨。

[①] 包括刘仁胜的《生态马克思主义概论》(2007)、徐艳梅的《生态学马克思主义研究》(2007)以及曾文婷的《"生态学马克思主义"研究》(2008)、郭剑仁的《生态地批判——福斯特的生态学马克思主义思想研究》(2008)。

邓晓芒的《马克思人本主义的生态主义探源》通过将马克思的人本主义置于德国古典哲学传统中，阐述了从康德、黑格尔、费尔巴哈到马克思恩格斯自然目的论思想的流变，认为马克思主义并不是片面地取消人的目的性，而是将这种目的性从外在目的性提升为内在目的性，实现这种理论上的创造的关键点在于马克思的实践观点。邓晓芒指出，马克思的实践观在内涵上根本不同于费尔巴哈的实践观，在后者看来，实践等同于赚钱牟利活动，是人类掠夺自然、与自然割裂的源头。但是在马克思那里，实践被赋予了新的内涵，他认为实践是人类的感性实践活动，是自由自觉的生命活动，体现了人的全面本质活动的丰富性。人类的实践活动"按照美的规律塑造物体，也就是按照生态的标准塑造物体，其前提是超越于动物性的需要之上，包括超越于物质利益的考虑之上。感性实践的这种超越性决不能还原为技术主义和物质主义的贪欲，也与人为地宰割自然的狂妄自大毫无关系，而恰好是致力于人和大自然的和谐……（人）像保护自己的身体一样保护自然，像感觉自己的手足一样感觉植物动物的世界，并将自己的全部创造力用在日益扩展与自然界的对话中。人的本质力量的全面丰富性给自然界的多样性和丰富性提供了展示的舞台；反之亦然。这就是马克思的人本主义的生态主义超越于当代生态主义的最根本的地方。"[①]。因此，文章认为，马克思的人本主义本身就是一种深刻的生态主义和自然主义。

黄瑞祺、黄之栋在《鄱阳湖学刊》2009年第1、2、3期上，连续发表了三篇关于对马克思主义重要文献的生态学解读。第一，强调"劳动"范畴在马克思自然观中的核心地位，认为在马克思看来，人与自然的关系，正是借由劳动来联系的。"马克思

---

① 邓晓芒：《马克思人本主义的生态主义探源》，载《马克思主义与现实》，2009年第1期。

着眼在劳动所带来的中介作用,把被劳动所中介的人的自然和外在自然环境(人的身体与人的非有机的身体)联结在一起,使人的自然与外在自然之间不再是断裂的存在,而是关联的存在。"①对劳动的分析是马克思提供给我们理解当代生态问题的最重要的工具②。第二,认为马克思的自然概念包含三个层次,外部的自然环境、人类本身内在的自然和通过劳动而形成的自然,而马克思在关于控制自然的思想中同时包含了人对自然、人对自身和人对他人控制的三个维度③,所以要从劳动—自然—社会的三重维度上来理解马克思的自然观。第三,认为马克思的自然观的对象是"关系主义"中的自然,自然不是静态的、与主体割裂的、被动的客体,而是与人相互生成的,与人和社会处于同构关系中。资本主义加速了对自然的改变,加深了自然的异化和人的异化,从而导致了代际不正义的产生。

范晓丽在《论唯物史观的自然维度》一文中也对实践在马克思主义的自然观中的重要性进行了强调,文章指出,在马克思看来,对于自然界来说,只有在以有意识的主体所创造的人类历史为前提的时候,才能谈得上自然史。物质的普遍性对于意识的独立性来说,只存在于具体的事物和过程中,这是由于实践主体或生产者总是使认识对象或劳动对象、即自然界或物质材料与自己处于相互作用的过程和关系中。同时,人类的生产实践在恩格斯的自然观中也占有重要的位置。他在提及人类应当学会正确地认识和掌握自然规律时,其中便是认识人类对自然界的惯常行程的

---

① 黄瑞祺、黄之栋:《〈1844年经济学哲学手稿〉的生态视角:马克思思想的生态轨迹之一》,载《鄱阳湖学刊》2009年第1期,第84页。
② 黄瑞祺、黄之栋:《唯物论下的关系构造:马克思思想的生态轨迹之二》,载《鄱阳湖学刊》2009年第2期,第98页。
③ 黄瑞祺、黄之栋:《〈资本论〉与生态学的交错:马克思思想的生态轨迹之三》,载《鄱阳湖学刊》2009年第3期,第78、79页。

干涉所引起的比较近或比较远的影响,即人类的生产行为引起的"自然影响",乃至"社会影响"。

陈学明在《寻找构建生态文明的理论依据》一文中,以福斯特的生态马克思主义思想为资源,指出以卢卡奇为代表的"西方马克思主义"理论家尽管反对将马克思主义实证主义化的倾向,但他们在马克思主义内部又将马克思主义黑格尔主义化。他们把马克思主义哲学归结为一种实践的唯物主义,但同时又否定马克思主义哲学是本体论意义上和认识论意义上的唯物主义,从而掏空了马克思主义哲学的唯物主义的内容。重新恢复马克思主义哲学的唯物主义本性,是发掘马克思主义理论体系中深刻的生态观的前提。马克思的生态观点的核心是强调不能离开资本主义的生产方式来观察生态问题。文章认为,只要资本主义的利润至上原则仍在起着支配作用,彻底解决全球性的生态问题就是一种空想。解决生态问题的最终出路是社会主义制度在全球范围内对资本主义制度的胜利[1]。

2. 对生态马克思主义的基本观点的研究在范围上有扩展。

王雨辰在《论生态学马克思主义的生态价值观》[2]一文中指出,生态学马克思主义所主张的生态价值观主要包括三个方面的内容,其一是在生态社会主义社会中应当坚持的是建立在追求集体的长期利益以及人类和生态和谐发展基础上人类中心主义的生态价值观。这是因为生态社会主义的人类中心主义价值观是人本主义的,是以满足人特别是穷人的基本需要为目的的。其二是建立在资本和近代人类中心主义价值观基础上的科学技术虽然带来

---

[1] 陈学明:《寻找构建生态文明的理论依据》,载《中国人民大学学报》,2009年第5期。
[2] 王雨辰:《论生态学马克思主义的生态价值观》,载《北京大学学报》,2009年第5期。

了严重的生态问题，但是需要批判的不是科学技术本身，而是科学技术运用的资本主义方向。通过制度变革实现人和人关系的合理性是保证技术运用合理性的前提和基础。所以解决生态危机的关键不是要限制科学技术的发展和经济增长，而在于如何使科学技术的发展和经济增长与人和自然的和谐发展统一起来。其三是人们生活方式的变革对于解决生态危机具有重要的价值和意义，而要建立合理的生活方式就应当破除消费主义的价值观，理顺需要、消费、劳动和幸福的关系，使人们到创造性的劳动中而不是消费活动中去寻找满足和幸福[1]。

王增芬、刘希刚在《论生态学马克思主义的生态重建理论范式及其逻辑限度》[2]一文中指出，生态学马克思主义的有创见的思想包括，第一，主张重建马克思的唯物史观，坚持社会劳动在马克思唯物史观中的核心地位，把自然、文化和技术等范畴注入其中，倡导整体人类中心观；第二，主张辩证地、历史地看待人、自然和社会的关系，摆正人类在自然界中的地位主张构建生态社会主义的和谐价值观，树立正确的需求观、劳动观和消费观，真正实现人的全面而自由的发展；第三，主张生态原则优先的实践观，强调社会正义、生态正义和生产正义的统一，建立一个"可以承受的社会"。但同时文章指出，生态学马克思主义由于没有彻底坚持马克思主义历史唯物主义的基本立场，从而导致了其在逻辑上的局限性。另外还有论文对生态马克思主义的科技伦理观进行探索[3]。

---

[1] 王雨辰：《论生态学马克思主义的生态价值观》，载《北京大学学报》，2009年第5期，第33页。

[2] 王增芬、刘希刚：《论生态学马克思主义的生态重建理论范式及其逻辑限度》，载《河南工业大学学报（社会科学版）》，2009年第3期。

[3] 张首先、马丽：《生态马克思主义的科技伦理观》，载《阴山学刊》，2009年第3期。

3. 对生态马克思主义代表人物思想的研究有一些进展。

张一兵主编的《资本主义理解史》第六卷中，对高兹、奥康纳、福斯特的生态马克思主义思想进行了较为深入的研究。研究将高兹的生态马克思主义思想置于其对资本主义的整体批判理论之中，与其关于技术分工批判、需要的异化的批判、资本主义条件下工作和劳动的批判以及经济理性批判结合起来，使其生态马克思主义呈现出立体的面相，对全面理解高兹的思想起到促进作用。在对福斯特的研究中，提出了福斯特关于生态危机的时间尺度的观点，即包括地质时间尺度、历史时间尺度、生活时间尺度，时间性思想的引入对于生态马克思主义研究具有启示意义。这促使我们思考，在一定的时间尺度内，生态技术、生态经济的实施是否能使资本主义实现生态现代化？这就促使我们进一步思考资本主义的不可持续性问题。

赵卯生在《生态危机下的马克思主义重建》一文中，以《西方马克思主义概论》为对象，对阿格尔的思想渊源和发展历程进行了系统的梳理，文章指出，阿格尔通过运用马克思的辩证法对西方马克思主义的发展进行分析，并通过重新研究危机理论，走向了"生态学马克思主义"。文章认为，在阿格尔的视野下，生态学马克思主义作为马克思辩证法的复活，承担起实现当代资本主义生态危机下马克思主义重建的历史任务，并力图把西方（尤其是北美）的生态运动引导到社会主义变革的道路上来，最终实现人的解放和自然的解放。

对阿格尔的异化消费和期望破灭的辩证法的思想、高兹的经济理性与生态理性思想、马尔库塞的虚假需求思想等，进行生态学马克思主义的解读，与消费主义的全球化蔓延有着直接的关联。

4. 开始有意识的思考生态马克思主义对中国建设社会主义生态文明的借鉴和启示。

许多学者在论文中都提及生态马克思主义对中国建设生态文

明的启示性。由于我们正处于社会主义初级阶段,实行社会主义社会主义市场经济制度,改革开放30多年来,生态环境危机作为一个显著的问题已经提上议事日程。党中央提出要实行科学发展,建设社会主义的生态文明,所以我们可以在生态马克思主义的资本主义批判理论以及生态重建思想中获得许多有益的借鉴。有学者指出,生态学马克思主义与科学发展观在本质上是一致的[①]。

(二)存在的问题及未来指向

综观国内学界对生态学马克思主义的研究状况,确已取得可喜的成果,但仍存在将生态学马克思主义研究继续推向深化的较大余地,以下从几个方面对这种努力的方向进行探索。

1. 生态学对马克思主义的渗透,使它由一种"外视角"向马克思主义之中的"内视角"进行转换。从学者的研究路径来看,从生态社会主义到生态马克思主义再到马克思的生态学的进路,生动地体现了这种转换。福斯特的《马克思的生态学》和奥康纳的《自然的理由》可以作为两个进行讨论的对象。

《自然的理由》涉及对生产力、生产关系的讨论,但认为马克思理论是不足的,需要用外在的生产条件去补充它,在表象上更是以生态危机与经济危机并存的二重危机论来补足马克思的资本主义危机理论。奥康纳看似已经深入到马克思理论的内部,实际上并未真正实现生态学马克思主义的视角转换,奥康纳并没有超越马克思。但同时,他也做出了卓越的理论贡献,即他已经意识到要将生态环境的因素作为一个函数植入到马克思的政治经济学中,并与"文化唯物主义"以及全球生态学联合起来,提升、拓展生态学马克思主义的理论高度与深度,在这一点上,他具有

---

① 张红梅:《生态学马克思主义与科学发展观》,载《河北学刊》,2009年第3期。

一种合乎马克思文本的真精神的理论企图，所以，他的生态学马克思主义的研究是具有开创性的。相比较而言，福斯特的确已经进入到马克思的内部，也已经试着用马克思的眼光来观察和评论当前全球性的生态危机，比如《生态危机与资本主义》，但他的《马克思的生态学》却囿于着重从马克思的文本中进行生态环境议论的挖掘和相应的阐释，而妨碍了从政治经济学和哲学的角度进行根本的理论建构，所以他的效果就是，虽然马克思的生态观点得到了鲜明的指认，但仍然"在边缘"徘徊。二者之间存在的张力只能证明，福斯特的生态马克思主义在视角转换上并不彻底，这种不彻底性消解了其理论的力度。如何实现视角的转换是生态马克思主义研究中下一步应该着力思考的问题。

在生态马克思主义的研究中，是将经典马克思主义生态化，还是将生态问题引入马克思主义的研究视阈之内，这关乎理论自身的定位及其自我反思的基本特性。当然，二者也可以是互补性的，但总体来看，后者相比前者，不仅有更广阔的理论发展空间，同时也具有更高的理论境界。

2. 我们认为，如果从科学社会主义的角度来研究生态问题，对发展和深化生态马克思主义会产生积极的效果。科学社会主义认为从根本上颠覆资本主义制度，才能解决经济、生态、文化等社会问题，而不是相反。同时指出这个颠覆存在不可逾越的前提，其一是资本自身的发展逻辑，资本不发展到最后阶段就无法实现自我的扬弃，这是资本的自然规律，也是科学社会主义的客观前提，其二是阶级力量的主动性，即资本主义既使已经发展到最高阶段，也不会自动消亡，只能由具有阶级意识的工人阶级运动，通过和平的与暴力的阶级斗争，来推翻资本主义制度。

科学社会主义作为马克思主义理论体系的最高的原则性概括，体现了马克思主义的基本原则。科学社会主义认为，围绕着资本这个基本范畴展开的生产关系与社会关系，是造成包括经济危机、生态危机、价值危机在内的一切社会危机的万恶之源。其二，人与自然的关系已经被实践、劳动、资本、社会等范畴所中介。所以，如果离开资本与劳动的关系、社会与自然的关系，来谈人与自然的关系，就只能沦为形而上学的议论与泛泛空谈。科学社会主义作为一个实践的行动指南，作为以对资本的批判与扬弃为中心、而展开的一个自我完成的历史过程，必须以资本的充分发展与最大限度的涌动作为实现的现实基础。生态问题将在与其他社会问题相联系、共发展的过程中，伴随着资本主义的消亡而得以解决。要从科学社会主义的角度来分析马克思的理论对当代生态问题的启示，必要一步就是必须将阶级分析的方法应用到对生态问题的研究中来。这一点我们在下文中将有详细论述。

当然，所有的超越都不是简单的批判的扬弃，而是更高阶段的融合。正如我们所知，马克思的知识来源除了人们熟知的哲学、政治经济学、社会主义三个方面，还有人类学的、自然科学的、历史学的等等方面，所以我们应该对马克思的文本作一种全体的关照，而只按照现有的学科划界却很难得到其真精神，所以思想范式的变革势在必行。具体到生态马克思主义而言，需要意识到马克思的自然观及其关于生态环境的不多的评论，只是马克思关于总体资本主义观点中的一部分，它们不能被机械的、人为的割裂开来。

3. 结合当前时代特征，如何对技术理性、消费社会中存在的生态环境问题进行科学的分析，是一个亟待深化的课题。比如海德格尔后期思想中的技术观，列斐伏尔的日常生活批判理论、空间生产理论，鲍德里亚的消费社会理论、技术文明批判思想，瓦纳格姆的日常生活革命思想等等，以及当代生态经济、生态技术的发展，欧洲绿色政党、团体和社区的环境运动等等都可以为生态马克思主义提供有益的思想和实践资源。如果说，生态学马克思主义是"以生态问题为切入点的一种当代资本主义理论，"[1]生态马克思主义就肩负有这样一种历史使命，即将马克思主义的、整全性的资本主义理论，与当代的理论进展和实践发展相结合，从而使马克思主义对当代资本主义的发展状况更具解释力。如能达到这种境界，那生态马克思主义就不仅仅是西方马克思主义的当代发展的新形态，而应是经典马克思主义发展的新阶段了。

除此之外，对研究生态马克思主义的一些代表人物，比如安德烈·高兹、伯克特、本顿等的代表作品的译介工作仍有待加强。

自然作为一个被剥夺的、被不公正对待的对象，是深生态学，同时也是生态马克思主义共同的基调。在马克思的文本中，剥削与被剥削、压迫与反压迫作为辩证运动的两极，是对擂的敌方，它们之间存在着强大的张力，以对抗和战争的形式开始，以胜负的形式结束。但在后现代主义的语境中，被掠夺的自然与被压迫的人都已经不复存在，在资本普遍浸透的社会中，没有受虐的对象，只有资本控制和支配一切——以其有形的和无形的力量。原初的自然界和人，即整全的自然与本真的生命个体已经成为"神话"。在这个神话中，自然界以其雄浑的野性魅力和包容万物的母性精神，对人——这个万物之灵，这个自然之子，虽然时常雷霆万钧，但更多的时候却无私的滋养着他们世代繁衍，生生不息。

在后现代的境况中，随着资本获得普遍的权利以及世界观的彻底转变，自然界实现了完全的向人的生成，成为彻底的人化自然。土壤的改良，动植物饲养种激素抗生素、化学物品的普遍使

---

[1] 王雨辰：《生态批判与绿色乌托邦》，人民出版社，2009年6月版，第270页。

用，大气被污染，江河湖泊被污染，原初的自然界消失了，成了一个神话，就像人的生命，通过吃的食物（转基因食品）、喝的水、呼吸的空气，虽然是逐渐的，但却是本质上的改造。在这种理解下，没有受虐的对象，只有资本渗透程度的大小之别。近现代以来，剥削—被剥削、压迫—被压迫、统治—被统治的二元结构被彻底解构了，这是一个自我解构、自我毁灭、自我内部爆破的时代，在这里已经与鲍德里亚通过将技术文明推到极致、从而客体实现了对主体的彻底胜利的结论声气相通了。但是，清醒的人们如果还想抓住最后一根救命稻草，马克思似乎是唯一的选择。

当然，马克思的理论仍然是帮助我们的时代在内部进行另一种向度上的爆破，虽然是从内部，但它是整体上对资本的开战，因为对资本而言，如果不是从总体上对它进行现实的批判，如果不根本破坏它的再生能力，就无法打倒它。马克思主义指导下的革命是社会全体的革命，在已经没有什么力量对资本在外部施加影响的条件下，内部的爆破是唯一的选择。随着自然界与人的异化程度的不断加深，这种透过马克思的清醒体认，已经像深陷泥沼的人求生那样，虽然执著奋力，但仍感到绝望的恐慌。如果说地球已经命悬一线，那同样可以说，人类已经危在旦夕。通过马克思主义而达致解放之途成为人类最后的希望。不管人们是否愿意看到，在全球生态学这部舞台剧中，马克思主义被重新推至前台。

第三节　从科学社会主义的视角研究生态文明

在生态文明的理论与实践的研究中，人们从不同的立场与视角来追问产生生态问题的根源，并同时探索解决的对策。生态主义作为一种激进的生态理论，在着重于对现存社会生活方式以及人们的道德观念进行激烈批判的基础上，提出了自然界内在价值理论、大地伦理说，要对现有的生活方式、价值观念进行彻底地颠覆。生态主义在恢复自然界优先地位的同时，也以人类回归原有的、与自然融合的生产生活方式为理想。在本质上，这种回归看似是对现代社会的否定，而实际上则是现代性的一个表现侧面，即生态主义作为一种后现代主义思潮，是在现代性框架之内的一次批判性冒险，它在挣脱现代社会牢笼的同时，将自己重新整合进现代社会生活之中。或者说，它是在批判现代性中承续与发展着现代性。虽然它使价值观念在思想深处实现了激烈的革命，却在现实生活中仍然囿于现代社会机械的、一如既往的结构与关系之中。这个界限是生态主义难以克服的，因为它是生态主义本身所固有的。

　　生态马克思主义对资本主义生产方式反生态的性质进行了深刻而全面的批判。在生态问题产生的根源问题上，它直接深入到对资本主义制度的批判之中，将人与自然的关系置于人与人的社会关系中来理解，认识到自然的解放与人的解放是处于同一历史进程之中。但是生态马克思主义批判的深刻性并不能代表它理论上的彻底性，而科学社会主义正是在彻底性的层面实现了对生态马克思主义的超越。所谓的不彻底，不只表现在生态马克思主义主张生态运动侧重采取的和平方式，还表现为它所主张的生态运动本质上还是一种绿色运动，而且，生态马克思主义对资本主义的生态批判中，那些对马克思主义生态学的补充与发展——比如，从异化劳动引导出异化消费，经济危机与生态危机并存等理论——在看似深化马克思主义基本理论的同时，也以每个个体解读者的方式演绎了马克思主义的基本理论。生态马克思主义启示了生态问题的资本主义根源，却无法将理论进行到底，科学社会主义正是在彻底性上超越了生态马克思主义，科学社会主义认为从根本上推翻资本主义制度,代之以社会主义、共产主义社会制度,才能解决经济、生态、文化等社会问题,而不是相反。同时指出这个颠覆存在不可逾越的前提,其一是资本自身的发展逻辑,资本不发展到最后阶段就无法实现自我的积极扬弃,这是资本主义发展的客观规律,也是科学社会主义的基本前提;其二是阶级力量的主动性,即资本主义即使已经发展到最高阶段,也不会自动消亡,只能由具有阶级意识的工人阶级运动,通过和平的与暴力的阶级斗争,来推翻资本主义制度。李崇富教授根据列宁的观点指出:马克思主义关于阶级和阶级斗争的观点和学说,是马克思主义科学体系的重要组成部分,从一定意义上说,"没有它,也就没有马克思主义。"[1]

科学社会主义包含着马克思主义的一系列基本原则。科学社会主义认为,如果离开资本与劳动的关系、社会与自然的关系,来谈人与自然的关系,就只能沦为形而上学的议论与泛泛空谈。科学社会主义理论、运动和社会制度的统一,既是工人阶级的思想体系和实践的行动指南,又是以对资本的批判为前提、而展开的一种社会运动、历史过程,因此它必须以资本的充分发展和深刻的社会变革作为实现的现实基础。生态问题只能在与其他社会问题相联系、共发展的过程中,伴随着对资本主义的超越得以解决。然而,生态问题却有着自己的特殊性,用施密特的话来说,马克思作为黑格尔的学生,作为辩证法大师,其理论归宿不会是同一性的,而必然是非同一性的,如何理解这个非同一性问题呢?即在马克思早期的作品中关于人与人、人与自然和解的共产主义,在马克思后来的思想发展中被重新思考。因为只要有人类

---

[1] 李崇富:《关于马克思主义阶级观点和阶级分析方法的正确理解与运用》,见李崇富、罗文东、陈志刚主编:《阶级和革命观点研究》,中央编译出版社2008年版,第39页。

社会存在，即使到了共产主义阶段，也仍旧存在人、社会与自然之间的物质变换，即人必需劳动以满足需要，即使这个劳动的社会必要时间已经缩小到最低的限度，但仍然会存在。所以，共产主义不可能是一个矛盾消失的地方，像人与自然之间的一些矛盾将仍然存在。虽然共产主义克服了资本主义"经济理性"支配下的过度生产、过度消费以及异化劳动等等，将这一切置于联合起来的生产者的、有计划的管理之下，可以是一个实现了"生态理性"的社会，但并不能彻底消除人与自然之间的所有问题，共产主义仍然会有生态问题的存在，然而，共产主义阶段的生态问题与以资本为核心逻辑的资本主义阶段的生态危机相比较而言，不仅在性质上，而且在程度上也有很大的不同。

要从科学社会主义的角度来分析马克思主义对当代生态问题的启示，必要的一步就是必须将阶级分析的方法应用到生态问题的研究中来。就像生态马克思主义用制度批判的视角超越了生态中心主义一样，我们也将通过运用科学社会主义在生态问题上的阶级分析方法，实现对生态马克思主义的超越。生态马克思主义指出，不能离开人与人之间的关系，抽象的谈论人与自然的关系。科学社会主义同样指出，在存在阶级的世界中，不能离开处于一定社会历史阶段的、具体的、阶级的人与人之间的关系来谈论生态问题，在这里，"人"的阶级性含义鲜明的对立于相对笼统的抽象的人的含义。当然，这并非指生态马克思主义没有意识到这个问题，比如，大卫·佩珀在作品中就提到，有钱人的居住环境要比穷人好；比如许多生态社会主义者纷纷谴责的生态帝国主义等等。但是他们仅仅停留于此，他们没有勇气在揭开生态问题的阶级实质的基础上给出一个阶级行动/斗争的指南，或者说，他们的阶级观点和阶级分析是零碎的、时隐时现的与偶然的，缺乏系统性、自觉性与一贯性。这就决定了生态马克思主义相对于科学社会主义，在分析解决生态问题时的不彻底性，而恰恰由于这种不彻底性，使它偏离了马克思主义的真精神。比如，作为生态马克思主义理论创见之一的异化消费概念，是在马克思的异化劳动基础上发展起来的、并成为其补充的一个重要范畴，论及人们通过在无节制的消费活动中体会到的快感，来补偿由强制劳动而带来的精神、身体上的损失。但深究异化消费的阶级实质，我们就可以看到资本家阶级与劳动者阶级的生活消费具有不同的性质。对劳动阶级而言，即便由于工资收入有所增加而使衣食住行等生活条件得以改善，但这始终要以其工资即劳动力价值或价格为依据、为界限。而对于资本家阶级而言，就不存在这个界限了。在资本家阶级中，层级越高的资本家就越有财力支持奢侈、无度的消费。许多人猎杀受到保护的珍稀动物制成毛皮等奢侈品，偷窃珍稀动植物制成昂贵的药品、补品，就是可以在以昂贵的价格卖给有钱人的时候获取暴利。这些物品的消费者不可能是劳动者阶级，也就是说，在消费活动中（包括消费对象、消费条件等），资本家阶级与劳动者阶级有着质的区别。所以由于无度消费而引发的生态问题方面，其责任大小和归属的问题，是显而易见的。

但这只是问题的一方面。在马克思的《资本论》中，我们可以看到更为深刻的一面。我们不妨推想一下，时至今日，我们之所以如此的关注人与自然之间矛盾的缓解、关注生态危机的解决，究竟出于什么样的目的？不外乎使经济社会保持可持续的发展，从而使人类在地球上、在每一个国家中生活得更好，也就是人们可以活的更健康、更有尊严、更有永续发展的可能性。空气污染、水污染、土壤退化、气候变化等生态环境问题，直接造成对人的健康与生命的侵害，所以人的健康权、生命权、发展权才是生态文明的最高旨趣所在。而遗憾的是，这个问题却在生态中心主义中被自然界的神圣地位、内在价值、大地伦理等理论所消解；在生态马克思主义被资本主义所导致的"异化"这个抽象的哲学术语所遮蔽。在理解生态文明的科学社会主义视野中，人的健康权、生命权、发展权必须被旗帜鲜明的提出来，并且更加坚定不移的指出，这里的人指的主要是最大多数的劳动群众。在《资本论》第一卷的第三四五六七篇中，马克思用了大量的篇幅叙述了西方工业化初期，工人在生产条件、生活条件、智力发展方面的悲惨境遇，有力地控诉了资本主义生产关系是造成这种状况的根本原因，一针见血地指出劳动与自然力一样，为资本增值提供无偿服务，使资本家的消费规模随着对剩余价值剥削的加深而不断增长、无限膨胀[1]。同时马克思也指出，工人待遇的改善与生活水平的提高，并不等于消除劳动对资本的从属关系，以及资本对劳动的剥削，仍然会生产与再生产资本关系本身，即生产与再生产资本家与雇佣工人之间的剥削和被剥削的关系，生产与再生产雇佣工人对资本家的从属和依附地位，生产与再生产资本家对雇佣工人健康和生命的侵害过程。马克思指出："在资本主义社会里，一个阶级享有自由时间，是由于群众的全部生活时间都转化为劳动时间了"[2]，这样资本主义就不知不觉的剥夺了劳动者的受教育权、发展权，以及享受闲暇的权利。

　　马克思将自然条件归结为两个方面，一方面是人本身的自然，一方面是人的周围的自然、外部的自然[3]。资本主义生产生活方式不只对外部的自然界造成伤害，而且直接侵害了众多劳动者自身的自然。在资本主义社会中，不是劳动者在掠夺自然界，而是资本假劳动者之手来掠夺自然界，同时也侵害劳动者自身，所以生态问题绝不能仅仅理解为抽象的人与自然的分裂与对立，而是以资本为核心范畴的社会与自然的分裂与对立。

---

[1]《资本论》第一卷，人民出版社 1975 年版，第 652 页。
[2]《资本论》第一卷，人民出版社 1975 年版，第 579 页。
[3]《资本论》第一卷，人民出版社 1975 年版，第 560 页。

马克思关于人与自然、人与人之间的哲学思想已经足够深刻到对现代社会的生态问题作出最彻底的解读，包括指出它的根源及其克服的方式，只有从科学社会主义的原则高度来解读人与自然的关系，才能为生态问题寻找到真正的病因与治疗方案。建构生态文明理论要具有真正的科学性，只能在马克思主义的立场、观点和方法的指导下，在科学社会主义的高度上来完成。而这只是第一步，更重要的还在于以科学的发展理论来指导当下的社会实践。具体到中国这个社会主义发展中国家的生态文明建设来说，作为马克思主义中国化的最新理论成果的中国特色社会主义理论体系，尤其是科学发展观，承担起了这一历史使命。

黑格尔在《精神现象学》中提出了著名的"主－奴关系辩证法"，马克思的阶级斗争学说可以看作它在社会政治领域的具体表现。全球范围内日益严重的生态危机对人类尤其是穷国与穷人生存的现实逼迫，仿佛成了"主－奴关系辩证法"在人与自然关系方面上演的版本。

现代以来，生态中心主义的环境伦理学说、海德格尔的存在论的技术批判理论以及鲍德里亚对消费社会的激进批判都对我们思考研究人类社会与自然界之间的辩证关系提供了诸多启示，但是，将阶级视点引入生态环境问题上来，似乎还是生态马克思主义的一个努力。然而，遗憾的是，它关于生态环境问题的阶级行动学说还只停留在一种意象的层次，带有无法避免的无力感。科学社会主义的任务就是要实现这个超越。具体而言，在全球范围内，借生态危机的逼迫，促使广大第三世界人民的阶级意识觉醒；在已经建立社会主义制度的中国，建构社会主义生态文明理论，以服务于社会主义性质的生态文明建设实践，从而对全球范围内在生态环境问题上的阶级斗争进行理论与实践上的双重提升，即上升到制度建构的层次，以社会主义的生态文明建设超越资本主义的生态改良，或言之，使生态文明建设从全球范围内的

"否定性"上升到中国国内的否定性之上的"肯定性"。

第四节 本书的基本内容与框架

从科学社会主义的角度来探索生态文明问题是本书的主要特色和基本的观点。基于此,本书首先论证了社会主义生态文明的理论基础是马克思恩格斯的自然观及其生态思想,以及他们对资本主义生产方式反生态性的分析,接着以此为指导论述了中国社会主义生态文明理论及其实践。

在第一章,以马克思恩格斯的经典文献为根据展开论述,提出了要将马克思恩格斯的自然观置于辩证唯物主义和历史唯物主义的原则高度进行认识,主张马克思恩格斯的自然观是与社会相关的自然观,不是抽象的人与自然、社会与自然之间关系的简单描述,而是对具体的、历史的、阶级的人与自然、社会与自然关系的整体分析。在马克思恩格斯的自然观看来,资本主义制度在本质上是反生态的,在资本主义制度下是无法实现全球范围内、具有实质意义的生态文明建设的,社会主义(共产主义)为实现人与人、人与自然的双重和解奠定了基础。

生态马克思主义作为当代生态环境问题与马克思主义相遇的理论成果,具有重要的理论意义,它也被认为是西方马克思主义发展的新阶段。本书在第二章首先对生态马克思主义进行了理论界定,并集中概括了其中主要人物对资本主义进行批判的理论观点。之后,又以泰德·本顿为例,分析了生态马克思主义的局限性。在借鉴生态马克思主义的有益成果的基础上,我们还从经典马克思主义的视角出发,对资本主义的消费主义和生态殖民主义对全球生态的破坏进行了批判。

在这个基本理论基础上,并以此为指导,强调中国的生态义明建设必须坚持社会主义性质，这也是贯穿全书的中心思想。笔者在略论中国传统社会的生态思想与实践的基础上，以建国后、尤其是改革开放以来，中国环境保护与生态建设的实践为背景，对中国社会主义生态文明的理论建构进行了尝试，提出中国社会主义生态文明建设的主要内容、重要原则与特点。

中国社会主义生态文明建设的主要内容至少包含以下几个方面，第一是加强教育、宣传与立法，提高全民的生态意识；第二是防治环境污染，促进生态优化；第三是狠抓食品安全与饮用水安全，切实改善民生；第四是使人口、资源、环境与经济社会协调发展，第五是加强生态文明建设的规划、管理与实施。

关于中国社会主义生态文明建设的重要原则，本书认为在以人为本的社会主义总原则下，还包括法治原则、民主原则、平等原则、可持续发展原则与节约原则。

关于中国社会主义生态文明建设的特点，本书认为，中国社会主义生态文明建设是中央政府主导与市场机制相结合的，是现代化、工业化与生态化相结合的，必须将借鉴别国经验与立足本国国情相结合。在此基础上，作者还详细论证了中国社会主义生态文明与物质文明、政治文明、精神文明的关系，指出三方面的关系在本质一致的前提下，中国社会主义生态文明建设与物质文明建设、政治文明建设、精神文明建设在实践上存在的矛盾以及解决的方法。

本书运用理论与实际相结合、历史与逻辑相统一的方法对中国社会主义生态文明的理论与实践问题进行分析与论述。在经济全球化的过程中，面临着不断加剧的生态环境压力，如何实现经济社会发展与人口、资源、环境相协调，在科学发展观的指导下建设资源节约型和环境友好型社会，实现可持续发展，是我们必须解决的问题。党的十七大正式提出了生态文明的概念，说明我们在如何实现经济社会的整体良性运行方面的认识更加科学、深化了。建构中国社会主义生态文明理论，以更好的阐释科学发展观，就成为科研工作者的重要任务。本书可以作为这方面的一个尝试。

　　同时，也必须承认存在以下的问题。本书以马克思恩格斯的自然观及其对资本主义的批判为理论基点，借鉴了生态马克思主义的思想资源，在中国建设社会主义现代化的时代背景之下，试图对生态文明建设进行理论解析，仍然存在许多现实的困难。除了受限于作者本人的理论视野与思维深度之外，由于中国在世界上属于发展中国家，当前正处于社会主义初级阶段，许多体制方面的问题都有待创新、健全和完善，而且因为它们与生态文明建设密切相关，也使生态文明建设本身处于一个待完善的过程之中。由于我们是在这样一个过程之中进行反思，更加深了这种反思的局限性。所以，如果我们将本书的论说定位于对生态文明建设与社会主义本质的一致性的思索，那就必须承认，这仍然具有一种导论的性质，我们的探索之路远未完成。可以说，本书中许多问题虽有所涉及，却未能展开并深化下去。在此论题的探索方面，我们仍然在路上。

第一章 马克思恩格斯的自然观与生态思想

马克思恩格斯作为马克思主义思想体系的创始人和奠基人，其理论视野的切入点，当然最注重关于资本主义生产方式的考察和理论剖析。但同时，他们又是以整个人类社会的历史、以整个自然界、人类社会和人类思维的发展规律及其过程作为自己的理论对象的。其中，他们的关于自然界以及人与自然关系的总体性研究与思考，则是他们对于资本主义进行历史性考察和理论批判的世界观基础和方法论前提。

第一节 马克思恩格斯的自然观中的生态思想

马克思恩格斯理论思考的基础是人类的社会实践活动。人是社会的主体和实践的主体；自然界和人类社会是人类实践的对象。但是，马克思主义在将社会实践作为立论基础的同时，历来是以承认自然界的优先地位作为其根本立足点的。

一、马克思恩格斯的自然观及其生态思想

第一，马克思的自然观。包括以下几个方面。1. 人是自然的存在物，自然界是人的无机的身体。人是自然界进化的最高产物，人为万物之灵。人是自然存在物表现在两个方面，既是能动的自然存在物，同时也是受动的、受制约的自然存在物。这里的自然存在物是从作为本质的自然意义上讲的，即人作为自然存在

物本质上是对象化的存在物,即"人有现实的、感性的对象作为自己的本质即自己的生命表现的对象,"①而且同时它本身对于第三者而言,是对象、自然界、感觉。人只有通过对象并成为对象,才能表现自己的存在本质。在人与自然界的对象性关系上,表现为人与自然界的交流,因为"一个存在物如果在自身之外没有自己的自然界,就不是自然存在物……一个存在物如果在自身之外没有对象,就不是对象性的存在物,"而"非对象性的存在物是非存在物。"②"人的第一个对象——人——就是自然界、感性;而那些特殊的、人的、感性的本质力量,正如它们只有在自然对象中才能得到客观的实现一样,只有在关于自然本质的科学中才能获得它们的自我认识"。③感性自然界——比如植物、动物、石头、空气、光等等——不管是作为"自然科学的对象",还是作为"艺术的对象",都是"人的意识的一部分,是人的精神的无机界。"同时,人也必须依靠这个具体的外部自然提供的物质资料——食物、燃料、衣着、住房的形式——才能生活。人的普遍性正表现在把整个自然界变成"人的无机的身体。"人靠自然界生活,属于自然界的一部分,"自然界是人为了不致死亡而必须与之不断交往的、人的身体"。④ 2. 工人的劳动与感性的自然界。作为现象的自然等同于自然界,即"感性的外部世界","它是工人用来实现自己的劳动、在其中展开劳动活动、由其中生产出和借以生产出自己的产品的材料。"⑤这个自然界本来给工人在两个方面提供"生活资料"的来源,一是作为工人劳动加工对象即生产资料,一是为工人本身的肉体生存提供资料,即狭义上

---

① 《1844年经济学哲学手稿》,人民出版社1985年版,第124页。
② 《1844年经济学哲学手稿》,人民出版社1985年版,第125页。
③ 《1844年经济学哲学手稿》,人民出版社1985年版,第85-86页。
④ 《1844年经济学哲学手稿》,人民出版社1985年版,第52页。
⑤ 《1844年经济学哲学手稿》,人民出版社1985年版,第49页。

的生活资料。但在资本主义生产方式下，工人愈是"占有"自然界和创造"人化自然"，愈是"失去"，以至成为"自己的对象的奴隶"。因为他只有得到工作，才能实现劳动力与生产资料的直接结合，才能实际的利用作为生产资料存在的自然界，只有作为工人才有工资，也才能获取维持自身生存的生活资料，从而成为"肉体的主体"，"这种奴隶状态的顶点就是：他只有作为工人才能维持作为肉体的主体的生存，并且只有作为肉体的主体才能是工人"。① 3. 通过工业形成的自然界是真正的、人化的自然界。马克思在《1844年经济学哲学手稿》中提出，迄今为止的全部人的活动的基础是劳动，也就是工业，就是同自身相异化的活动②。不仅是宗教、政治、艺术、文学等等，更重要的是工业的历史和工业的已经产生的对象性的存在，展现了人的本质力量。"工业是自然界同人之间，因而也是自然科学同人之间的现实的历史关系——自然科学通过工业在实践上进入人的生活，改造人的生活，并为人的解放作准备。同时，如果把工业看成人的本质力量的公开展示，就可以理解自然界的人的本质，或人的自然的本质了。"在人类历史中即在人类社会的产生过程中形成的自然界是人的现实的自然界；因此，通过工业——尽管以异化的形式——形成的自然界，是真正的、人本学的自然界。"③ 后来，马克思在1857—1858年经济学手稿中指出，在社会主义下也进行着自然向工业的转化；对自然的认识与变革中在工业中所实现的大规模的统一，应该在将来成为对生产过程更具决定性的。④ 在社会主义条件下，伴随着生产自动化发展的历史趋势，工人由直

---

① 《1844年经济学哲学手稿》，人民出版社1985年版，第49页。
② 《1844年经济学哲学手稿》，人民出版社1985年版，第84页。
③ 《1844年经济学哲学手稿》，人民出版社1985年版，第85页。
④ 施密特：《马克思的自然概念》，商务印书馆1988年版，第159页。

接从事生产的当事者，转变为只是站在生产过程旁边的监督者和调节者，这个转变表现为人对自然界的了解与人作为社会体的存在对自然的统治。施密特指出，这在新的方式上蕴含了人与客观世界之间的对立。① 4. 人与自然关系的社会中介。人是自然存在物，也是社会存在物。他的生命表现是社会生活的表现和确证，所以社会绝不是同个人相对立的抽象存在，"正像社会本身生产作为人的人一样，人也生产社会"②，人的活动归根到底具有社会的性质。因此，"自然界的人的本质只有对社会的人说来才是存在的；只有在社会中，自然界对人说来才是人与人联系的纽带，才是他为别人的存在和别人为他的存在，才是人的现实的生活要素；只有在社会中，自然界才是人自己的人的存在的基础。只有在社会中，人的自然的存在对他说来才是他的人的存在，而自然界对他说来才成为人。"③ 1844年手稿认为经过这个社会的中介，人与自然、人与人之间的矛盾得以真正的解决，实现了作为完成了的自然主义，等于人道主义，作为完成了的人道主义，等于自然主义。但是在施密特看来，手稿中呈现出来的这种同一性，在成熟期的马克思那里被非同一化了。施密特指出，成熟期的马克思由于看到不管必要劳动时间再怎样缩短，人类仍然要进行维持生命的生产，物质生产的彼岸依然存在，人类不可能完全废除劳动，不能停止与自然界的物质变换，所以人类不可能摆脱自然的强制性。因此，马克思意义上的共产主义自由王国绝不仅仅是对必然王国的代替，"同时它又把必然王国作为不可抹杀的要素保存在自己里面。"④

---

① 施密特：《马克思的自然概念》，商务印书馆1988年版，第159页。
② 《1844年经济学哲学手稿》，人民出版社1985年版，第78页。
③ 《1844年经济学哲学手稿》，人民出版社1985年版，第79页。
④ 施密特：《马克思的自然概念》，商务印书馆1988年版，第145页。

第二，恩格斯的自然观。

作为马克思主义创始人之一的恩格斯在基本的阶级立场与哲学观点是与马克思一致的，甚至诸如《神圣家族》《德意志意识形态》《共产党宣言》等名篇也由二者共同完成。所以，将恩格斯与马克思的自然观截然分开是不可能的。但是，由于理论分工不同，马恩的学术研究也各自具备一些特点。恩格斯在自然辩证法、唯物主义自然观方面的研究，在马克思主义理论体系中占有较重要的位置。恩格斯的自然观集中体现在《自然辩证法》、《反杜林论》、《社会主义从空想到科学的发展》以及《路德维希·费尔巴哈和德国古典哲学的终结》等著作中。

1. 恩格斯自然观的核心是自然辩证法。

恩格斯认为辩证法是关于自然、人类社会以及思维的运动和发展的普遍规律的科学，是理解自然界与人类历史的唯一正确方法。用辩证法观察自然界本身、人与自然界的关系，恩格斯得出以下两个基本论点，第一，自然界是历史生成的，自然界内部是普遍联系与相互转化的；第二，人是自然界的产物，又反作用于自然界。

首先，恩格斯在批判旧的、僵化的自然观的基础上，高度评价了康德《自然通史和天体论》，因为它提出了"地球和整个太阳系表现为某种在时间的进程中生成的东西"[1]，这成为人类近代自然观进步的起点，因为"如果地球是某种生成的东西，那么它现在的地质的、地理的和气候的状况，它的植物和动物，也一定是某种生成的东西，它不仅在空间中必然有并存的历史，而且在时间上也必然有前后相继的历史"，所以"自然界不是存在着，而是生成着和消逝着"[2]。新自然观的基本点就在于"一切僵硬

---

[1] 《马克思恩格斯选集》第四卷，人民出版社1995年版，第266-267页。
[2] 《马克思恩格斯选集》第四卷，人民出版社1995年版，第267页。

的东西溶解了,一切固定的东西消散了,一切被当作永恒存在的特殊的东西变成了转瞬即逝的东西,整个自然界被证明是在永恒的流动和循环中运动着"①。

恩格斯在批判机械唯物主义以及黑格尔的唯心主义的基础上,指出了在整个自然界中起支配作用的客观辩证法。恩格斯认为机械唯物主义虽然也知道自然界处于永恒的运动中,但他们理解的这个"运动"是永远绕着一个圆圈旋转,它总是产生同一结果,因而始终不能前进。而在黑格尔看来,自然界只是观念的"外化","它不能在时间上发展,只能在空间扩展自己的多样性,因此,它把自己所包含的一切发展阶段同时地、并列地展示出来,并且注定永远重复始终是同一的过程"②。这两种自然观的本质都是非历史的。恩格斯认为辩证法在自然界中起支配作用,自然界是检验辩证法的试金石,"辩证法在考察事物及其在观念上的反映时,本质上是从它们的联系、它们的联结、它们的运动、它们的产生和消逝方面去考察的"③。他进一步将辩证法归结为三大规律,即质量互变、对立统一与否定之否定规律。在辩证法看来,自然界永远处于一个状态向另一个状态、一个阶段向另一个阶段的转化运动之中。自然界不仅是一个过程的集合体,而且就其存在本身而言就是一个过程。自然界不仅是历史地生成,而且"注定要灭亡",自然科学预言了地球本身可能存在的末日和它适合居住状况的相当肯定的末日④。也许经过多少亿年,多少万代,地球甚至整个太阳系都将趋于死寂,但是新的星球及其适应的"思维着的精神"又会重新产生出来。这是物质运

---

① 《马克思恩格斯选集》第四卷,人民出版社 1995 年版,第 270 页。
② 《马克思恩格斯选集》第四卷,人民出版社 1995 年版,第 229 页。
③ 《马克思恩格斯选集》第二卷,人民出版社 1995 年版,第 361 页。
④ 《马克思恩格斯选集》第四卷,人民出版社 1995 年版,第 217 页。

动的一个永恒的循环。"在这个循环中,最高发展的时间,有机生命的时间,尤其是具有自我意识和自然界意识的人的生命的时间,如同生命和自我意识赖以发生作用的空间一样,是极为有限的"[1]。在这个循环中,除了永恒的变化,永恒的运动及其规律之外,再没有永恒的东西,在铁的必然性的支配下,物质自然界以及思维着的精神的毁灭与重生,同样是不可避免的。

在整个自然界中起支配作用的是客观辩证法,而辩证的思维,即主观辩证法,则是"在自然界中到处发生作用的、对立中的运动的反映,这些对立通过自身的不断的斗争和最终的互相转化或向更高形式的转化,来制约自然界的生活"[2]。辩证思维是对旧的、形而上学思维的克服与扬弃,它抛弃了"非此即彼"的思维方法,承认"亦此亦彼",即"一切差异都在中间阶段融合,一切对立都经过中间环节而互相转移",而且"对立通过中介相联系"[3]。在辩证的思维看来,无限的东西既可以认识,又不可以认识,这就为人们认识与利用自然规律与历史规律,奠定了认识论的基础。

2. 恩格斯提出人是自然界的产物,又反作用于自然界。

人本身是自然进化的产物,从无机到有机,从低级到高级,最后人从猿当中分化出来,通过用手使用工具从事有目的的活动——生产,使人类从动物界提升出来,这是第一次提升,即"生产一般在物种方面把人从其余动物中提升出来"。不只人的身体、器官是自然界的产物,人的思维意识同样是自然界的产物,因为思维和意识是人脑的产物,人本身是自然界的产物,"是在自己所处的环境中并且和这个环境一起发展起来的",所以思维和意

---

[1] 《马克思恩格斯选集》第四卷,人民出版社 1995 年版,第 279 页。
[2] 《马克思恩格斯选集》第四卷,人民出版社 1995 年版,第 317 页。
[3] 《马克思恩格斯选集》第四卷,人民出版社 1995 年版,第 318 页。

识要与自然界的其他因素相适应,而非相矛盾。生产活动作为人与自然界的中介,在改变自然界的同时,也改变了人类自身。自然界作为一个先在的因素,使自然条件决定着人的历史发展,但同时,人也通过生产活动反作用于自然界,改变自然界,为自己创造新的生存条件。归根结底,"人的思维的最本质的和最切近的基础,正是人所引起的自然界的变化,而不仅仅是自然界本身;人在怎样的程度上学会改变自然界,人的智力就在怎样的程度上发展起来。"[1] 人类"不仅迁移动植物,而且也改变了他们居住地的面貌、气候,甚至还改变了动植物本身,以致他们活动的结果只能和地球的普遍灭亡一起消失"[2],所以与所有的动物相比,只有人才能在自然界打上自己的印记。随着自然界不断进入人类社会发展史,它愈益成为与一定历史阶段相适应的社会化的自然,也愈益深刻影响与制约着一定历史阶段上的人类活动——生产活动与生活活动。所以,人类历史的发展是由二者的彼此影响而相互塑造的。在这个互相塑造的过程中,人类逐渐从被自然界支配发展到支配自然界,更进一步发展到与自然界和谐共生。在恩格斯的自然辩证法中,人与自然和谐共生不是作为一种理想的状态,甚至一个完美的结果,在辩证法看来,人对这种和谐共生的追求本身体现为一个过程。恩格斯指出:"我们在最先进的工业国家中已经降服了自然力,迫使它为人们服务;这样我们就无限地增加了生产,现在一个小孩所生产的东西,比以前的一百个成年人所生产的还要多。而结果又怎样呢?过度劳动日益增加,群众日益贫困,每十年发生一次大崩溃……只有一个有计划地从事生产和分配的自觉的社会生产组织,才能在社会方面把

---

[1] 《马克思恩格斯选集》第四卷,人民出版社 1995 年版,第 329 页。
[2] 《马克思恩格斯选集》第四卷,人民出版社 1995 年版,第 274 页。

人从其余的动物中提升出来,正像生产一般曾经在物种方面把人从其余的动物中提升出来一样"。① 这是第二次提升,即实现生产资料社会化之后,社会生产内部的无政府状态被有计划、自觉的组织所代替,个体的生存斗争停止了,人成为自身社会结合的主人,成为自然界的主人、成为自身的主人——真正自由的人,从而为真正的掌握与运用自然规律与历史规律创造条件。在另一方面,生产资料的社会占有不仅消除了资本主义生产方式中人为的障碍,而且还消除了与生产的无政府状态紧密相连的"生产力与产品的有形的浪费与破坏,"这种浪费与破坏在经济危机时期达到顶点。除此之外,生产资料的社会占有还由于消除了资产阶级穷奢极欲的挥霍,而为全社会节省出了大量的生产资料和产品,足以保证社会上每一个人过上富足充裕的生活,达到了一种生活更好,但对自然界索取更少、污染更小的理想状态,恩格斯将这所有的社会现象称之为人类实现了由必然王国向自由王国的飞跃。

在这里,恩格斯的行文对实现生产资料社会化占有之后的社会中,人与自然、人与人之间的关系的阐述的确浸染了一种普遍乐观的情绪,正像施密特在《马克思的自然概念》中所评论的,或像何中华②所说的"此岸"的"自由王国",以区别于马克思"彼岸"的"自由王国"。但同时我们也可以发现,恩格斯对人们掌握与运用自然规律与历史规律的能力始终持一种审慎的态度。恩格斯确实说过,通过人类对自然规律的认识与运用,人类可以按照自然物的条件把它生产出来,从而人为地制造一种自然过程,使它为人类的目的服务,从而使"自在之物"变成"为我之

---

① 《马克思恩格斯选集》第四卷,人民出版社 1995 年版,第 275 页。
② 何中华:《论马克思和恩格斯哲学思想的几点区别》,载《东岳论丛》2004 年第 5 期。

物",并举了茜素提取的例子。随着科学技术的迅猛发展,这种状况日益得到了证实。但是恩格斯更多地指出了,虽然人具备给自然界打上自己的印记的能力,但人类绝不能滥用这种能力,因为人类在改变自然界的过程中,许多活动只能预期到它的短期的自然后果,而它长期的自然后果以及社会后果,则往往是难以预料的。事实上,它们常常成为人类有目的的活动的反面。"在今天的生产方式中,面对自然界以及社会,人们注意的主要只是最初的最明显的成果,可是后来人们又感到惊讶的是:人们为取得上述成果而作出的行为所产生的较远的影响,竟完全是另外一回事,在大多数情况下甚至是完全相反的"①。所以,"我们不要过分陶醉于我们人类对自然界的胜利。对于每一次这样的胜利,自然界都对我们进行报复。每一次胜利,起初确实取得了我们预期的结果,但是往后和再往后却发生完全不同的、出乎预料的影响,常常把最初的结果又消除了……我们每走一步都要记住:我们统治自然界,决不像征服者统治异族人那样,决不是像站在自然界之外的人似的,——相反的,我们连同我们的肉、血和头脑都是属于自然界和存在于自然之中的"②。

我们认识长远的自然影响的后果就已经很难,而要实现对人类活动长远的社会后果的认识就更加困难了。因为人类社会虽然是自然历史的产物,但它也是有目的有意识的人类活动的产物。同时历史进程也是受内在的一般规律支配的③,虽然随着人类的发展与进步,人对历史进程、社会规律的认识越来越科学,从而愈能控制人类社会历史的进程,但结果却是"预定的目的和达到的结果之间还总是存在着极大的出入。未能预见的作用占据优

---

① 《马克思恩格斯选集》第四卷,人民出版社 1995 年版,第 386 页。
② 《马克思恩格斯选集》第四卷,人民出版社 1995 年版,第 383—384 页。
③ 《马克思恩格斯选集》第四卷,人民出版社 1995 年版,第 247 页。

势，未能控制的力量比有计划运用的力量强大得多。"① 虽然历史规律的客观必然性起着决定性的作用，但社会历史却总以隐含着必然性的偶然性显示出来。社会的发展不以单个人或单个行为的目的为指向，而是以许多人按不同方向活动的愿望及其对外部世界的作用所产生的历史合力为基本动因。自然界作为人类历史的自然界、作为社会化的自然界，在按照本身的自然规律发展的同时，也被历史合力的作用所影响与规定。在这里我们看到，自然界和人类社会同时会被人类历史规律与自然规律所定义，自然界与人类社会的包含与被包含是双向的，它们在辩证的结合中不断延伸。

通过以上对恩格斯自然观的阐述，我们看到恩格斯与马克思的自然观的确存在着一定的区别。马克思的自然观是建立在一定的经济基础上的、一定历史阶段的、具体的、阶级的人的自然观，而上述恩格斯的自然辩证法则更侧重于一般的、自然科学的自然观。何中华在一篇文章中提到，恩格斯将《资本论》同达尔文的《物种起源》相类比，认为后者揭示了自然界的规律，而前者则揭示了人类社会的发展规律。马克思本人则认为，《物种起源》为其学说提供了"自然史的基础"。何文认为"马克思主要是在市民社会所塑造的人的生存方式向动物界的沉沦、人的物化——表现为阶级斗争和生存斗争——的意义上提及这个类比，而非一般的讨论人类社会及其历史发展同动物界进化特征的同构性"②。但是尽管由于知识背景、专业兴趣、性格倾向等的不同，造成了马恩自然观某种程度上的差别，并不能影响马恩的自然观在本质上的共同点——即唯物主义的、辩证的，以及社会历史的

---

① 《马克思恩格斯选集》第四卷，人民出版社1995年版，第274页。
② 何中华：《如何看待马克思和恩格斯的思想差别》，载《现代哲学》，2007年第3期。

自然观。

恩格斯的自然观对我们有一个重要的生态启示，这就是虽然人类以及地球、太阳系都有产生、发展、运动、消逝的过程，这是一个客观的自然规律，但同时，由于人类的活动以及产生的无法预料的自然后果和社会后果，可能会对这个自然规律产生加速或者延缓的作用。比如人的不适当的改变自然的活动可能引发一系列的生态灾难，会加速地球生命的灭亡。而在社会主义（共产主义）社会中，由于生产资料的社会占有所决定的生产、分配与消费，使更少的生产与消费、而更好的生活成为可能，从而促成人类社会与自然界的和谐共生，延缓了地球生命的灭亡。虽然客观必然性作为铁的规律是人类无法改变的，但在一定的限度内，人类仍然可以发挥主观能动性，使自然规律、社会规律服务于人类，使更美好的生活成为可以期待的。

二、马克思恩格斯自然观的当代启示

在当代，马克思恩格斯的自然观给我们的启示可以概括为以下几个方面：

第一，关于人与自然关系的中介思想，即人与自然的关系必须通过实践/劳动的中介，并在此基础上形成的工业的中介、社会的中介，从而成为对生态中心主义抽象地讲人与自然关系的超越。正如任何人都是现实的、历史的、社会的、阶级的、具体的存在一样，自然界作为人的对象性存在，也只能是现实的、历史的、社会的自然。由于人与自然都具有的实在性质，克服了生态中心主义只在抽象的伦理层面分析人与自然关系的狭隘性，对现实的生态环境运动更能提供科学的指导。

第二，在资本主义社会，工人阶级与自然界同处受剥削、遭掠夺的境地。所以工人阶级的解放与自然界的全面复活处于同一历史进程之中。只依靠知识分子以及其他绿色分子的新社会运动,只能实现一国之内的、资本主义框架之内的生态环境的改良。而要彻底解决全球范围内的生态危机,必须依靠工人阶级有组织的阶级运动,只有通过反对资本主义的阶级运动以及对资本铁的统治的溶解与消灭,生态问题才会最终作为一个具有实质意义的真问题提上人类历史的议程。在资本的统治未完全终结之前,全球范围的生态革命只能表现为一种乌托邦的幻想。

第三,马克思主义告诉我们,人与自然的关系离不开人与人的关系,不能抽象地、孤立的理解与解决生态环境问题,而是要将它置于具体的社会历史语境下。自然的异化与人的异化是相伴生的,这在资本主义社会达到了顶点。社会主义/共产主义是解决包括生态危机在内的资本主义社会各种危机的前提与基础。

第四,马克思主义告诉我们,在对待资本主义造成的全球生态环境问题上要坚持历史的、辩证的观点。马克思主义充分肯定了资本主义在发展社会生产力方面的巨大功绩,它在不到一百年的时间里创造的生产力,比过去一切世代创造的全部生产力还要多、还要大。资本主义生产力尤其是科学技术的迅猛发展,为解决生态环境问题提供了强大的和必要的物质技术支持,但是,在资本主义框架之内,无法有效利用之以解决全球生态危机。只有到了社会主义/共产主义社会,才有可能彻底解决生态危机,达致人与自然和谐的状态。

第五,关于消费主义引发的生态环境问题愈益引起了人们的关注,也成为生态马克思主义社会批判理论的重要组成部分。马克思主义经典理论认为,在任何经济社会形态里都存在正常的、合理的消费,以满足社会成员生存与发展的需要。所以马克思主义并非一般的反对消费,只有那种以服务于资本逐利本性为目的、以追逐虚荣、时尚、身份象征为表征的异化消费才是马克思主义所反对的,因为造成生态恶化的往往是异化消费。

第六，马克思主义告诉我们，自然界与人类社会都处于一个产生、发展、衰亡的历史过程之中，都服从于一定的客观规律的支配。人类通过运用辩证思维，可以逐渐的认识和掌握自然规律、社会规律，通过积极的适应这些规律，使人类社会以及人与自然的关系处于和谐的运动发展之中。在各种人类活动中，不仅要遵循社会发展规律，而且要遵循自然规律。

第七，马克思主义告诉我们，在社会主义与资本主义之间要既联合又斗争，虽然社会主义代替资本主义具有历史必然性，但同样也是一个长期、曲折的历史过程。社会主义与资本主义要长期共存，共同面对生态危机，所以一方面要揭露资本主义彻底解决全球生态危机的不可能性，同时又要在国际范围内开展与资本主义世界的合作，对共同关注的生态环境问题进行协同努力，在斗争与合作之中推进生态危机的缓解与优化，同时也推进资本主义向社会主义的过渡。

第二节 马克思恩格斯对资本主义生产方式反生态性的批判

人与自然的关系经历了漫长的发展历史。在原始社会、奴隶社会、封建社会阶段，人类认识自然的水平较低、征服与改造自然的能力较弱，生产力水平的低下决定了人与自然之间保持了一种原始的、自发的、脆弱的统一性，人与自然的矛盾只是在漫长的历史时期中缓慢的发展，并未达到一种激化的程度。近代以来，尤其是资本主义工业化的发展，新技术、新机器的使用和自然力的广泛和大规模的利用，使生产力水平获得了空前快速的提高。但同时，在资本主义的发展与成熟过程中，其生产方式对生态环境的破坏作用日益凸现出来。

一、资本主义生产方式矛盾的激化：经济危机与生态危机并存和演化

通过对资本主义整个经济过程的解剖与分析，马克思主义认为，经济危机以及其他方面的社会危机是资本主义无法逃避的。

第一，资本的本性与趋势决定了资本主义生产方式的反生态性质。

马克思在《共产党宣言》中说到："资产阶级在它的不到一百年的阶级统治中所创造的生产力，比过去一切世代创造的全部生产力还要多，还要大"，表现在"自然力的征服，机器的采用，化学在工业和农业中的应用，轮船的行驶，铁路的通行，电报的使用，整个整个大陆的开垦，河川的通航，仿佛用法术从地下呼唤出来的大量人口"[①]。与此同时，在资本主义制度下，人与自然之间的关系也日趋紧张。

资本作为资本主义社会的核心范畴，成为一种对资本主义生产关系、社会关系以及奠基其上的各种政治的、意识形态的上层建筑起决定作用的"普照的光"。资本作为我们破解整个资本主义大厦的一枚金钥，被马克思彻底而革命性的加以运用了，在这个意义上，马克思以资本作为入口对资本主义经济过程与社会关系运动的辩证分析，全面地透视了资本主义的内在矛盾。

资本的本性。马克思认为，资本的本性是自我增殖。资本本身是实现榨取剩余价值的永动机，它的生命力在于实现这一过程的无休止的运动。运动一旦停止，资本的生命就完结了，即资本生产的目的不在于实现使用价值、不在于直接消费，而在于生产剩余价值、在于利润。由这一本性所驱使，资本将一切都商品化、对象化了，对工人与自然界都采取工具主义与功利主义的态度——工人之所以有用，是因为他将通过运用本身的劳动力，即

[①] 《马克思恩格斯选集》第一卷，人民出版社1995年版，第277页。

活劳动，生产出价值与剩余价值；自然界之所以有用，是因为它将作为原料、生产条件等要素参与到资本剩余价值的生产过程中去。正如配第所言"劳动是财富之父，土地是财富之母"①。工人与自然界以资本为中介结合在一起，通过无偿为资本服务，而被资本化了。无偿的自然力在资本主义生产方式下表现为资本的生产力，正如同工人的活劳动同劳动者本身相异化，成为能够生产剩余价值的机器一样，二者都通过被资本所利用而生产与再生产出反对自己的东西。自然的异化与劳动的异化被包含在同一个历史进程中。而人本是自然之子，但在资本的全面统治下，被异化的人结成了全面异化的社会关系以及社会/自然的关系，在这种关系中，自然之子异化为自然之敌。因此，只有在此基础上，我们才能更进一步的理解马克思的资本概念从"物"→"关系"→"过程"的含义②。

马克思指出，资本不仅仅是作为手段被用于产品生产的对象化劳动，不仅仅是一切人类生产的必要条件，即不能仅仅把资本作为一种"物"来理解。"如果说资本是生产利润的交换价值，或者至少是怀着生产利润的意图而使用的交换价值，那么，资本就已成为说明资本自身的前提了，因为利润就是资本对它自身的一定的关系"③所以将资本理解为一种再生产自身的交换价值，就是把资本理解为内含一种生产关系，但这种生产关系必须通过流通过程来实现，即流通和来自流通的交换价值是资本的前提。资本"始终是货币，又始终是商品。它在每一瞬间都是这两者，而这两个要素在流通中一个消失在另一个中"④。资本通过生产、

---

① 《资本论》第一卷，人民出版社1975年版，第56—57页。
② 《马克思恩格斯全集》第30卷，人民出版社1995版，第214页。
③ 《马克思恩格斯全集》第30卷，人民出版社1995版，第214页。
④ 《马克思恩格斯全集》第30卷，人民出版社1995版，第217页。

流通的过程保存并增大自身,这是其本性的要求,也是其本性的实现。资本主义生产方式是以资本为基础的生产方式,资本的本性规制着整个生产方式的本性。从资本由"物"→"关系"→"过程"的角度,我们可以这样来理解资本主义的生产方式,资本主义生产方式不仅仅是历史生成的一种固定的生产结构,它在更高的层次上发展成围绕资本而展开的一系列生产关系与社会关系——包括资本/劳动关系,社会/自然关系——所有的关系只有通过资本也是为了资本而存在、而实现。但是,资本的生命力在于生产与再生产这些关系本身的过程之中,在更大规模与更高层次上的生产关系与社会关系的复制之中,为资本主义生产方式的存在与发展创造了条件。资本成为无限的循环,然而,资本的活动绝不是一帆风顺的,在本质上,资本的循环是一个不断突破障碍、打破界限的循环运动。

资本的趋势。资本本身具有内在的、不可克服的矛盾。资本在无休止的循环运动中发展了生产力,但它的目的仅仅是增殖自身。"与生产力发展并进的、可变资本同不变资本相比的相对减少,刺激工人人口的增加,同时又不断地创造出人为的过剩人口。资本的积累,从价值方面看,由于利润率下降而延缓下来,但更加速了使用价值的积累,而使用价值的积累又使积累在价值方面加速进行。"① 资本的内在矛盾以周期性经济危机的形式表现出来。因为虽然资本主义生产总是千方百计地试图克服这些限制,但"它用来克服这些限制的手段,只是使这些限制以更大的规模重新出现在它面前。"② 资本在克服自身矛盾的过程中,不断地打破各种界限,包括地域的、自然的界限,"如果说以资本为基础的生产,一方面创造出普遍的产业劳动,即剩余劳动,创

---

① 《资本论》第三卷,人民出版社 1975 年版,第 278 页。
② 《资本论》第三卷,人民出版社 1975 年版,第 278 页。

造价值的劳动,那么,另一方面也创造出一个普遍利用自然属性和人的属性的体系,创造出一个普遍有用性的体系,甚至科学也同一切物质的和精神的属性一样,表现为这个普遍有用性体系的体现者,而在这个社会生产和交换的范围之外,再也没有什么东西表现为自在的更高的东西,表现为自为的合理的东西。因此,只有资本才创造出资产阶级社会,并创造出社会成员对自然界和社会联系本身的普遍占有。由此产生了资本的伟大的文明作用;它创造了这样一个社会阶段,与这个社会阶段相比,一切以前的社会阶段都只表现为人类的地方性发展和对自然的崇拜。只有在资本主义制度下自然界才真正是人的对象,真正是有用物;它不再被认为是自卫的力量;而对自然界的独立规律的理论认识本身不过表现为狡猾,其目的是使自然界(不管是作为消费品,还是作为生产资料)服务于人的需要。资本按照自己的这种趋势,既要克服把自然神化的现象,克服流传下来的、在一定界限内闭关自守地满足于现有需要和重复旧生活方式的状况,又要克服民族界限和民族偏见。资本破坏这一切并使之不断革命化,摧毁一切阻碍发展生产力、扩大需要、使生产多样化、利用和交换自然力量和精神力量的限制。"①

资本力图使世界普遍文明化的过程中,同时包含着抑制文明更高发展的弊病累积。资本探索整个自然界,力图在其中发现新的有用物,同时,又不断将生产成本外部化,自然界成为"水龙头"与"污水池"(奥康纳)。除此之外,降低成本、提高利润的直接途径还必然通过加强对工人的剥削程度来完成的,包括劳动时间的无限延长(突破了人身自然的界限)、劳动条件的日益恶劣和劳动紧张程度的增强,以及妇女与童工的使用等等。马克思一针见血地指出:"资本主义生产尽管非常吝啬,但对人身材料

---

① 《马克思恩格斯全集》第30卷,人民出版社1995年版,第389—390页。

却非常浪费，正如另一方面，由于它的产品通过商业进行分配的方法和它的竞争方式，它对物质资料也非常浪费一样；资本主义生产一方面使社会失去的东西，就是另一方面使单个资本家获得的东西。"① 这样就造成了资本主义积累总的趋势，即一极是财富/资本的积累——日益集中在资本家阶级手中，另一极则是贫困的积累——工人的日益贫困以及"劳动折磨、受奴役、无知、粗野和道德堕落的积累"② ——与自然资源日益枯竭、各种污染日益加剧的积累，在社会领域表现为贫富分化加剧。资本主义生产方式产生的所有这些弊病的总根源，是其基本矛盾即生产资料的私人占有制与生产社会化的矛盾，并且表现为周期性的生产相对过剩的经济危机的爆发，造成生产力的破坏和社会的动荡。③

第二，资本主义是一个经济危机与生态危机并存的制度。

由于资本的本性与资本的发展趋势决定了资本主义是一个充满危机的制度。每次危机都使资本主义社会发生经济衰退，也使大量的工人群众失去工作和生活的基本条件，所以在资本主义生产方式下"世界最贫穷者将受到最严酷的打击"④，这个论断适用于由资本主义制度导致的经济危机与生态危机领域。许多人都看到，从2007年底开始源于美国而又波及全球的这次金融危机和经济危机，实质上是美国人花钱和赖账、全世界买单和受害。在生态问题上存在着同样的逻辑，以美国为首的西方发达资本主义国家在生产生活中大量消耗全世界的能源、资源，造成资源能源全世界范围内的加速枯竭与环境污染加剧，承受这个恶果最严

---

① 《资本论》第三卷，人民出版社1975年版，第102页。
② 《资本论》第一卷，人民出版社1975年版，第708页。
③ 如果说在马克思那个时代，资本主义刚产生不久，资本主义生产方式所固有的这一基本矛盾的种种表现较多地在一国内部发生的话，那在当今时代，随着资本全球化的世界扩展，就有必要将资本矛盾的展现置于世界范围内来理解。
④ 贝克：《世界风险社会》，南京大学出版社2004版，第63页。

酷的仍然是世界体系的外围国家与地区——那些最贫穷的第三世界国家。由此造成了这些国家和地区的生态环境的迅速恶化。资产阶级在对待经济危机与生态危机的态度上有着惊人的相似，比如在这次金融危机中，竟有美国高官及其御用文人倒打一耙，将其归因于中国的低消费、高储蓄，而美国则是低储蓄、高消费，中国拥有2万亿美元的外汇储备，声称是这种不平衡发展造成了美国的金融危机。温家宝总理指出"那些靠举债而过度消费的人反过来责难借给他钱的人"是典型的颠倒是非。① 在生态问题上也是如此。以"地球卫士"和"环境警察"自居的美国人，动辄指责中国等发展中国家造成环境污染和大量耗费地球资源，而矢口否认自己由于采取资本主义的生产生活方式才是造成全球生态危机的最大责任者的事实。这在本质上是帝国主义的意识形态和思维惯性在全球经济领域和生态环境领域的拙劣表现。②

全球性的生态危机与全球性的经济危机具有许多相似的表现形式。比如生态危机有时表现在水资源状况、空气质量、气候状况，有时在森林、物种、资源方面表现出来，有时通过极地地区臭氧层的薄弱甚至空洞化表现出来，也有时通过不同国家、不同地域空间上表现出来。但在资本主义全球化

---

① http://news.sina.com.cn/c/2009-02-13/005115153356s.shtml.
② 在帝国主义主导下，新自由主义的经济发展模式迅速地渗透到全世界的绝大部分地区，它究竟是一剂医治经济不发展的良药，还是一剂使第三世界慢性自杀的毒药呢？这个问题的答案要在它做的事情与引发的后果之中、而不是在它的表白与承诺之中来寻求。从20世纪90年代以来，东南亚、俄罗斯、墨西哥等地相继产生了各种形式的经济危机，现在轮到美国自己了。新自由主义到了哪里，就把危机带到哪里。而新自由主义的背后却是资本主义生产方式在起根本的作用。马克思说资本主义是一个充满危机的制度一点没错，只是这个危机，有时在资本主义经济链条的这一环，有时在那一环显现出来，在地域分布上，有时在这个国家，有时在那个国家更显著一些，但随着新自由主义的全球化发展，任何一环的经济危机都可能诱发全面的经济危机，任何一个地域性危机也都可能诱发世界性的经济危机。

的世界现状内，生态危机在很大程度上以一种全球化的面目出现，虽然有时候它蔓延的速度不像经济危机的全球蔓延那么迅猛，但是在资本主义生产方式主导下，生态危机的全球蔓延趋势是既定的、不可遏止的。菲德尔·卡斯特罗指出，正是资本主义通过不平等交换、保护主义和外债造成了第三世界的不发达与贫困，而这些又构成了对生态环境的破坏与侵害，要阻止生态的进一步恶化，就必须在少数发达国家少些奢侈、少些浪费，使地球上大多数国家与地区少些贫困、少些饥饿；要建立公正的国际经济秩序；要偿付生态债，而不是外债；要杜绝向第三世界传播与渗透破坏生态环境的生活方式与消费习惯。① 但是资本的本性决定了少数发达国家不可能采取上述措施，结果只能是，在经济灾难与生态灾难降临之时，生活在不发达世界里的50亿人为生活在发达世界中的10亿人买单，在发达世界与不发达世界中都是穷人为富人买单。

二、资本主义对人的剥削与对自然界的过分掠夺是同一历史过程

第一，资本主义对人身自然与外部自然的破坏。

马克思恩格斯对资本主义生产方式对人身自然与外部自然界造成的破坏进行了翔实的考察与分析，这也构成了马克思恩格斯关于资本主义批判理论的重要组成部分。

1. 马克思关于资本主义对人身自然与对外部自然的破坏的论述。

首先，异化劳动使人同自身、同自然界相异化。

---

① 菲德尔·卡斯特罗著，王玫等译：《全球化与资本主义》，社会科学文献出版社2000年版，第150页。

人作为有意识的类存在物，通过实践创造对象世界，即改造无机界。在人作为人的本质意义上，人的劳动/实践是全面的，与动物相比可以在不受肉体支配时进行真正的生产，从而"再生产整个自然界。"但是在资本主义生产条件下，工人的劳动/实践在生产过程与生产结果上被双重异化了。"劳动的现实性竟如此表现为非现实化，以致工人非现实化到饿死的地步。对象化竟如此表现为对象的丧失，以致工人被剥夺了最重要的对象——不仅是生活的必要对象，而且是劳动的必要对象。甚至连劳动本身也成为工人只有靠最紧张的努力和极不规则的间歇才能加以占有的对象。对对象的占有竟如此表现为异化，以致工人生产的对象越多，他能够占有的对象就越少，而且越受他的产品即资本的统治"[①]。工人在生产活动中处于强制劳动的状态，体会到的仅仅是痛苦。这一切只是根源于工人的劳动产品为他人所占有，就人的本质特性而言，人可以通过劳动/实践，在生产过程与劳动产品中反观自身，即使自己对象化的存在，应该是自我本质的展现。但是在这种强制劳动的状态下，人的劳动变质为异化劳动，人在异化劳动反观的自我只能是异化的自我，"异化劳动使自然界与人本身（他的活动机能，他的生命活动，他的精神本质）同人相异化"，所以人与自身相对立，这决定了他与他人、与自然界相对立，因为在异化劳动的条件下，每个人都按照他本身作为工人所处的那种关系和尺度来观察他人，观察自然界。在人本身由目的降为工具的同时，他也将他人、将自然界降为工具。

人的异化发展到普遍的形式，就是通过货币展现出来。货币"是把我同人的生活，把我同社会，把我同自然界和人们联结起

[①] 《1844年经济学哲学手稿》，人民出版社1985年版，第48页。

来的纽带"①,是一种中介力量。但是这个人在交换关系中的发明、这个中介,反过来却愈益成为支配人的本质的力量。"它是有形的神明,它使一切人的和自然的特性变成它们的对立物,使事物普遍混淆和颠倒;它能使冰炭化为胶漆。"② 货币颠倒了世界,"谁能买到勇气,谁就是勇敢的,即使它是胆小鬼。因为货币所交换的不是特定的性质,不是特定的事物或特定的人的本质力量,而是人的、自然的整个对象世界,所以,从货币持有者的观点看来,货币能把任何特性和任何对象同其他任何即使与它相矛盾的特性或对象相交换。"③ 在这里,财富即自我,自我即财富。在货币面前,一切人的本质的、属人的特性都会颠倒或者消失。这以货币持有人的兴趣与爱好为绝对的转移。在《手稿》中马克思仅精彩的论述了货币对人与人之间的关系的颠倒,货币对人与自然关系的颠倒可以照此类推,只要拥有货币就可以按照自己的意志随意改变自然的性质:可以将森林变为荒漠,可以将沼泽变为耕地,可以毁坏,可以建设。自然界与非持币人一样处于受支配的地位,是可以任意改造的存在。所以自然的异化与人的异化在货币发挥力量的领域同时进行着。同时异化的还包括人与自然之间通过劳动/实践而展开的本质联系。《巴黎手稿》中的货币概念从私有财产中生发出来,更多的还是一种现象表述。到了马克思后期作品中,货币逐渐为更本质、更一般的资本概念所代替。但《巴黎手稿》中的货币已具备了"资本"的特性,即已经作为改造人、改造自然的本质力量而存在了。

其次,资本主义造成日益恶化的工人生存状况与日益腐败的自然界。

---

① 《1844 年经济学哲学手稿》,人民出版社 1985 年版,第 110 页。
② 《1844 年经济学哲学手稿》,人民出版社 1985 年版,第 110 页。
③ 《1844 年经济学哲学手稿》,人民出版社 1985 年版,第 112 页。

异化劳动造成并加深了工人与资本家的双重异化。对资本家而言，是需要和满足需要的资料的日益精致化；而对工人而言，是需要"牲畜般的野蛮化和最彻底的、粗糙的、抽象的简单化"，"甚至对新鲜空气的需要在工人那里也不再成其为需要了。人又退回到洞穴中，不过这洞穴现在已被文明的熏人毒气污染。"[①] 明亮的居室、光、空气，甚至动物的最简单的爱清洁习性，都不再成为人的需要了。"肮脏，人的这种腐化堕落，文明的阴沟（就这个词的本身意思而言），成了工人的生活要素。完全违反自然的荒芜，日益腐败的自然界，成了他的生活要素"。[②] 工人愈劳动就越摧毁自身，越破坏自然，工人生产出来的是摧毁自身与自然界的力量；工人自身对自己的异化感越强烈，他对他人、对自然界的异化感愈强烈；他在以非人的方式对待他人对待自然界的同时，以非人的方式对待了自己。这看起来酷似工人自甘堕落的自我毁灭的力量，只有一个源头，那就是作为社会统治力量的资本的存在。

《巴黎手稿》中描述的19世纪中叶工业化刚刚开始时期的工人生存状态，随着时代的发展，至今已发生许多重要的改观。但形式变化了，实质仍然保持同一。不只是挥霍和节约、奢侈和困苦、富有和贫穷等同，而且在这个日益繁荣丰盛的时代里，正在以一种更加无耻的方式扩张着它的极端化。人的异化与社会的异化已经达到这样的程度——人们深陷异化的窠臼却浑然不知。但是只要看一看自然异化的程度，就知道我们自身的异化已经多么严重了。针对自然的异化而反思人与社会的异化，在这个意义上审视人与自然的关系无异于一针清醒剂。工人受资本家的剥削，反过来工人也对资本家构成压力；自然受工人与资本家的双重剥

---

① 《1844年经济学哲学手稿》，人民出版社1985年版，第90页。
② 《1844年经济学哲学手稿》，人民出版社1985年版，第91页。

削与掠夺,反过来自然也对工人与资本家进行双重报复,自然界是不会说话的工人,而工人则是会说话的自然界。如果我们说马克思从来都是将人与自然的关系置于人与人之间的关系、置于社会实践中来考虑的话,那我们同样可以说,马克思关于工人阶级解放的学说同样包含着自然界解放的意蕴。

工人阶级与自然界同处受剥削受掠夺的境地,这就为马克思的自然观提供了坚实的阶级基础。依靠知识分子以及其他的先知先觉的社会先进分子进行的绿色运动,只能实现资本主义框架内的生态环境改良,要彻底解决生态环境问题,必须依靠工人阶级反抗资本统治的有组织的阶级运动,只有伴随着这个运动,消灭了资本的社会统治,生态问题才会最终作为一个实质意义的真问题提上人类历史的议程,才会有真正解决的可能性。在资本的统治未消灭之前,彻底的生态革命只能作为一种史前史的人类理想而存在。

2. 恩格斯关于资本主义对人身自然与对外部自然的破坏的论述。

《英国工人阶级状况》(以下简称《状况》)是恩格斯于1844年9月——1845年3月在也门写成的。书中的资料是恩格斯在1842年11月——1844年8月在英国居住、工作期间收集的,根据序言中所说,此书是恩格斯本人利用一切空余时间亲自走访工人家庭,根据"亲身的观察"与"亲身的交往"收集到大量第一手材料,再加上阅读相关的官方报告而写就的。但是如果仅仅将《状况》一书看作一个调查报告,那不仅是低估了它,更是没有认清这本书的实质。有两位研究马克思主义生态学思想的学者——克拉克与福斯特——在一篇文章中声称:"虽然恩格斯不是描述英国工业化城市的第一人,但他试图将工人阶级作为一个整体,并提供了一个关于资本主义发展演变的一般性的分析。在这个意义上,《英国工人阶级状况》不仅仅是简单的一个调查,它更是一个关于英国资本主义的阶级关系与物质条件的系统的历史的研究。"① "通过恩格斯的工作,我们得以理解因为存在这样一个体系,所以才产生了无穷尽的污染,毒害了工厂与社区的工人,并且这个体系保证穷人持续的受到最严重的环境退化的毒害。"②《状况》一书在对 19 世纪中叶的英国工人阶级大量现象学分析的背后,控诉与揭露的是资本主义制度作为一个总体对工人阶级的集体"谋杀",资本主义制度——包括它的生产方式、阶级关系、道德文化等等——是造成工人人身自然破坏的罪恶之源。我们可以将《状况》看作《资本论》中对工人阶级状况描述部分的姊妹篇,它也同样与汤普森的作品相互辉映,在此意义上,我们可以将其作为马克思主义社会史的著作来研读。《状况》中体现的恩格斯自然观的核心可以概括为:在资本主义社会,穷人承担最严重的生态环境灾难,而且资本主义作为一种强制性的体系,日益将这个过程与后果固定化。此书在 1892 年再版的时候,恩格斯说:"当我重读这本青年时期的著作的时候,发现它并没有什么使我脸红的地方。"可见,此书关于资本主义破坏工人人身自然的阶级视角,是与恩格斯成熟时期的思想相一致的。

首先,资本主义制度对工人人身自然造成了全面的破坏。

恩格斯在对英国工人的生产条件与劳动环境进行了大量的描述的同时,对工人的生活状况,即吃穿住行方面也进行了大量调查,并用阶级分析的观点对造成这种现象的原因——资本主义制度进行了彻底的揭露与猛烈的批判。工人由于贫穷,住的环境非常差,恩格斯用嘲讽的口吻说道:"由于无意识的默契,也由于

---

① Brett Clark & John Bellamy Foster (2006), The Environmental Conditions of The Working Class, Organization & Environment, 19 (3), p380.

② Brett Clark & John Bellamy Foster (2006), The Environmental Conditions of The Working Class, Organization & Environment, 19 (3), p381.

完全明确的有意识的打算，工人区和资产阶级所占的区域是极严格的分开的"①，他说，之所以曼彻斯特的东郊和东北部没有资产阶级的住宅，是因为这里一年要有 10 个月到 11 个月刮西风和西南风，从而把工厂的煤烟都吹到这面来，因而"光让工人去吸这些煤烟!"② 在吃的方面，工人由于穷困，只能买廉价的因而也是劣质的掺假的食物，同时不仅在质的方面，在量的方面也受到小商贩的剥削，而有钱的资产阶级则可以到信誉好的商家去购买贵的、因而质量好的食物、衣服等生活用品。

除此之外，恩格斯指出，工人不仅在身体方面，而且在智力、道德方面，都遭到统治阶级的摒弃与忽视③。工人由于贫穷而上不起学，即使由于资本家的慈善而对工人进行免费教育，也只是徒有虚名。工人及其子女在面临巨大的生存压力之时，只想拼命挣钱养活自己与家人，在体力劳动中的巨大消耗本身就决定了这种教育的形式化与虚假化，不难想象，一个每天都劳动十几个小时的人，连基本的睡眠都无法保证，即使坐在课堂上，又能学到多少知识?! 另一个方面，资本主义大工业生产中强制性的劳动分工，使工人每天十几个小时重复同一个简单而又乏味的工作，但精神又极度紧张，不止摧残了工人的身体，造成了多种疾病，而且由于"这种强制劳动剥夺了工人除吃饭和睡觉所最必需的时间以外的一切时间，使他没有一点空闲去呼吸些新鲜空气或欣赏一下大自然的美，更不用说什么精神活动了"④。在这种生存状态中，工人无异于只拼命劳作挣钱以活命的、毫无精神生活的动物。在这里，我们不由地会联想到电影《摩登时代》，它是

---

① 《英国工人阶级状况》，人民出版社 1956 年版，第 83 页。
② 《英国工人阶级状况》，人民出版社 1956 年版，第 98 页。
③ 《英国工人阶级状况》，人民出版社 1956 年版，第 158 页。
④ 《英国工人阶级状况》，人民出版社 1956 年版，第 163 页。

一种再现，同时也是对社会的讽刺，更是对资本统治铁律的控诉。"如果一个人从童年起就每天有十二小时或十二小时以上从事制针头或锉齿轮，再加上英国无产者这样的生活条件，那么，当他活到三十岁的时候，也就很难保留下多少人的感情和能力了。"[1]

工人在体力与智力方面遭到的巨大摧残必将导致其道德的堕落，就像资产阶级所鄙视、唾弃、厌恶的，酗酒、纵欲与犯罪是工人道德堕落的三大体现。在这种非人的生活状态下，工人只能在醉酒和纵欲中找到一丝活着的乐趣，而犯罪则是工人不想饿死或者绝望地自杀之外，唯一可供选择的一条可以继续活下去的道路。

所以，资本主义制度对工人人身的破坏是从头到脚、从里到外的，全面的，彻底的破坏，正如恩格斯一针见血指出的，这是社会对工人阶级集体进行的谋杀。"英国社会每日每时都在犯这种英国工人报刊有充分理由称之为社会谋杀的罪行；英国社会把工人置于这样一种境地：他们既不能保持健康，也不能获得长久；它就这样不停地一点一点地毁坏着工人的身体，过早地把他们送进坟墓……社会知道这种状况对工人的健康和生命是怎样有害，可是一点也不设法来改善这种状况。社会知道它所建立的制度会引起怎样的后果，因而它的行为不单纯是杀人，而且是谋杀，当我引用官方文献、政府报告书和国会报告书来确定杀人的事实的时候，这一点就得到了证明。"[2] 但是哪里有压迫哪里就有反抗，"贫困教人去祈祷，而更重要的是教人去思考和行动"[3]。资本主义对工人人身的破坏已经到了无以复加的地步，它促使工人作为一个阶级联合起来，在总体的意义上反抗这个人

---

[1] 《英国工人阶级状况》，人民出版社1956年版，第163页。
[2] 《英国工人阶级状况》，人民出版社1956年版，第138页。
[3] 《英国工人阶级状况》，人民出版社1956年版，第157页。

吃人的社会，那就是无产阶级反对资产阶级的共产主义运动。在1892年德文版第二版序言中，恩格斯指出虽然现在（1892年）《状况》中所描写的那些触目惊心的和见不得人的事实，已经或正在被消除，或者变得不那么明显了，但是，工人的穷困状况并没有改变，也不可能被消除，只是"资产阶级掩饰工人阶级灾难的手法又进了一步"①。时至21世纪，西方发达国家工人阶级生产生活状况与《状况》一书描述的相比，可以说是有了天壤之别。这部分是生产力发展造成整个社会财富的增加，部分是由于一百多年来工人运动的斗争结果，但这并不能改变资本的本性，以及由它产生的资本主义的贫富分化，不能改变资本与工人的阶级分殊。拨开重重迷雾，我们自然会发现这样一个铁的规律冰冷的呈现在世人的眼前：在资本主义体系中，穷人永远是人身自然与外界自然灾难的最沉重的承受者。

其次，恩格斯关于大城市、大工业造成了污染集中，使工人成为最终受害者，以及消除城乡对立的思想。

资本主义生产方式内在的决定了大工业城市的出现，从圈地运动开始，资本逼迫农民、小手工业者等走进工厂，在工厂集中的地方就产生了城市，城市成为人口最为集中的地方。"伦敦的空气永远不会像乡间那样清新而充满氧气。250万人的肺和25万个火炉集中在三四平方德里的地面上，消耗着极大量的氧气，要补充这些氧气是很困难的，因为城市建筑本身就阻碍着通风。呼吸和燃烧所产生的碳酸气，由于本身比重大，都滞留在房屋之间，而大气的主流只从屋顶掠过。住在这些房子里面的人得不到足够的氧气，结果身体和精神都萎靡不振，生活力减弱。"② 如果城市生活已经对健康很不利了，那工人的生活则处于最不利的

---

① 《英国工人阶级状况》，人民出版社1956年版，第21页。
② 《英国工人阶级状况》，人民出版社1956年版，第138—139页。

境地。"他们被赶到城市的这样一些地方去,在那里,由于建筑的杂乱无章,通风情形比其余一切部分都要坏。一切用来保持清洁的东西都被剥夺了,水也被剥夺了,因为自来水管只有出钱才能安装,而河水又弄得很脏,根本不能用来洗东西。他们被迫把所有的废弃物和垃圾、把所有的脏水……倒在街上,因为他们没有任何别的办法扔掉所有这些东西。他们就这样不得不弄脏了自己所居住的地区。但是还不止于此。各种各样的灾害都落到穷人头上。城市人口本来就够稠密的了,而穷人还被迫更其拥挤地住在一起。他们除了不得不呼吸街上的坏空气,还成打地被塞在一间屋子里,在夜间呼吸那种简直闷得死人的空气"①。大城市是工人阶级的坟墓,但是恩格斯运用辩证法又指出:大城市消除了工人与雇主之间最后的宗法关系的残迹,使阶级分化与对立日益明朗,同时,大工业造就了一支有组织的庞大的工人阶级队伍,大城市使工人的阶级联合成为可能。恩格斯说:"如果没有大城市,没有它们推动社会意识的发展,工人绝不会像现在进步的这样快"②。

  大工业城市严重污染了环境,损害了人类的生活条件,而且大工业城市不断的自我扩张、自我复制。恩格斯分析了造成这种扩张的恶性循环的原因,"大工业在很大程度上使工业生产摆脱了地方的局限性。水力是受地方局限的,蒸汽力却是自由的。如果说水力必然存在于乡村,那么蒸汽力却决不是必然存在于城市。只有它的资本主义的应用才使它主要地集中于城市,并把工厂乡村转变为工厂城市。但是,这样一来它就同时破坏了它自己运行的条件。蒸汽机的第一需要和大工业中差不多一切生产部门的主要需要,就是比较纯洁的水。但是工厂城市把一切水都变成

---

① 《英国工人阶级状况》,人民出版社 1956 年版,第 130—140 页。
② 《英国工人阶级状况》,人民出版社 1956 年版,第 167 页。

臭气冲天的污水。因此，虽然向城市集中是资本主义生产的基本条件，但是每个工业资本家又总是力图离开资本主义生产所必然造成的大城市，而迁移到农村地区去经营……资本主义大工业不断地从城市迁往农村，因而不断地造成新的大城市"[1]。所以，"要消灭这种新的恶性循环……只有消灭现代工业的资本主义性质才有可能。只有按照一个统一的大的计划协调的配置自己的生产力的社会，才能使工业在全国分布得最适合于它自身的发展和其他生产要素的保持或发展"[2]。在这个意义上，就必须消除城市和乡村之间的对立，它不仅是工业生产本身的需要，而且也是农业生产和公共卫生事业的需要。"只有通过城市和乡村的融合，现在的空气、水和土地的污染才能消除，只有通过这种融合，才能使目前城市中病弱的大众把粪便用于促进植物的生长，而不是任其引起疾病"[3]。这与马克思关于取消城乡对立、从而消除物质变换断裂的思想是一致的。在《资本论》中马克思论述说："资本主义生产使它汇集在各大中心的城市人口越来越占优势，这样一来，它一方面聚集着社会的历史动力，另一方面又破坏着人和土地之间的物质变换，也就是使人以衣食形式消费掉的土地的组成部分不能回到土地，从而破坏土地持久肥力的永恒的自然条件。这样，它同时就破坏城市工人的身体健康和农村工人的精神生活……在现代农业中，也和在城市工业中一样，劳动生产力的提高和劳动量的增大是以劳动力本身的破坏和衰退为代价的。此外，资本主义农业的任何进步，都不仅是掠夺劳动者的技巧的进步，而且是掠夺土地的技巧的进步，在一定时期内提高土地肥力的任何进步，同时也是破坏土地肥力持久源泉的进步……资本

---

[1] 《马克思恩格斯选集》第三卷，人民出版社 1995 年版，第 646 页。
[2] 《马克思恩格斯选集》第三卷，人民出版社 1995 年版，第 646 页。
[3] 《马克思恩格斯选集》第三卷，人民出版社 1995 年版，第 646—647 页。

主义生产发展了社会生产过程的技术和结合,只是由于它同时破坏了一切财富的源泉——土地和工人。"① 但同时,马克思也指出,资本主义生产方式为一种新的更高的综合,即农业和工业在它们对立发展的形式基础上的联合,创造了物质前提②。

从以上的论述我们足以得出资本主义生产方式是反生态的结论。正如靳辉明教授指出的:"解决人与社会、人与自然的关系,始终都是人类面临的两大主题。历史已经表明,资本主义制度不可能解决人类所面临的这两大问题。"③ 我们只能在社会主义制度下探索解决这两大问题的方法。

第二,资本主义对人的剥削与对自然界的过分掠夺是同一历史过程。

马克思关于资本主义生产方式对自然的影响有着非常多的论述,比如对人身自然的剥削、对土地等自然界的掠夺,马克思没有将自然界从人那里分离出来,马克思告诉我们,资本主义生产方式对自然界(狭义上的)的掠夺与对人(劳动者)的剥削处于同一历史进程之中。马克思不会离开对人的关注而单纯的关注自然界。与现代意义上的生态学对资源的有限性、生态的脆弱性、工业技术的有害性以及浪费性的生产生活方式等论题的分析与批判相比,它归根结底是为了人的生存权、健康权与发展权,只有在这个意义上来看待与理解马克思的学说才是深刻而有意义的。

在《雇佣劳动与资本》中,有这样一段话:"人们在生产中

---

① 《资本论》第一卷,人民出版社 1975 年版,第 552—553 页。
② 马克思关于资本主义生产方式造成新陈代谢断裂的思想参见福斯特《马克思的生态学》第 172—196 页。
③ 靳辉明:《〈共产党宣言〉关于阶级发展规律和阶级斗争的基本思想》,见李崇富、罗文东、陈志刚主编:《阶级和革命观点研究》,中央编译出版社 2008 年版,第 73 页。

不仅仅影响自然界,而且也互相影响。他们只有以一定的方式共同活动和互相交换其活动,才能进行生产。为了进行生产,人们相互之间便发生一定的联系和关系;只有在这些社会联系和社会关系的范围内,才会有他们对自然界的影响,才会有生产。"① 这个思想为我们正确的理解马克思的自然观定下了基调。首先,人与自然之间的关系只有通过生产活动或劳动来产生,马克思在《巴黎手稿》中已经详细阐明了劳动作为人与自然之间中介的作用。劳动作为人类生存的基本前提,存在于人类社会的任何发展阶段之中。② 即使将来到了共产主义社会,人和自然之间的物质变换、人们通过自然获取使用价值的生产生活活动仍然会存在。所以,人类劳动是一个一般性、普遍性的哲学范畴。其次,也是更为重要的一方面,人们在长期的历史演进中形成的各种生产关系、社会关系,成为制约人与自然之间关系的一个决定性因素。正如马克思所说,自然界并不形成这些关系,各个经济社会形态——原始社会的、奴隶社会的、封建社会的、资本主义社会的——都是人类历史发展的结果,虽然它起源于人与自然之间的一般性劳动,但这种关系一旦形成,就将成为支配人与人、人与自然界关系的决定性力量。问题不在于人们生产什么,而在于怎样生产。人们被具体的生产关系、社会关系所结构,形成相应的社会——自然关系的处理规范。同时,人本身就是一种活的、能动的自然物③,是广义的自然界的构成要素之一,理解人与自然关系的一个理论归着点,必须是作为具体的、历史的、社会的人的生存状况以及发展前景,我们可以用以下这个图示来表示这个关系:

---

① 《马克思恩格斯选集》第一卷,人民出版社 1995 年版,第 344 页。
② 《资本论》第一卷,人民出版社 1975 年版,第 208、56 页
③ 《资本论》第一卷,人民出版社 1975 年版,第 228 页

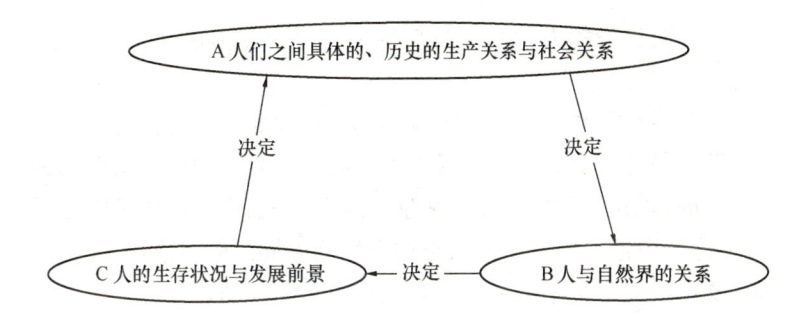

```
        ┌─────────────────────────────────────────┐
        │ A 人们之间具体的、历史的生产关系与社会关系 │
        └─────────────────────────────────────────┘
              ↑                            ↑
            决定                          决定
              │                            │
    ┌───────────────────┐           ┌──────────────────┐
    │ C 人的生存状况与发展前景 │ ←─ 决定 ─ │ B 人与自然界的关系 │
    └───────────────────┘           └──────────────────┘
```

我们以 B 作为入口，进入马克思对资本主义生产方式的分析视阈。马克思不止一次的论述过在资本主义的生产关系中，自然界的事物，比如空气、水、土、风、原始森林以及各种矿藏等，由于没有凝结着活劳动，故只有使用价值，而无价值或交换价值[①]。许多人由此认为马克思贬低自然界的价值与地位，实际上，马克思在《资本论》中是将自然物作为一个生产要素来对待的，因为马克思在这里是分析的被资本所规制、所结构的生产关系与社会关系，对劳动力也罢，对自然物也罢，只有资本的力量是本质性的。资本对待他们的出发点就是看它能在生产剩余价值的过程中扮演什么角色。由于生产过程都必须具备原料、劳动力等基本要素，所以任何商品都是自然物质与劳动二者的结合。"人在生产中只能像自然本身那样发挥作用，就是说，只能改变物质的形态。不仅如此，他在这种改变形态的劳动中还要经常依靠自然力的帮助"，所以"劳动是财富之父，土地是财富之母"，马克思从未轻视自然界的价值，而是将自然界与劳动置于一个层次上，说明劳动由于劳动者与生产资料的分离而成为资本生产剩余价值的劳动，而自然力一旦被纳入资本的生产过程，就变成了资本的力量，二者都由于被资本所控制，在结合的过程中，不断

---

① 《资本论》第一卷，人民出版社 1975 年版，第 54、230 页

制造出反对自身的力量,生产与再生产整个资本主义生产关系、社会关系本身。

　　自然界与劳动同时进入了资本的生产领域,同时接受资本对他们最大限度的盘剥。资本对土地、瀑布等自然力就像对劳动力一样,进行最残酷的剥削、掠夺与浪费,我们下面将具体分析《资本论》中论及的资本对人身的自然与人周围的自然（土地等）的态度,以证实资本主义生产方式反生态的本质。

　　资本家对工人人身自然的剥削达到了史无前例的强度,表现在：1,工作日的无限延长与劳动强度的无限增大。马克思说："自十八世纪最后三十多年大工业出现以来,就开始了一个像雪崩一样猛烈的、突破一切界限的冲击。道德和自然、年龄和性别、昼和夜的界限,统统被摧毁了。"[1] 英国1833年颁布的工厂法令规定,工人每天的工作从早晨5点半开始到晚上8点半结束,一共15个小时,而在此之前,据《工厂视察员报告》显示,存在工人整日、整夜甚至是整昼夜劳动的状况,这极大的摧残了工人——包括童工——的身体,缩短了工人阶级的寿命。工人阶级反抗这种残酷的剥削。展开缩短工作日的斗争,使政府通过了12小时以至10小时工作日立法。但工作日的缩短成为加强劳动强度的一个促进因素,当法律使资本不能延长工作日时,资本就力图不断提高劳动强度来补偿,并且把机器的每一次改进都变成加紧吮吸劳动力的手段。马克思列举了许多具体的数字来说明,1833—1847年（实行12小时工作日时期）英国工业的发展超过了实行工厂制度以来的最初半个世纪（工作日不受限制时期）,而从1848—1865年（实行10小时工作日时期）,英国工业发展又以比前一次超越大得多的幅度超过了12小时工作日时期。[2]

---

[1] 《资本论》第一卷,人民出版社1975年版,第307—308页。
[2] 《资本论》第一卷,人民出版社1975年版,第457—458页。

2，工人劳动条件恶化。为了增加利润，资本家总是最大限度地降低成本而不惜最大限度的损害工人的身体健康所需要的清洁的水、空气以及劳动空间、劳动场所的安全保障设施等。工人被迫挤在狭小的建筑物内，在恶劣的条件下进行劳作。资本对劳动资料的异常节约与对工人生命健康的巨大浪费都是劳动的社会性质所产生的。马克思辩证的指出这种资本主义生产的社会性质，即"实际上只是用最大限度地浪费个人发展的办法，来保证和实现人类本身的发展。"① 3，工人的生活条件日趋恶劣。在《公共卫生。第6号报告。1863年》中，西蒙医生说，工人缺乏饮食、缺乏营养，但衣服和燃料比食物还缺，居住在排水沟最差，环境最脏，水的供给最不充分、最不清洁的地区，如果在城市，也是阳光和空气最缺乏的地区。② 在劳动与生活条件的重重压迫下，大工业中的工人寿命最短。在1875年的英国北约翰市，资本家阶级的平均寿命是38岁，工人阶级的平均寿命只有17岁，在利物浦，前者是35岁，后者是15岁。③ 4，大量的使用妇女与童工，可以降低工资的支出，但是妇女与童工的劳动强度并不低于成年男工，从而对她们的身体造成极大的损害，许多人得病而死去。5，剥夺工人阶级的闲暇权与发展权。从上述工人阶级的生存状况可以看出，除去基本的生存需要，以保证工人可以活着为资本家出卖劳动力，工人阶级没有闲暇时间。在资本主义社会，"一个阶级享有自由时间，是由于群众的全部生活时间都转化为劳动时间了"。④ 工人的子女没有受教育权，即便给他们上学的机会，也只是形式上的，工人阶级的无知、粗野、道德堕落的积

---

① 《资本论》第三卷，人民出版社1975年版，第105页。
② 《资本论》第一卷，人民出版社1975年版，第721页。
③ 《资本论》第一卷，人民出版社1975年版，第704页。
④ 《资本论》第一卷，人民出版社1975年版，第579页。

累与其贫困、劳动折磨、受奴役的积累一起进行，而这一切都滋养了资产阶级的财富积累以及相伴而来的闲暇、知识和生活享受的积累。

资本对工人人身自然的残酷剥削不需要再详细的展开了，《资本论》一三卷中有大量翔实的资料展示了这一切。汤普森《英国工人阶级的形成》也为马克思的观点和资料提供了有力的佐证。时至21世纪，工人阶级——至少是被雇用阶级——的工作生活条件与19世纪中叶的工业社会相比，已经有了天壤之别。但马克思指出，工人生活条件的改善与工资的提高，并不能改变他们受剥削的地位，而且他还使用了一个形象的比喻，虽然相比无处可住，工人住在小房子里的确已经是一个进步，但相比起资本家住在宫殿里，差别还是太明显了。当今时代贫富差距不仅依然存在，而且进一步加剧了[1]。

资本主义生产方式对自然界的破坏同对工人的剥削一样具有毁灭性。由于资本主义生产方式要求大工业生产，使生产日益集中，造成城乡对立，从而使工业从农业，城市从乡村那里以衣食形式拿走的东西不能再以排泄物的方式返还，比如城市人口的粪便只能花费很多的财力进行处理，污染河流，却不能再回归土壤，从而造成资本主义生产物质变换的断裂，福斯特将其作为马克思生态学的基本概念进行了论述。除此之外，我们将从资本主义的土地所有权批判与农业的资本主义生产方式批判的角度来阐释马克思的观点。马克思认为，资本主义制度同合理的农业相矛

---

[1] "世界范围内的收入不均程度，不仅没有随着第三世界地区的工业化而缩小，相反，在战后至今的数十年间，更有扩大的趋势（参阅阿尔利吉于《新左翼评论》1991年第189期的文章）。今天在世界范围内的贫富差距，比三十年前严重一倍。在1997年，富裕国家约占全球两成的人口，却共消费掉全球86％的商品和劳务，而最贫困的两成人口则只享受到全球1.3％的消费（见联合国《一九九八年人类发展研究报告》）"。引自许宝强《发展主义的迷思》。

盾，即便资本主义制度促进了农业技术的发展，但也只是促使农业向不合理的方向发展，"大工业和按工业方式经营的大农业一起发生作用。如果说它们原来的区别在于，前者更多的滥用和破坏劳动力，即人类的自然力，而后者更直接地滥用和破坏土地的自然力，那么，在以后的发展进程中，二者会携手并进，因为农村的产业制度也使劳动者精力衰竭，而工业和商业则为农业提供各种手段，使土地日益贫瘠。"① 所以"合理的农业所需要的，要么是自食其力的小农的手，要么是联合起来的生产者的控制。"② 但绝不会是以资本主义大工业为基础的农业经营制度，正如大工业资本依靠缩短工人的寿命而无限度的追逐剩余价值一样，贪得无厌的农场主靠无限的掠夺土地肥力来提高收获量与利润，只能导致土地的贫瘠化。同时，土地的资本主义私人所有权也是造成这种掠夺行为的关键因素。马克思指出：土地所有权"在和产业资本结合在一个人手里时，实际上可以使产业资本从地球上取消为工资而进行斗争的工人的容身之所。在这里，社会上一部人向另一部分人要求一种贡赋，作为后者在地球上居住的权利的代价，因为土地所有权本来就包含土地所有者剥削土地，剥削地下资源，剥削空气，从而剥削生命的维持和发展的权利。"③ 并且"从一个较高级的社会经济形态的角度来看，个别人对土地的私有权，和一个人对另一个人的私有权一样，是十分荒谬的。甚至整个社会，一个民族，以至一切同时存在的社会加在一起，都不是土地的所有者。他们只是土地的占有者，土地的利用者，并且他们必须像好家长那样，把土地改良后传给后

---

① 《资本论》第三卷，人民出版社 1975 年版，第 917 页。
② 《资本论》第三卷，人民出版社 1975 年版，第 130 页。
③ 《资本论》第三卷，人民出版社 1975 年版，第 872 页。

代。"① 在此，马克思认为，正是对劳动力与对土地的资本主义私人所有权，造成了对人力与自然力的巨大破坏与巨大浪费，资本主义生产方式反生态的本质从总体上暴露出来。

要使人身自然与整个自然界合乎自身规律的存在与发展，就只能通过推翻资本主义私有权制度来实现。因为资本主义是一个再生产自身的永动机，从而促使资本主义生产关系、社会关系永固化，并将其推向一个极端的发展。资本不会自动的扬弃自身，即使一个新的物质基础已经存在。在一般情况下，资本只能借助工人阶级的斗争被动的扬弃。《资本论》为我们展示出这个阶级为什么会形成，怎样形成，以及资本将如何被超越。《资本论》不只告诉我们资本是造成人、自然与社会全面异化的源头，它的持久不衰的魅力更在于它的阶级分析方法——无论它已经、正在、或将要遭遇多少、多么恶劣的诟病，将阶级分析的方法适用于当前全球生态问题中来，仍将会获得许多有意义的启示。

三、社会主义制度取而代之才能从根本上解决可持续发展问题

从马克思恩格斯关于资本主义生产方式的反生态性质的分析中，我们可以得出结论，资本主义是不可持续发展的。生态马克思主义学者，如奥康纳、福斯特以及激进的生态社会主义者萨兰·萨卡都对不可持续的资本主义进行了批判性论证。在当今经济全球化的世界背景下，资本主义的不可持续性在全世界范围内表现出来。虽然发达资本主义实现了本国的生态优化和改良，但将生态灾难愈益转移至第三世界国家，这也是我们将在生态殖民主义批判部分将要详细论证的内容。与西北欧经济发达、社会进步、生态改良、人民生活富裕形成鲜明对照的是，广大第三世界

---

① 《资本论》第三卷，人民出版社1975年版，第875页。

——尤其是那些最不发达的贫困地区和国家——呈现出经济落后或停滞、生态愈益恶化、民众生活极端贫困相交织的状况。20世纪后期以来,南北之间的贫富差距不仅没有缩小,反而扩大了。在大量的事实面前,我们只能说在资本主义制度框架内,可以实现一国的生态改良,却不可能实现全世界的生态文明。而且由生态环境问题的整体性与普遍联系性所决定,生态文明不可能只在一国之内建成,它需要全世界各国的共同努力与协作。但资本主义生产方式在本质上是反生态的,只有以社会主义(共产主义)的全球化代替资本主义全球化,在生产资料成为社会所有,实行社会主义的按劳分配(按需分配)的基础上,才能为地球人类不再为追逐利润而生产与消费创造条件。在这个前提下,生态文明的全球实现才具备了可能性。

从马克思恩格斯对资本特性的分析,我们得知资本主义制度是一个全球无限发展的结构体系,它最终必然导致一种帝国主义的层级关系,在生态环境与财富方面,使穷国滋养富国、使穷人养活富人,社会最贫弱者注定成为生态灾难与经济灾难的最沉重的承受者,这是马克思、恩格斯在分析资本主义经济与生态问题时的基本观点。当代西方发达资本主义国家生态环境优化有许多具体原因,比如在工业生产中采用先进技术,减少能源资源损耗,提高其利用率,减少环境污染;普遍征收生态环境税,将外部成本内在化,提高企业的环保意识;环境压力团体的兴起,对政府决策发挥积极的生态导向作用;从20世纪70年代以来,几十年环境运动的发展,使公民逐渐形成自觉的生态意识,并内化到个人行为中去,从而产生积极的社会效果,等等。除此之外,最根本、也是我们最不应该忘记的是,发达国家在20世纪60年代与20世纪80年代,实现了两次大规模的产业转移,20世纪60年代的夕阳产业从欧美国家转向亚洲发展中国家,促进了亚洲四小龙迅速崛起,到了80年代,产业转移又瞄准了改革开放的中国内地。中国内地极低的环境门槛与丰富的廉价劳动力资源，使得这些高污染企业、高耗能企业、人力资源密集型企业等远离了欧美发达国家本土，在中国内地迅速生根，成长起来。中国改革开放30年经济的迅猛增长，得益于它们的贡献，但伴随经济增长的生态环境的迅速恶化，也不能说没有它们造成的恶果。在某种程度上，我们可以说，欧美国家经济瘦身成功，实现了轻量化、绿色化、生态化，是以广大发展中国家与不发达国家的环境污染与经济不发展为代价的。欧美可以远离实体经济，但欧美国家的人口仍然要衣食住行，要日常生活，依然离不开实体经济，中国这个"世界工厂"在为全世界人民生产日用消费品的同时，也生产出巨大的本国生态环境赤字，这是我国人民必须面对与解决的重大问题。

　　社会主义是对资本主义内在矛盾的积极扬弃与超越。在社会主义条件下，实行生产资料公有制与按劳分配制，社会生产实现了有计划、按比例的健康良性发展，生产的目的是为了实现物品的使用价值，而非交换价值，在这个前提下，对自然资源、能源的索取与耗费就将采取有节制的、最符合人类社会长远发展利益的形式来进行。人们的消费观念也实现了相对于资本主义的升华，在资本主义条件下，由于劳动的异化和人的异化而使人产生生存的无意义感、虚无感、荒谬感，从而只能在物质消费中获取自我价值实现的快感，从而加速了消费品的生产、耗费、更新，加剧了自然界的压力。而在社会主义条件下，人的价值体现在劳动过程之中，劳动成为人的需要，人成为真正全面发展的人，摒弃了劳动异化与消费异化，人与人之间、人与社会之间达至和谐状态，使人与自然的真正和解成为可能。

第二章 生态马克思主义：
界定·批判·借鉴

生态马克思主义作为当代世界生态问题与马克思主义相遇的理论产物，同时也是西方马克思主义发展的新阶段，对我国生态文明建设具有启示作用。在这一章，我们在对生态马克思主义进行理论界定的前提上，对生态马克思主义的资本主义批判观进行评述，并且以生态马克思主义的代表人物之一的泰德·本顿为例，分析了生态马克思主义的局限性。同时，我们也在消费主义批判和生态殖民主义批判两个方面，运用马克思主义的观点，借鉴生态马克思主义的理论资源，阐述了我们自己的观点。

第一节 生态马克思主义的界定

我们对生态马克思主义的界定将从搞清楚生态马克思主义内部与外部的几个关系入手。在生态马克思主义内部，必须澄清生态马克思主义与生态社会主义的关系。在生态马克思主义的外部，需要澄清生态马克思主义与经典马克思主义、西方马克思主义、后现代主义以及后马克思主义之间的关系。

什么是生态马克思主义？生态马克思主义与生态社会主义之间存在着怎样的关系？生态马克思主义明显呈现出对资本主义批判有余而对未来目标及其实现途径建构不足的状态，每个作者从不同的角度、不同的侧重点运用或借用了马克思主义的批判理论，比如阿格尔对消费主义的批判，奥康纳、佩珀对生态帝国主义的批判、奥康纳的双重危机理论等等，在这个意义上，我们只能这样定义生态马克思主义，即它围绕着资本主义引发的生态环境问题，运用或借用马克思主义的社会批判、政治经济批判与文化批判理论与方法，是一种对资本主义、同时也对传统社会主义进行双重批判的理论。指出后者是必要的，生态马克思主义的敌人不只资本主义一个——虽然它是最重要的一个——同时还有传统社会主义，认为后者在经济社会发展以及政治生活中同样存在环境退化、资源浪费以及社会不正义等问题。

在此基础上，我们再来看生态马克思主义与生态社会主义的关系，有的主张二者是一致的、重合的，但萨兰·萨卡的例子给此观点提供了反证。有的认为，生态社会主义重实践，生态马克思主义重理论，或者说，生态社会主义实践是生态马克思主义理论的目标所在，比如奥康纳就持此观点。[①] 国内有学者认为，生态社会主义的概念外延比生态马克思主义要大，比如陈学明认为，生态社会主义包含生态学的马克思主义，在生态社会主义阵营中，唯有那些带有强烈的马克思主义倾向的人才是生态学的马克思主义者。[②] 郇庆治在区分了广义与狭义生态社会主义的基础上，认为生态社会主义比生态马克思主义外延大，"生态社会主义是一种与生态自治主义相对应的生态政治理论流派与运动，指的是马克思恩格斯之后、特别是当代马克思主义者和社会主义理论家依据生态环境问题政治意义日渐突出的事实逐渐形成的、在社会主义视角下对生态环境问题的政治理论分析与实践应对。据此，广义的生态社会主义研究可以概括为三个密切关联的组成部

[①] 奥康纳：《自然的理由》，南京大学出版社，2003年版，第5页。
[②] 俞吾金：《国外马克思主义哲学流派新编西方马克思主义卷》（下），复旦大学出版社2002年版，第575页。转引自余洋《生态学马克思主义和生态学社会主义关系研究述评》，载《理论观察》2008年第4期。

分：生态马克思主义、生态社会主义（狭义）和'红绿'政治运动理论。"① 但也有不同的观点，比如刘仁胜就认为，生态马克思主义从产生至今，大致经历了三个发展阶段：生态马克思主义、生态社会主义、马克思的生态学。刘仁胜的《生态马克思主义概论》一书也是按照这个逻辑展开布局的。最早将生态马克思主义与生态社会主义介绍至国内来的王谨认为，二者是不同的两种思潮，"生态学马克思主义"是绿色运动所引发的第一种思潮，由北美的西方马克思主义者所提出，它的基本出发点是用生态学理论去补充马克思主义，企图为发达资本主义国家的人民找到一条既能消除生态危机又能走向社会主义的道路。"生态社会主义"是绿色运动所引发的第二种思潮，以联邦德国绿党为代表的欧洲绿色运动提出来的"生态社会主义"是欧洲绿党的行动纲领。② 笔者认为，生态马克思主义与生态社会主义既是不同的，但在特定的学者那里又有相互重合的地方，比如奥康纳是生态马克思主义者，又主张实行生态社会主义，而萨兰·萨卡则只是一个生态社会主义者，而非生态马克思主义者，所以要具体情况具体分析。从总体上说，生态马克思主义重理论、生态社会主义重实践，二者都将资本主义与传统社会主义作为批判的矛头。总之，二者既密切相关，又相互区别。而对于福斯特、伯克特而言，着重挖掘马克思理论中的生态因子，则又只能将其划归生态马克思主义（广义）——而非生态社会主义——的阵营，他们属于生态马克思主义阵营中的学理派，而非实践派。

生态马克思主义与经典马克思主义和西方马克思主义之间的

---

① 郇庆治：《西方生态社会主义研究述评》，《马克思主义与现实》2005年第4期。

② 王谨：《"生态学马克思主义"和"生态社会主义"——评介绿色运动引发的两种思潮》，载《教学与研究》1986年第6期。

关系要综合起来进行考虑。对于西方马克思主义而言，葛兰西、卢卡奇的理论还算得上是坚持了马克思主义的立场与观点，而法兰克福学派对马克思主义经典理论的批判则甚于对它的传承。生态马克思主义的创始的确从西方马克思主义那里获取了灵感，比如《启蒙辩证法》中对启蒙的批判（认为启蒙代替了神学成为新的神话），马尔库塞对工具理性、技术理性的批判，都成为生态马克思主义的思想源泉。阿格尔作为生态马克思主义的创始人之一，直接承续了西方马克思主义的理论传统，所不同的是，他将西方马克思主义的社会文化哲学批判与经典马克思主义的危机理论结合起来，以现时代的生态问题作为突破口，认为资本主义必然导致消费主义，而消费主义又必然造成生态危机，只能以期望破灭的辩证法形成对生态危机的克服，从而以生态危机理论取代了经典马克思主义的经济危机理论。国内学者陈学明、王雨辰都明确表示生态马克思主义是西方马克思主义发展的新阶段[①]，而蔡萍、华章琳则在《生态学马克思主义是西方马克思主义吗》一文中指出，生态学马克思主义不属于西方马克思主义，而是马克思主义在当代西方发展的最新理论形态。[②] 虽然文中尚有许多地方值得商榷，但毕竟提出了一个新问题，启发我们重新思考生态马克思主义的理论定位。如果我们说阿格尔、高兹等生态马克思主义的第一代与第二代还与西方马克思主义存在千丝万缕的联系，而从奥康纳以来，一直到福斯特、伯克特等人如果也划归西

[①] 陈学明、王凤才：《西方马克思主义前言二十讲》，复旦大学出版社，2007年版；王雨辰《西方生态学马克思主义的理论性质与理论定位》，载《学术月刊》2008年第10期；《论西方马克思主义的定义域与问题域》，载《江汉论坛》2007年第7期。

[②] 蔡萍，华章琳：《生态学马克思主义是西方马克思主义吗》，载《学术论坛》2007年第7期。

方马克思主义①的阵营就很难说得通了。奥康纳基于经典马克思主义理论,立足当代生态环境问题、国际不平等的政治经济秩序问题对马克思主义作了进一步的发挥与补充,是与经典马克思主义直接发生关系的,而福斯特、伯克特则是直接向马克思的文本要证据,以证明马克思本人就是一位生态学家,虽然对马克思的生态观有所夸大,但毕竟也不同于西方马克思主义的理论进路。由于生态马克思主义内部各个作者的思想呈现出多重面相,各人与经典马克思主义、西方马克思主义的关系必须具体分析,否则就很容易产生歧义与矛盾。

通过以上的分析,我们看出既要将生态马克思主义作为一个理论流派,即实现了生态学与马克思主义的结合,同时又要正视理论内部的种种多样性。这个悖论的产生直接源于它的核心问题的提出,即生态作为一个问题的出现本身就是后工业社会的产物,产生于后现代主义的语境之下。在通常的情况下,生态问题与种族问题、女权问题一样,被视为一个后现代的问题。那后现代主义是什么?套用福柯关于结构主义的一句话——"结构主义不是一种新方法,而是被唤醒的杂乱无章的现代思想意识",那后现代主义也不是一种新思潮,而是被唤醒的杂乱无章的反思现代性问题的思想意识。后现代主义是批判现代性的产物,它一般不提供解决的方案,而只是各种批判、反思的涌现。它呈现出空间散播的、分散化、碎片化以及重新个体化的姿态;它反基础主义、反本质主义、反意识形态、反各种霸权。生态问题也在它的反思视野之中。生态中心主义作为绿色运动中极其重要的一支,就在很大程度上反映了后现代主义的种种面相。生态这个后现代的问题与马克思主义这个最彻底的现代性批判理论的结合是有共

---

① 我们这里指以法兰克福学派为代表的西方马克思主义,而非泛指所有西方的马克思主义。

同的理论背景的,即它们都源自于对资本主义的生产方式批判、社会文化批判,而通常认为,马克思主义虽然是现代性批判的集大成者,但在历史观与方法论上仍然处于现代主义的框架之内,更有偏见认为马克思主义就是普罗米修斯主义、唯生产力发展,在本质上与生态原则不相容,福斯特等已经对这种观点进行了有力的驳斥。生态马克思主义就是将生态这个后现代的问题纳入到马克思主义这个现代主义的解释范式之中。虽然它给出了解决问题的途径,甚至勾勒出生态社会主义这样一幅前景画卷,但毕竟受后现代主义的影响而不能像马克思主义那样彻底,尤其是在环境运动依靠的社会力量方面,认为随着资本主义新变化的出现,传统工人阶级已经不存在或者大大弱化,在很大的可能性上,如果仍然作为一只社会变革的力量,就必须谋求与新社会运动的结合。实质上,生态马克思主义在将阶级力量分散化的过程中,不经意间消解了反对资本主义的社会力量,从而对资本主义的批判仅仅表现为一种话语,缺乏了经典马克思主义的阶级行动理论不是失去了可有可无的一块,而是标志着其理论在实质上已经准备滑向资本主义统治框架之内的一种意图。革命还是改良,仍然是区分真假马克思主义的试金石。

　　后马克思主义中也有生态政治主张,但与生态马克思主义相比是缺乏系统的、乏力的,属于激进有余、而力度不足的一种。由于时代条件与知识范式的转换,马克思主义流派在西方激增,已经进入人们视野的就已经有后马克思主义、后马克思思潮、后现代马克思主义与晚期马克思主义,他们之间有区别,也有联系,共同构筑了"千面马克思主义"的复杂景观。[1] 生态马克思主义也可算作其中的一面。在这多种面相中,真正的马克思主义

―――――――
[1] 胡大平:《后马克思主义思潮的批判性探讨》,载《现代哲学》2004 年第 1 期。

是被扭曲、被消解,还是获得重生仍是一个值得期待的问题。

综观以上的分析,我们对生态马克思主义有以下两点基本认识。首先,生态马克思主义是从人出发,以人类为中心的,而不是从他者——自然出发,以生态为中心的生态政治思潮,在这点上,它首先区别于生态中心主义,而与经典马克思主义、西方马克思主义以人为本的思想相一致。其次,生态马克思主义重视社会、文化与政治经济批判,而非哲学批判,在这点上,与经典马克思主义有着理论倾向上的一致性,而不同于西方马克思主义的批判重点,亦区别于生态主义的环境伦理。生态马克思主义是西方生态政治思潮中与马克思主义有着直接或间接联系的一支,它与生态中心主义一起对西方传统政治发挥了深刻的影响力,促使生态环境的考虑成为西方政治中不可或缺的因素之一。虽然生态批判已经由体制外的批判力量逐渐进入体制之内,从而使其批判的角色变的模糊,但是生态马克思主义由于汲取了马克思主义理论的养分,对资本主义的批判仍然具有某种程度的科学性。生态马克思主义也同时成为经典马克思主义当代发展的一个重要理论支持。

第二节 生态马克思主义批判资本主义的主要观点

生态马克思主义理论产生于20世纪70年代,创始人为莱斯和阿格尔。莱斯以法兰克福学派对资本主义技术理性、工具理性的批判为基础,认为资本主义生态环境问题的根源不在于科学技术的应用,而直接导源于人们控制自然的观念。"征服自然被看做是人对自然权利的扩张,科学和技术是作为这种趋势的工具,目的是满足物质需要。这样实行的结果,对自然的控制不可避免地转变为对人的控制以及社会冲突的加剧。这样便产生了恶性循环,把科学和技术束缚在日益增长的控制和日益增长的冲突的致命的辩证法中"①。莱斯看来,在资本主义社会,控制自然作为一种意识形态,将科学技术作为它施加影响的工具,在无限制的向自然索取资源、无限制的扩张生产机构与生产能力、无限制的迫使人们消费的过程中,最终引向了人类的自我毁灭。在《自然的控制》发表4年后的1976年,莱斯在《满足的极限》中阐释了生态危机及其解决,并试图以生态学理论来补充与完善马克思主义,提出了生态社会主义的主张,包括缩减生产能力,减少物质需求,改变人们的消费模式,实行新的"稳态经济",从而调整人与自然之间的关系。莱斯的理论已经包含了生态马克思主义的基本论题,即对资本主义生产方式、科学技术的资本主义应用、消费主义、生态殖民主义等反生态的批判。

在阿格尔1978年的《西方马克思主义概论》中,介绍了莱斯的观点,并进一步以生态危机取代资本主义的经济危机理论,对消费主义的反生态性进行批判,并在此基础上形成了所谓的"期望破灭的辩证法"。在生态马克思主义发展史上,莱斯与阿格尔是创始人也是奠基者,他们的理论主张为之后的生态马克思主义者——安德烈·高兹、瑞尼尔·格伦德曼、大卫·佩珀、詹姆斯·奥康纳、约翰·贝拉米·福斯特以及保尔·伯克特等人——奠定了理论基调。虽然之后的生态马克思主义在理论深度及其与马克思主义的关系上,作了更多的发挥与阐释,但我们仍然可以看到创始者的影响。

安德烈·高兹被公认为生态马克思主义的重要代表人物。高兹是萨特的学生,以1980年《作为政治学的生态学》为开端,他开始由一个存在主义的马克思主义者转变为生态马克思主义

---

① 威廉·莱斯著,岳长岭、李建华译:《自然的控制》,重庆出版社1993年版,第169页。

者。在1989年的《经济理性批判》与1991年的《资本主义、社会主义与生态学》中,他以经济理性为核心,阐释了资本主义经济理性对人的异化、劳动的异化、生态危机的产生的影响。高兹认为,资本主义社会是一个经济理性统摄一切领域的社会。关于什么是经济理性,高兹在这里借用了哈贝马斯的"认识—工具合理性"概念,他说:"经济理性,作为'认识——工具理性'的一种特殊形式,它不仅仅扩充到其并不适合的制度的行为,而且使社会的统一、教育和个人的社会化赖以存在的关系结构'殖民化'、异化和支离破碎。"① 关于生活世界的殖民化,高兹论述到:"思维的一种(数学的)形式化,把思维编入技术的程序,使思维孤立于任何一种反思性的自我考察的可能性,孤立于活生生的体验的确定性。种种关系的技术化、异化和货币化在这样一种思维的技术中有其文化的锚地,这种思维的运作是在没有主体的参与下进行的,但这种思维由于没有主体的参与就无法说明自己。欲知这种严酷的殖民化是如何组织自己的,请看:它的严酷的、功能性的、核算化的和形式化的关系使活生生的个人面对这个物化的世界成了陌路人,而这个异化的世界只不过是他们的产品,与其威力无比的技术发明相伴的则是生活艺术、交往和自发性的衰落。"② 在资本主义社会,经济理性主导下的社会生活必然是追逐无限生产、无度消费、无限浪费自然资源的恶性循环,从而消费不是服从于人的直接的、真实的需要,而成为"消费不得不服从于生产"③。

---

① Andre Gorz, Translated by Gillian Handyside and Chris Turner, Critique of Economic Reason, Verso, 1989, p. 107.

② Andre Gorz, Translated by Gillian Handyside and Chris Turner, Critique of Economic Reason, Verso, 1989, p. 124.

③ Andre Gorz, Translated by Gillian Handyside and Chris Turner, Critique of Economic Reason, Verso, 1989, p. 114.

高兹认为，在大众消费与精英消费之间存在事实上的鸿沟，通过广告等手段，精英消费"将其他社会阶层的欲望提高到一个较高的水平，并且根据不断变化的时尚趋势来塑造他们的品味。"① 从而新的需求与新的消费不断地为了生产而被创造出来，这样的结果就是"通过加速的创新与淘汰，通过制造更高水平上的不平等，新形式的匮乏不断地在丰饶的中心被制造出来，这就是 Ivan Illich 所谓的'贫穷的现代化'。"② 这个过程导致了人的异化与生态危机，比如休闲也变成了"产业"，并创造利润。在经济理性的统摄下，自然与人力都被毫无意义的浪费与消耗，要克服这种状况，就要提倡一种"更少的生产，更好的生活"的生态社会主义，这也是高兹所谓的"生态理性"的目标，在这样一个社会里，人们虽然工作与消费的更少，但生活质量却更高。关于生态理性，高兹认为，生态理性要求满足需要的商品是数量尽可能的少，而其使用价值与耐用性则尽可能高的东西，因此生产这种商品仅需要最小的工作、资本与自然资源，这与经济理性主导下的社会生活更多的生产、更多的消耗、更大的浪费是截然不同的。高兹说："从生态的观点看是自然资源浪费与破坏的行为，在经济的观点看起来则是增长的源泉：企业间的竞争加速了创新，销售规模与资本周转速度增加了作为结果的淘汰与产品更为迅速的更新。从生态的观点看起来是节约的行为（产品的耐用性、疾病与事故的预防、较低的能源与资源消费）都降低了以国民生产总值为形式的经济上可计算财富的生产，从而在宏观经济

---

① Andre Gorz, Translated by Gillian Handyside and Chris Turner, Critique of Economic Reason, Verso, 1989, p. 115.

② Andre Gorz, Translated by Gillian Handyside and Chris Turner, Critique of Economic Reason, Verso, 1989, p. 114—115.

水平上显现为一种损失的源泉。"①

毫无疑问,资本主义是经济理性主导的社会,但高兹主张的社会主义社会是否就是生态理性代替经济理性的社会?经济理性是否在社会主义社会完全消失?对此问题的解答,我们必须回到高兹的文本。在《资本主义、社会主义和生态学》中,高兹说:"在资本主义与社会主义冲突中,危险并非经济理性本身,而是经济理性在多大程度上施加影响的领域。"即"在企业与国民经济中,经济理性在多大程度上保持对其他类型的理性的优越性,资本主义者与社会主义者将给出不同的答案。"高兹接着解释说,只要经济理性塑造与统摄个人生活和社会生活,统摄全社会的价值观和文化观,那么这个社会就是资本主义社会,而"当资本经济理性仅是一个塑造社会关系的从属(次要)因素时,从而作为结果,在社会生活与个人生活中,经济上合理性的工作仅是其他许多重要性活动之一时,那这个社会就变成社会主义的了。"②从而看见,在高兹设想的社会主义社会中,并没有将经济理性完全驱逐,而是给它留了一席之地,只是这个位置是次要的、从属性的。社会主义是生态理性占据主导地位的社会,我们不能简单地用"生态理性代替经济理性"的说法来概括高兹的思想。

在高兹设想的生态社会主义社会中,同样存在着文化的变革与生活方式的革命,人真正享有闲暇与自主的、多元的发展权利,过上真正人的生活,这与他早在1980年写作的《作为政治学的生态学》中设想的是一致的,在那里,高兹说道:"作为当今社会特征的消费模式与生活方式的匀质化将伴随着社会不平等

---

① Andre Gorz, Translated by Chris Turner, *Capital, Socialism, Ecology*, Verso, 1994, p. 32—33.

② Andre Gorz, Translated by Chris Turner, *Capital, Socialism, Ecology*, Verso, 1994, p. 30—31.

的消失而消失，个体与社群将超出今日所能想象的令自己个性化以及使生活方式多样化。但这种差异将只是人们不同的利用时间与资源的结果，而非不平等的获取权力与社会荣誉的结果。适用于每个人的闲暇时间里自主活动的发展，将是特性与财富的唯一源泉。"[1] 高兹从资本主义社会工人劳动异化与生态危机的现象出发，从马克思主义的资本主义批判中汲取灵感，试图以一种生态理性主导的生态社会主义实现对资本主义的超越，是在新的历史条件下对马克思主义经典理论的进一步发挥，但却在理论视野与思考深度上均未达到马克思的高度。可以说，高兹的理论创新大致源于在新的历史时期、对新的时代问题——生态问题——的引入。

佩珀在1993年发表的《生态社会主义：从深生态学到社会正义》是生态马克思主义研究中的一部重要作品。在此书中，他着重从马克思主义与无政府主义的区分入手，研究当代的生态环境问题。他在很有可能导向无政府主义的生态主义中，主张用马克思主义方法分析生态环境问题，提出建立生态社会主义的设想，此一设想建立在反对生态主义的无政府主义因素及其后现代主义倾向的基础之上，具有现代主义的特性，具体包括："（1）一种人类中心主义的形式；（2）生态危机原因的一种以马克思主义为根据的分析（物质主义和结构主义）；（3）社会变革的一个冲突性和集体的方法；（4）关于一个绿色社会的社会主义处方与视点。"[2] 佩珀的观点可以概括如下：

第一，他反对生态主义的生态中心主义以及作为资本主义的

---

[1] Andre Gorz, Translated by Patsy Vigderman and Jonathan Cloud, *Ecology as Politics*, Boston, South End Press, 1980, p. 42.

[2] [英]大卫·佩珀著，刘颖译：《生态社会主义：从深生态学到社会正义》，山东大学出版社2005年版，第83页。

改良者环境主义提出的技术中心主义,而主张人类中心主义。他说:"生态社会主义的人类中心主义是一种长期的集体的人类中心主义,而不是新古典经济学的短期的个人主义的人类中心主义。因而,它将致力于实现可持续的发展,既是由于现实的物质原因,也是因为它希望用非物质的方式评价自然。但从根本上说,后者将是为了人类的精神福利。"①

第二,环境运动的兴起及其理论形态之一的生态主义,是作为反对资本主义的体制外批判力量而进入历史舞台的,而在佩珀反资本主义的生态社会主义理论视野中,虽与生态主义一同对资本主义持批判立场,但对生态主义亦有一个自身的批判,主要是针对它的无政府主义因素而展开的。同时佩珀还将马克思主义的资本主义批判方法与观点应用于当代的生态环境问题,比如他对生态环境问题引发的社会不平等、不公正的批判。"从全球的角度说,自由放任的资本主义正在产生诸如全球变暖、生物多样性减少、水资源短缺和造成严重污染的大量废弃物等不利后果。不仅如此,这些难题显然并不是不分阶级的——它们不平等的影响每一个人。富人比穷人更容易免除这些影响,而且更能够在面临危险时采取减缓策略以确保他们自己的生存"②。他明确提出:"社会正义或它在全球范围内的日益缺乏是所有环境问题中最为紧迫的……实现更多的社会公正是与臭氧层耗尽、全球变暖以及其他全球难题作斗争的前提条件。"③ 在他的一个更具体的生态社会主义版本中,民主、平等、公正与环境正义的主张则是

---

① [英]大卫·佩珀著,刘颖译:《生态社会主义:从深生态学到社会正义》,山东大学出版社2005年版,第340页。

② [英]大卫·佩珀著,刘颖译:《生态社会主义:从深生态学到社会正义》,山东大学出版社2005年版,第2页序言。

③ [英]大卫·佩珀著,刘颖译:《生态社会主义:从深生态学到社会正义》,山东大学出版社2005年版,第2页一版前言。

主题。

第三，佩珀主张在建立反对资本主义的生态社会主义征程中推进红绿结盟——即便这存在诸多困难。在环境运动的主体力量方面，佩珀主张工人运动与新社会运动的阶级联合，这部分体现了马克思主义的阶级观点，但也受到了来自生态主义的批评。虽然前景也许并非总是那样乐观，但佩珀还是执著地认为："用马克思主义观点分析绿色难题至少可以持续地为可能侵入主流和无政府主义绿色话语的模糊性、不连贯性、头脑糊涂和偶尔的枯燥提供一个矫正的方法。"[1] 佩珀的生态社会主义理论相对于理论自身即内部的建设而言，更多的侧重于理论外围关系的廓清与联结。在他2004年为此书的中文版所写的序言中，他称生态社会主义是一种既不同于资本主义、又有别于传统社会主义的"真正的社会主义"，是需要"把动物、植物和星球生态系统的其他要素组成的共同体带入一种兄妹关系，而人类只是其中一部分的社会主义。"[2] 这个结语给人们以如此印象——身处后工业社会、在后现代主义光芒照射之下，佩珀的生态社会主义折射出一种朦胧的后现代色彩。不只如此，这是否也是对佩珀自己在20世纪90年代初为之辩护的人类中心主义的一种暧昧的修正呢？

奥康纳发表于1997年的《自然的理由——生态学马克思主义研究》或可称之为"全球生态学"，他以20世纪以来全球政治、经济、社会领域的新变化为基础，以日益凸显的生态环境问题为核心，运用历史唯物主义的方法与观点，对全球生态危机作了一个更接近于马克思主义真精神的思考与分析。在一定程度

---

[1] [英]大卫·佩珀著，刘颖译：《生态社会主义：从深生态学到社会正义》，山东大学出版社2005年版，第376页。
[2] [英]大卫·佩珀著，刘颖译：《生态社会主义：从深生态学到社会正义》，山东大学出版社2005年版，中文版序言。

上,《自然的理由》为马克思主义经典理论在新时代的发展开拓了疆域,即便他对马克思主义基本理论的解读存在偏差。20世纪以来,全球社会发生了许多深刻的变化,在西方发达国家内部,由于社会福利、自由民主的实行,在一定程度上产生了阶级和解;社会主义阵营由强入衰,在90年代由于苏东剧变而瓦解,而在第三世界,经济的持续不振以致衰退与无法改变的贫穷、环境退化、各种各样的灾难一起折磨着人们,美国失去了强有力的竞争对手苏联,在它主导下的全球化愈益呈现出肆无忌惮的意识形态霸权主义的面目——新自由主义在世界范围内泛滥成灾,这些过程"加快了一种国际性的统治阶级的发展以及催生出了一种国际性的政治精英及资本主义化的国家。它们成倍地增加了全球性的社会和环境/生态问题,同时也促进了一种新的劳动力的国际化,以及环境主义和生态学、女权主义、城市运动和人权运动的发展。"[①] 生态马克思主义就在此过程中应运而生。综观奥康纳的主要观点,可以归纳如下,

第一,即双重危机理论,即以生态危机补充或发展马克思的经济危机理论。在本·阿格尔的生态学马克思主义主题中,"消费"而不是"生产"成为其关注的焦点,那些由资本主义生产方式带来的以及新形成的消费行为,成为破坏环境的首要因素,所以生态危机取代了经济危机而成为资本主义社会的首要问题。奥康纳立足于马克思,试图在批判阿格尔中实现一种超越,其具体的路径就是将生态学马克思主义与传统马克思主义的危机理论相结合,将生态危机理论与经济危机理论综合起来,并通过阐明二者之间相互影响、互为因果的关系,建构起他的资本主义"双重危机"理论。

---

① [美]詹姆斯·奥康纳著,唐正东、臧佩洪译:《自然的理由》,南京大学出版社2003年版,第5页。

奥康纳认为，传统马克思主义的经济危机理论建立在生产力与生产关系的矛盾运动之上，而生态学马克思主义的生态危机理论则立足于资本主义生产力、生产关系与生产条件之间的矛盾分析，对所谓的资本主义生产的生产条件，奥康纳给出了三种界定，第一种是外在的物质条件，即进入到不变资本与可变资本之中的自然要素，第二种是生产的个人条件，即劳动者个人的劳动力，第三种是社会生产的公共的、一般性的条件，比如运输工具。[①] 它的意义在于，为全面分析马克思关于资本主义生产方式对自然——包括人自身的自然与人周围的自然——的破坏，提供了一个科学的基础。

传统马克思主义的经济危机通过生产相对过剩与有效需求不足的形式表现出来，即奥康纳所谓的"第一重危机"，从而是从"需求"的角度造成对资本的冲击。而生态学马克思主义的生态危机则是通过个体资本为追逐利润、降低成本而将成本外在化，表现在加剧对自然界的掠夺与污染，加强对工人的剥削程度，以及对城市空间的侵占等方面，但这却导致资本总体的成本被抬高的后果，奥康纳称之为"第二重危机"，这是从"成本"的角度对资本造成的冲击。第一重危机是一种实质性危机，第二重危机是一种流动性危机，二者在资本积累的过程中不断的互为因果表现出来。举例而言，在个体资本追求成本外在化的过程中，破坏了社会的生态环境，但是"对社会环境的修复与重建需要一大笔信用货币，这无疑会把矛盾移植到金融与财政领域，其移植的方式在或多或少的程度上与资本的生产与流通之间的传统性矛盾被

[①] [美]詹姆斯·奥康纳著，唐正东、臧佩洪译：《自然的理由》，南京大学出版社2003年版，第257页。

移植到今天的金融与财政领域中去的方式是相同的。"①

许多人认为,奥康纳的双重危机理论补充和发展了马克思的危机理论,虽然他也遭到了福斯特等人的批评。② 奥康纳认为,虽然马克思在许多方面论及了资本主义生产方式对自然的破坏,但没能把多方面因素综合起来,从而导向一种典型意义上的生态学理论——即资本主义的矛盾有可能导致在危机与社会转型问题上的"生态学"理论,因此马克思的理论没有触底。资本主义生产方式的自我扩张虽然在经济维度上没有严格的自我限制,③ 但资本低估了自然界的存在价值,因此,它只有通过经济危机的形式来触及生态维度上的局限性。④ 但笔者认为,由于奥康纳对资本主义经济危机的实质在根本上把握不准,所以他的双重危机理论虽然形式上发展马克思的危机理论,但却在精神实质上偏离了马克思。在对资本主义生产力与生产关系的矛盾,即第一重矛盾的理解上过于抽象化与一般化,是造成这个偏离的重要因素。资本主义生产方式导致的生产力与生产关系的矛盾一定要置于不断发展的社会生产力与生产资料的资本主义私有制这个具体的、历史的维度上来理解,才能从根本上说明资本主义生产方式的内在矛盾。随着工厂协作的发展,生产、交换、需求也不断地被社会化的发展了。产品愈益成为社会化的产品,而劳动也愈益成为社会化的劳动,生产的社会化呼吁所有权的社会化演变,但是,生

---

① [美]詹姆斯·奥康纳著,唐正东、臧佩洪译:《自然的理由》,南京大学出版社2003年版,第274页。

② 郭剑仁:《探寻生态危机的社会根源——美国生态学马克思主义及其内部争论析评》,载《马克思主义研究》2007年第10期。

③ 事实上,资本本身具有不可克服的自我限制与自我矛盾,这在第一章第二节"资本的趋势"部分已有论述。

④ [美]詹姆斯·奥康纳著,唐正东、臧佩洪译:《自然的理由》,南京大学出版社2003年版,第289页。

产资料的私人所有制却日益集中与加强，活劳动、自然力以及机器、原材料等生产要素日益向个体资本集中，并成为个体资本占有劳动与自然创造物的前提。在这个矛盾中，不仅包含着生产相对过剩与有效需求相对不足的矛盾，也同样存在着个体资本降低成本导致利润降低的运动趋势，因为个体资本通过新技术、新机器的使用，加强对工人的剥削程度，无偿利用肥沃的土地或瀑布等劳动资料的自然富源等措施，在开始时期确实起到了降低成本提高利润的作用，但随着新技术等的普及发展，马克思指出，利润率下降是一个普遍的趋势。资本主义就在这样一个无休止的恶性循环中走向危机。所以，马克思的理论并不需要导向一种典型意义上的生态学理论。实质上，马克思的分析——危机理论及其作出的结论——历史唯物主义，必须不只在经济学的界限内，更应该在一种哲学的原则高度上被理解与运用，在这个基础性的理论框架中，已经足够解释资本主义生产方式导致的种种矛盾、问题与危机了，包括它对自然的毁灭性利用与破坏。

第二，奥康纳关于资本主义是不平衡的发展与联合的发展的思想。所谓的不平衡发展，指资本主义在其自身发展中，由于其本性使然，造成了城市与乡村、帝国主义与殖民地、中心地区与周边地区之间的剥削与被剥削关系，在这种关系中永远表现为低级的、次等的、不发展的地区在社会与环境方面去滋养高级的、优等的、发达的地区，从而表现为一种不平衡的发展。所谓的联合的发展，指资本主义发展日益越出国界的地区化与全球化趋势，它将发达的技术、管理、雄厚的资金与低工资的廉价劳动力、低成本的自然资源环境条件相结合，实现了资本主义在全球范围内的联合发展。不平衡发展与联合发展都是在资本主义全球化过程中形成的，二者互为表里、相互依赖，造成权力、资本、利益向发达国家集中，同时贫困、环境灾难向欠发达地区的集中。奥康纳着重讲了不平衡发展与联合发展带来的环境污染问题以及自然资源的耗尽与衰竭。"当资本的不平衡发展和联合发展实现了自身联合的时候,工业化地区的超污染现象与原料供应地区的土地和资源的超破坏现象之间就会构成一种互为因果的关系。资源的耗尽和枯竭与污染之间也构成了一种相辅相成的关系。这是资本'用外在的方式拯救自身'这一普遍化过程的一个必然结果"。[1] 这可以作为生态帝国主义批判的理论基础,在生态帝国主义框架中,"北部国家的高生活水准在很大程度上源自于全球不可再生性自然资源的衰竭、可再生性资源的减少以及对全球民众生存权利的掠夺。"[2]

第三,奥康纳从需求危机、成本危机以及南部国家不断恶化的经济、环境、社会条件等方面,批判了"可持续发展的资本主义"这一观点。由于资本的本性就决定了它既害怕危机又依赖于危机,在本质上它是一种嗜血的经济制度,是一种不断扩张与自我复制的经济政治结构,所以这使全球环境调节优化的前景与全球经济调整的前景一样黯淡。奥康纳甚至颇具幽默感的说:"虽说某些生态社会主义的前景仍不明朗(因为争论仍在继续),但是某种可持续发展的资本主义的前景可能更遥远。"[3] 在此基础上,奥康纳提出了代际可持续的问题,认为资本主义制度无法实现代际可持续发展。生态社会主义就是要确保现在以及将来的人不致沦为物质上和环境上的贫穷者[4]。奥康纳认为生态社会主义

---

[1] [美]詹姆斯·奥康纳著,唐正东、臧佩洪译:《自然的理由》,南京大学出版社2003年版,第318页。
[2] [美]詹姆斯·奥康纳著,唐正东、臧佩洪译:《自然的理由》,南京大学出版社2003年版,第13页。
[3] [美]詹姆斯·奥康纳著,唐正东、臧佩洪译:《自然的理由》,南京大学出版社2003年版,第378页。
[4] [美]詹姆斯·奥康纳著,唐正东、臧佩洪译:《自然的理由》,南京大学出版社2003年版,第17页。

在理论与实践上都是对资本主义生产关系的批判,它"严格说来并不是一种规范性的主张,而是对社会经济条件和日益逼近的危机的一种实证分析。"① 但奥康纳仍然给生态社会主义下了一个不十分严谨的定义,即认为生态社会主义应该包含这样一些理论和实践:它们希求使交换价值从属于使用价值,使抽象劳动从属于具体劳动,这也就是说,按照需要(包括工人的自我发展的需要)而不是利润来组织生产。② 但无论如何,奥康纳主张的生态社会主义不仅是对资本主义的批判,同时也是对传统社会主义的批判,这一点倒是与佩珀不谋而合。

福斯特通过分析认为,马克思具有唯物主义自然观,即反对一切关于人的目的论存在以及宗教神学的思想,认为人是现实的、感性的存在物,而且人是只有"凭借现实的、感性的对象才能表现自己的生命"存在,"一个存在物如果在自身之外没有自己的自然界,就不是自然存在物,就不能参加自然界的生活。"福斯特对马克思生态学的解读中最核心的概念是"新陈代谢"断裂,这要从马克思关于土地异化的思想谈起。福斯特认为,根据马克思早期思想中"自然异化"的概念,统治土地"既意味着那些垄断地产因而也垄断了自然基础力量的人对土地的统治,也意味着土地和死的事物(代表着地主和资本家的权力)对大多数人的统治"。③ 所以土地的异化成为私有财产的重要组成部分,虽然它在资本主义之前就已经发生,但是对于资本主义制度而言,土地的异化就成为一个必要条件。"资本主义的前提是把大量的

---

① [美]詹姆斯·奥康纳著,唐正东、臧佩洪译:《自然的理由》,南京大学出版社2003年版,第527页。

② [美]詹姆斯·奥康纳著,唐正东、臧佩洪译:《自然的理由》,南京大学出版社2003年版,第525—526页。

③ [美]约翰·贝拉米·福斯特著,刘仁胜、肖峰译,刘庸安校:《马克思的生态学——唯物主义与自然》,高等教育出版社2006年版,第83页。

人口从土地上转移出来,这使资本自身的历史发展成为可能。这就形成了富人和穷人之间日益加深的阶级分化,以及城乡之间日益加深的敌对分离。"[1] 所以在福斯特对马克思的解读中,两极分化造成的新陈代谢断裂就成为资本主义的一个根本特征。福斯特认为,在马克思那里,新陈代谢具有两个层面的含义,第一个层面是指自然和社会之间通过劳动而进行的实际的新陈代谢的相互作用,第二个层面是指"一系列已经形成的但是在资本主义条件下总是被异化地再生产出来的复杂的、动态的、相互依赖的需求和关系,以及由此而引起的人类自由问题"[2],这种新陈代谢通过人类具体的劳动组织表现出来,同时也与人类和自然之间的新陈代谢相联系。所以福斯特认为,马克思的新陈代谢概念同时具有生态意义与社会意义。资本主义新陈代谢的断裂具体表现为,以食物和纤维的形式从土壤中移走的养料无法返还土壤,从而一方面造成土地的贫瘠,一方面造成城市的污染。而且对于马克思而言,"在社会层面上与城乡分工相联系的新陈代谢断裂,也是全球层面上新陈代谢断裂的一个证据:所有的殖民地国家眼看着它们的领土、资源和土壤被掠夺,用于支持殖民国家的工业化。"[3] 但同时,马克思也发现,资本主义为一种更高级的综合,即"农业和工业在它们对立发展的形式的基础上的联合,创造了物质前提。"所以,共产主义就不仅消除资本主义对劳动进行剥削的特定关系,同时还要超越资本主义对土地的异化,消除资本主义统治的基础和前提,达到合理的调节人类社会与自然之间的

---

[1] [美]约翰·贝拉米·福斯特著,刘仁胜、肖峰译,刘庸安校:《马克思的生态学——唯物主义与自然》,高等教育出版社2006年版,第193页。
[2] [美]约翰·贝拉米·福斯特著,刘仁胜、肖峰译,刘庸安校:《马克思的生态学——唯物主义与自然》,高等教育出版社2006年版,第175页。
[3] [美]约翰·贝拉米·福斯特著,刘仁胜、肖峰译,刘庸安校:《马克思的生态学——唯物主义与自然》,高等教育出版社2006年版,第182页。

物质变换。福斯特坚定地认为,只有在此意义上,马克思号召的"废除雇佣劳动"才有意义[①]。

除了以上典型意义上的生态马克思主义者之外,印裔学者萨兰·萨卡仍值得一提。萨兰·萨卡是一个非生态马克思主义的激进的生态社会主义者,他并未借用或沿袭马克思主义关于资本主义批判的理论与方法——但他显然也是主张人类中心主义而非深生态学——而是实现了他所谓的"范式的转换"。在萨兰·萨卡看来,当前资本主义的深层危机已经由经济问题转移到环境破坏、全球范围的资源耗竭以及种族冲突、各种国内国际的战争等方面,而这是在马克思主义范式内不能解释的。[②] 所以他主张,对资本主义的批判范式要从马克思主义的转换为"增长极限"的,这成为他所有批判与立论的基础。在增长极限的范式下,萨卡先批判了传统社会主义的代表前苏联在生态环境与社会公正方面失败的教训,接下来批判了生态资本主义、稳态资本主义以及市场社会主义的不可行,证明任何对资本主义的生态改造或者想在资本主义与社会主义之间寻求第三条道路的努力终归是不可能的和失败的,进而提出他主张的生态社会主义的目标,包括新经济、新人、新的道德文化的构建等等,认为只有在这种生态社会主义社会——即萨卡所谓的 21 世纪的科学社会主义——中,才能实现真正可持续的绿色社会与社会主义的经典传统(社会正义与民主)的结合,当然,这个生态社会主义在实践中可以具有多种样态。在《生态社会主义还是生态资本主义》一书的末尾,萨

[①] [美]约翰·贝拉米·福斯特著,刘仁胜、肖峰译,刘庸安校:《马克思的生态学——唯物主义与自然》,高等教育出版社 2006 年版,第 196 页。

[②] [印]萨兰·萨卡著,张淑兰译:《生态社会主义还是生态资本主义》,山东大学出版社 2008 年版,第 22 页。

卡以无可争辩的语气指出:"要么生态社会主义,要么蛮荒主义"[1],此外别无选择,为了生存,人们只有选择生态社会主义。萨卡对传统社会主义与资本主义的生态批判激烈而犀利,其锋芒已经大大超出了许多生态马克思主义者,其中深刻之处俯拾皆是。但需要指出的是,马克思主义关于资本主义的危机理论包括经济危机、政治社会危机、文化危机以及生态危机等等,马克思主义关于资本主义是一个充满危机的制度的分析与批判是全面、科学而彻底的,而萨卡则只是挑出部分危机的表现形式来置换作为整体的马克思主义批判理论是不适当的。萨卡自认为离开了马克思,实际上仍然没有走出马克思。《生态社会主义还是生态资本主义》的批判理论犀利有余而厚度不足,并未超越马克思主义的资本主义批判理论。

第三节 生态马克思主义的局限性
——以本顿为例

毫无疑问,在当代,生态马克思主义是利用马克思主义的思想资源,以生态问题为突破口,对全球资本主义进行深刻批判的、十分有影响的社会政治思潮之一。但是,不仅生态马克思主义阵营内部存在诸多歧异,而且就其本质,也存在将经典马克思主义进行曲解的问题。概而言之,许多生态马克思主义观点,由于将自然主义与唯物主义相混淆,缺乏辩证法和历史感,从而使其对资本主义的批判,在全面性与深刻性上,都未达及马克思的高度。为了详细说明此点,我们将以泰德·本顿为个案,进行细

---

[1] [印]萨兰·萨卡著,张淑兰译:《生态社会主义还是生态资本主义》,山东大学出版社2008年版,第340页。

致的剖析。

泰德·本顿（Ted Benton）是英国埃塞克斯大学（University of Essex）社会学教授，2009年退休。他持续关注环境问题与动物权利等生态社会学主题，并由于在红（社会主义）绿（生态学）联盟中的工作，以及将生态学纳入马克思主义的研究视野而备受关注。在后一问题上，本顿与格仑德曼（Grundmann）、伯克特（Burkett）之间都有讨论。同时，本顿也对自反性现代化、生态现代化的论点进行批评，并主张生态社会主义。综合这些特点，有学者将其视为生态马克思主义重要代表之一[1]。但是相对于其他生态马克思主义代表人物（如福斯特、奥康纳等）而言，国内学界对本顿的思想尚缺乏系统的研究。我们认为，由于以下几个方面，对本顿的生态思想的探索是有意义的。第一，本顿将生态学引入马克思主义的研究视域，以致企图重建历史唯物主义，此问题的抛出引发了广泛而深入的讨论，生态学与历史唯物主义之间的关系问题历来是生态学马克思主义的一个中心议题。细察本顿的主张及其批评与反批评，有助于我们深化对历史唯物主义的理解，延伸生态马克思主义的研究向度。第二，本顿的生态社会主义主张对贝克、吉登斯为代表的风险社会理论与自反性现代化理论的批评，有助于我们反思在生态问题上资本主义制度能够发挥有效性的限度，从而对当代资本主义引发的生态问题有更为透彻的见解。第三，本顿学术涉猎甚广，从动物权利到生态社会主义，从非还原的自然主义到反对西方二元主义的观念论，并一直致力于自然科学与社会科学的融合问题，其思想范围之广，对生态学、社会学、马克思主义、哲学、政治经济学等都有所涉猎，可以说，本顿对生态学问题进行了跨学科的探索。对本顿生态思想的探索和讨论将有助于我们形成全新的视野，从而继

---

[1] 徐艳梅：《生态学马克思主义研究》，中国社会科学出版社，2007年版。

承经典马克思主义融哲学、政治经济学、科学社会主义为有机整体的内在理路。所以在此层面上,本顿为我们开辟了一个新的平台。同时,在本顿的生态马克思主义的思想内部,也暴露了作为一个理论派别整体的生态马克思主义的局限性。总之,我们认为,对本顿生态思想的探索具有深刻的理论意义与强烈的实践指向。同时鉴于国内学界对此研究的缺乏,我们在此进行初步的探索,因此,我们将对本顿的思想进行整体的概述,对其生态学思想的哲学基础进行细致的探索,并重点探索以《马克思主义和自然的限制》为中心文本的本顿的生态马克思主义思想,以及围绕之产生的讨论。而本顿与自反性现代化理论的讨论则限于篇幅,在本部分不作具体涉及。

本顿生于1942年的雷塞斯特(Leicester),开始其职业生涯时是一名教授生物学和物理学的教师,后来取得哲学学位,并曾在牛津研究哲学。1970年到埃塞克斯大学教授哲学,是"激进哲学运动"中有影响的人物之一。本顿学术范围广泛,并以介入诸多领域的争论而作出独特的贡献。其中包括关于社会科学本质的认识论的争论,关于自然在社会科学内的位置的讨论,而且也由于其在动物权利、进化论的心理学以及生态现代化等社会学理论论题中的介入而闻名。但对于生态学马克思主义而言,本顿与格仑德曼、伯克特之间的内部讨论在深化《资本论》等马克思主义的重要文本的理解与解释方面更是影响不容忽视。有学者将其学术关注点概括为以下三个方面是颇有道理的。第一个方面是"批判的实在论(realism)与社会科学的哲学,"第二个方面是"与马克思主义的持续关联",第三个方面是"自然的社会学与环境问题"。[①] 本顿撰写了大量的论文,并编辑学术刊物、文集多

---

① Sandra Moog & Rob Stones (2000), Nature, Social Relations and Human Needs, London: Palgrave macmillan. pp1.

部，但公认的代表作有这样三部著作，即 1977 年出版的《三种社会学的哲学基础》，1984 年出版的《结构主义马克思主义的兴起与衰落：阿尔都塞及其影响》，以及 1993 年出版的《自然的关系：生态学、动物权利和社会正义》。其中第一本著作为本顿的研究奠定了哲学理论的基础，而后两本著作并结合有关的论文，则体现了本顿被置于如此错综复杂的关联之网中间，他在对非人的动物权利的关注中，从对自由主义权利论说的批评出发，详细阐释了其需要理论与福利理论；他在看到历史唯物主义在解释自然社会学中的潜在力量的同时，又不满于马克思主义理论内部存在的一些所谓的"粗糙的空隙或断裂"，试图"重建历史唯物主义"；他批评生态现代化或自反性现代化的理论缺陷，提出生态社会主义之路。所以，如果我们用地形学的视角来看，可以说，本顿的思想是一个十字路口，是一个多种理论的交汇点和发散地，而如果我们从拓扑学的角度看，本顿的思想类似于一个结点（knot），是一个没有相交但却相叠的空间。围绕着本顿的生态思想有许多争论存在，而这些争论在展示本顿思想本身有尚需补足和修正的同时，也赋予本顿的思想以一种独特的魅力，在争论与反击之中，在那些空隙、断裂或误解之处，事情的本质往往以一种闪烁其间的方式出现，而真理本身也在被一再的延迟、推阻之间得以涌现。

一、本顿生态思想的哲学基础

在哲学上，本顿致力于打破西方观念中由来已久的物质/意识，自然/文化，唯心主义/唯物主义之间的二元论，批判经验主义、实证主义、人文主义的片面性，力图在自然科学与社会科学之间建立一种可通约的概念体系。我们将在以下两方面对其进行归纳，第一方面说明本顿对自然主义的划分及其倾向，第二个方面说明本顿对唯物主义的理解及对阿尔都塞的批评。

第一，本顿对自然主义的划分与非还原论的自然主义。

自然主义（Naturalism）现在较多的见诸文艺理论领域。作为一种哲学的自然主义，其产生之初与实用主义、批判实在论等哲学思潮相互影响，在其发展过程中逐渐从唯心主义向唯物主义转变。自然主义作为一种当代欧美哲学思潮，内部派别林立，思想庞杂，但都有一个共同之处即承认"自然是一切存在的总和，是全部实在"[1]，自然主义反对心灵/物质的二元论，并以此为基础，试图打通哲学和科学的界限，认为"哲学的题材和科学的题材在范围上都是自然的，能为人经验的，故哲学应运用与科学类似的方法，从经验出发，而不是从形而上学的或神学的前提出发。"[2] 由此可见，虽然自然主义试图在哲学和科学之间架起一座桥梁，但本质上仍然带有将哲学降为科学的还原主义倾向，所以，自然主义将自身束缚于狭隘的经验主义立场之中，虽然具有敏锐的问题意识（打破二元对立），但其方法却对哲学的发展很难产生革命性的作用。

本顿认为"自然主义"这一术语是自17世纪科学革命以来，以及在19世纪的后继之中被认可的，其含义是指，科学在揭示自然法则中的成功，可以将科学方法推广应用到道德、社会、管理以及人类智力生活等诸社会科学与人文科学领域，但19世纪后期的新康德主义哲学家抵制这种科学对人类自我理解的入侵，他们认为在自然的科学知识与人类自身创造的意义与文化领域的理解形式之间存在一条鸿沟（gulf）[3]，换言之，他们在"自然的"与"社会的"之间进行了明确的区分。本顿对社会科学中的自然主义进行了范畴上的甄别，他首先区分了认识论的自然主

---

[1] 黄颂杰等编：《现代西方哲学词典》，上海：上海辞书出版社2007版，第11页。
[2] 黄颂杰等编：《现代西方哲学词典》，上海：上海辞书出版社2007版，第11页。
[3] Benton, T, Naturalism in social science,

义、方法论的自然主义与本体论的自然主义,并指出,在"本体论的自然主义"之中,又有"还原主义"与"非还原主义"之分,而辩证的自然主义则属于后一种[①]。关于认识论的自然主义,本顿认为,一般认为其与实证主义相一致,主张将自然科学中的范式应用到社会科学领域,比如孔德就将科学知识扩展至心理学与人类社会生活领域。但库恩的著作"开启了一种反对实证主义的认识论的自然主义之可能性"[②]。他们认为,"传统的经验检验的观点削弱了事实/价值的区分,而后者正是科学的一个独特标志",但同时,也反对自然科学中的实在论路径。这种非经验主义的认识论自然主义为社会科学开辟出一种复杂的前景。关于方法论的自然主义,本顿认为,它同样与实证主义传统相关,其核心即是将社会过程和社会关系变为可量化的与可数学化分析的,认为杜克海姆的《自杀》是方法论自然主义在社会学领域的范本。

关于本体论的自然主义,本顿将自然主义与反自然主义置于论战的双方进行讨论。本顿指出,对于反自然主义而言,人类及其符号化创造物、他们的社会关系与制度形式无不与自然秩序有着本质的差别,反自然主义以"人类例外主义"(human exemptionalism)为显著标志,强调的是人类的自由选择、自我定位以及意义创造等"属人"的一面,并由此走向了将"人"与"动物"进行二元区分的境地。对此,自然主义从两方面进行反击,"其一即注意那些人类与其他物种共同生活的方面,其二即依赖生命科学当代发展中那些弥合人与其他物种之间的鸿沟的方面进行论证"[③],比如在灵长类动物中,也有工具的使用与对符号语

---

① Benton, T, Naturalism in social science,
② Benton, T, Naturalism in social science,
③ Benton, T, Naturalism in social science,

言的学习等等。而且，自然主义谴责反自然主义具有傲慢自大的"物种沙文主义"情结，并指出"人类例外主义"在解释人类生态破坏的物质维度上的无能为力[1]。而反自然主义同时也抨击自然主义服务于压制性的利益，以马尔萨斯的人口规律，社会达尔文主义、纳粹的种族政策以及社会生态学等形式，反自然主义声称，自然主义有如下一种危险的倾向：即使不公正的剥削制度作为一种自然的产物永固化。

本顿指出，反自然主义的观点将人类的社会关系看作一系列符号化理解和交流的形式，所以对他们而言，解释学的环节是所有的社会科学都不可或缺的，但本顿认为，将人类社会设想为一种理解的总体，无疑是犯了语言学还原的错误，而这与自然主义的还原论一样是难以成立的。本顿还例证说："在当前的社会科学研究中，文化人类学与文化社会学倾向于被反自然主义的路径所统治，而关于社会体系、权力结构、社会阶级与分层的研究，则更多地被认识论的和方法论的自然主义所统治。[2]"本顿反对这两种倾向中的任何一种，从而倡导一种反还原论的自然主义。本顿强调必须注意人类的自然主义特征及其被嵌入性，而这些却经常为社会思想所忽视。本顿倡议人们从"文化/自然"二元对立的观念之下解放出来，提出社会科学需要一种"允分连贯的自然主义"[3]。但同时，本顿也对自然主义的还原论给予批评，他的理由是，一个复杂的结构，比如生态系统，不是诸多因素部分的垂直相加，而是一个更为复杂的横向联合，所以对于人类社会

---

[1] Benton, T, Naturalism in social science.
[2] Benton, T, Naturalism in social science.
[3] Sandra Moog & Rob Stones (2009), Nature, Social Relations and Human Needs, London: Palgrave macmillan. pp12.

这个最为复杂的系统而言，还原论是不适宜的[1]。虽然本顿在2006年出版的著作《野蜂》中应用了这一理论框架[2]，但不可否认，本顿主张的非还原论的自然主义仍然是充满歧义并有待澄清的。而且正是由于他在此问题上的不彻底性与模棱两可，所以在他对马克思主义的批评中常常不自觉地滑向还原论的自然主义一方，而这也被本顿的批评者所察觉。

第二，本顿对唯物主义的理解及对阿尔都塞的批评。

本顿反对将经验主义、实证主义、人文主义作为社会科学的哲学基础，因为在每种理论中都存在着先天的不足。本顿认为"唯物主义"可以承担此任。但需澄清的是，本顿的唯物主义不同于那种唯"物质"主义，他反对唯物质主义将思想、意识降为表象或附带形式的地位，因为这应用于社会历史理论中容易被理解为"经济决定论"。本顿将唯物主义理解为一种知识论，指出它应该具备以下4个特征，"第一，它承认知识对象（客体）的现实性和独立性，承认知识生产过程及知识自身；第二，知识对象的（客体）的充足性是衡量（评价）思想的认识地位的最终标准；第三，它承认思想、观念、知识的存在是一种以其自身权利而存在的现实；第四，作为潜在的因果机制的结果，它将这些现实性进行理论化"[3]。本顿认为，符合这些标准的知识论必定既非实证主义，亦非人文主义，他将唯物主义作为超越实证主义与

---

[1] Sandra Moog & Rob Stones (2009), Nature, Social Relations and Human Needs, London: Palgrave macmillan. pp14.

[2] 在对英国野蜂数量锐减的因果分析中，本顿将野蜂自身的行为、习性、生活圈等，与计划体系、农业变化、制造业的衰落一级政府关于保护野蜂的政策及密联系起来，对此问题进行深度探索。见 Sandra Moog & Rob Stones (2009), Nature, Social Relations and Human Needs, London: Palgrave macmillan. pp15.

[3] Benton, T (1977), Philosophical Foundations of the Three Sociologies, London: Routledge and Kegan Paul. pp171.

人文主义的替代物。依此标准检验马克思与恩格斯的"唯物主义",本顿发现其中存在诸多问题:

"第一,本质与现象的区分。在马恩那里,这种区分是标示了指定结构与过程之间的因果关系,还是仅仅从思辨哲学那里引入的残余?第二,同时也必须解释,这种现象形式(被认作现实,且与其他现实右特定的因果关系)如何也应该是这种形式,在此形式中,一种给定的生产方式将自身呈现为这种生产方式的代理者;第三,无论如何回答第二个问题,都必须修正马克思作品中的如下暗示,即这种现象形式发现只有一种意识形态,即统治的意识形态=相关的生产方式的意识形态;第四,如果承认一种单一的生产方式的结构和实践能产生社会意识的独特的和对抗的许多形式(包括我称之为理论的和实践的意识形态),那这些形式中的一个作为统治的意识形态,被维持与再生产的机制就需要被指认;第五,如果科学的知识被认作一种现实,以区别于知识的意识形态形式,那我们就需要一种关于它的生产机制的理论。接下来,杜克海姆的经验主义的论题——即这种生产机制存在于通过感觉-经验的中介而向现实自身的回返——就由于未能提供解决办法而被否定了,那么,科学知识的生产机制理论必须包含某些意识形态向科学转型的理论,后一个转型是马克思在《政治经济学批判》序言中关于分析与综合讨论的对象,但他在那儿并未对此问题给予充分的理论化;第六,如果科学和意识形态被理解为独特的历史现实,那么就需要为区分它们而确立理论标准,虽然马克思提出了实践的标准,但马恩并未彻底解决这一问题。"①

本顿认为马克思恩格斯的理论存在很多不足,在术语的使用

---

① Benton, T (1977), Philosophical Foundations of the Three Sociologies, London: Routledge and Kegan Paul. pp173.

上,本顿倾向于使用"历史唯物主义",而非"马克思主义",本顿从西方马克思主义和批判理论中汲取理论资源,以生态主义和女性主义为重心,希图重建历史唯物主义,反对国家中心的社会主义,在本顿设想的社会主义方案中,不仅更适宜人类的需要,而且也与其他非人的生命形式相协调[1]。

通过《结构马克思主义的兴衰》,本顿对阿尔都塞进行了深入的研究。伊格尔顿与麦柯莱伦均对此书评价很高。本顿通过对阿尔都塞的批判性分析,发展了自己的自然主义思想,同时也受到阿尔都塞的启发,即将历史唯物主义重建为一种更为开放的、创新性的研究计划,从而将马克思较少注意到的、而在当代又愈益凸显的生态问题和性问题纳入历史唯物主义的研究视野。但是我们看到,本顿在批判阿尔都塞对马克思主义作了一种过分科学主义的处理的同时,他本人也对马克思主义作了一种过分自然主义的"重建"。

在阿尔都塞那里,对于什么是马克思的哲学这个问题,其回答是马克思主义必须作为科学来捍卫。本顿认为,这种思想意味着拒绝或摒弃了那些自认为属于马克思主义的历史的思辨哲学传统,以及相应的政治哲学与道德哲学的发展,这无疑使马克思的思想遭遇了激烈的狭窄化。本顿认为,马克思主义最伟大的力量在于它承诺不断的普遍化和深化其解释力,这种力量的源头应追溯至马克思主义哲学的唯物主义性质,它致力于这样一个概念,即将自然科学与社会历史科学进行最终联合和统一的概念[2]。本顿认为,阿尔都塞对马克思主义哲学的狭窄化陷入了一种极端抽

---

[1] Sandra Moog & Rob Stones (2009), Nature, Social Relations and Human Needs, London: Palgrave macmillan. pp17.

[2] Ted Benton, The rise and fall of structural Marxism: Althusser and his influence, London: Macmillan Publishers Ltd., c1984, pp228-229.

象之中,在马克思的早期作品,尤其是《1844年手稿》中,对人从自然界而来,并且人与社会的再生产和人类福利必须将自然界作为一种必需的条件和背景的思想多有表述,阿尔都塞则遗失了这一部分。本顿指出,对于唯物主义的马克思主义而言,像政治学、社会学、经济学、历史学、心理学、人类学、考古学、语言学等学科只具备临时的自主性和自足性,而马克思主义就是要对这些学科所处理的问题寻求一种更基础也更具包容性的解决方案,换言之,马克思主义哲学将持续质疑学科界限的固定性。本顿主张,在人类生态学领域就像在其他研究领域一样,也需要一种"可比较的交叉学科方法"[1]。

其实早在《三种社会学的哲学基础》中,本顿就表达了这种观点,当然,在那时,本顿仍然带有某种科学主义还原论的倾向。

在两种不同甚或相互矛盾的理论之间,即便是库恩言及的不可通约的理论范式之间,仍然在指涉功能中存有连续性的可能个,换言之,在各种话语之间,学科之间存在一种打通通道的可能性。社会科学的进步和客观性的理性基础存在于各种科学(包括社会科学)的统一体的概念之中,比如社会科学中的因果性概念、解释概念、需求概念都可以在自然科学中找到类似物。[2]

本顿自称,他是一个马克思的"历史的自然科学"的支持者。在此我们也觉察到本顿关于自然科学与社会科学可通约性的论点是与其本体论思想遥相呼应的。在本顿对巴斯卡尔(Bhaskar)的批评中,虽然巴斯卡尔也同样捍卫科学方法在自然

---

[1] Ted Benton, The rise and fall of structural Marxism: Althusser and his influence, London: Macmillan Publishers Ltd., c1984, pp229.

[2] Benton, T (1977), Philosophical Foundations of the Three Sociologies, London: Routledge and Kegan Paul. pp198—199.

科学与社会科学之间的持续性,但本顿认为,由于巴斯卡尔只将物理学和化学作为其自然科学概念的基础,从而忽视了结构与类型的多样性以及自然界中多种实体与关系的因素,以致使他所捍卫的"持续性"很难成立。与巴斯卡尔不同,本顿将注意力更多的投向生命科学,它表明在人类组织、非人的动物以及更广阔的自然环境之间,在不断演化的历史过程中是互相嵌入(embeddedness)与互相依赖的。从而表明了人类的本质构成同时具有的两个纬度,即自然的维度与社会的维度,从而有力的反驳了那种在本体论上将自然与社会进行简单分别的论调[1]。

二、《马克思主义和自然的限制》及评价

本顿 1989 年发表在《新左翼评论》上的长文《马克思主义和自然的限制:一种生态批评与重建》,全面系统的表述了其对生态学与马克思主义相遇的理论状况的思考,也是他最具影响力的作品。此文的名声源于被广泛的引用,受到关注,启示了对马克思的历史唯物主义以及经济理论从生态学视角进行重新审视或"重建"(本顿的意图)的一个新的方向。虽然其理论效果不及奥康纳 1997 年出版的《自然的理由》,但其理论企图却与后者有异曲同工之妙,二者之间有一种遥相呼应的关系。此文的声名还来自于它引发了一系列的理论论争,在下文中我们会详细介绍本顿与伯克特、格伦德曼之间围绕此文的讨论,争论中不可避免的存在着误解,但如果"真理来自误认"的说法也有片面的真理性的话,那基于某种程度的误解的探讨也会使真理自身得以显现。由于国内学界对本顿的研究尚属空白,所以并没有对此文进行系统全面地探索。所以,我们先来看《马克思主义和自然的限制》一

---

[1] Sandra Moog & Rob Stones (2009), Nature, Social Relations and Human Needs, London: Palgrave macmillan. pp11.

文的写作背景和主要观点。

20世纪六七十年代兴起的绿色运动，其哲学基础可能是自然主义的、实在论的以及泛灵论的，它与以历史唯物主义为代表的马克思主义之间，本应该在理论基质上有一种天然的亲和关系，但现实中，绿色运动和马克思主义之间却存在着很强的张力[①]。这促使对马克思主义有着特殊感情的本顿思索其原因。而且，本顿一直致力于红绿联盟工作，他要为红绿联盟提供一种有解释力的分析。马丁·瑞尔（Martin Ryle）在《生态学与社会主义》一书中认为，生态学观点适合于大量的政治与社会意识形态，社会主义与生态学之间的联系不是自明的或被给予的，而是需要"打造"的。在诸如此类观点的启发下，本顿认为，马克思主义仍然可以对绿色政治运动多有贡献，但当今对马克思主义的主流理解却是有限的，而且多有错处，从而对绿色运动无法发挥有益的作用，基于此，本顿认为有必要对马克思主义进行批判性的重新探索。

第一，本顿关于马克思主义和生态学关系的基本观点。

本顿首先列举了马克思恩格斯在《1844年手稿》、《德意志

---

① 本顿在《限制》一文中提及了H. W. Enzensberger在《政治生态学批判》一文中归纳的传统社会主义对生态政治学的五大批判，其一，将生态观点等同于新马尔萨斯主义，并作为一种"自然限制"的保守主义而拒绝它；其二，生态政治学一般的反对工业主义与技术，从而使注意力偏移了环境破坏的资本主义特性；其三，谴责生态学家没有注意到资源使用与环境破坏中的阶级与地区不平等，而是一概的冠之以在环境可持续性中的"人类利益"；其四，捍卫特殊利益，即技术专家与富有的中产阶级的联合，他们在生态稀缺的贩卖之中共享利益，并共同捍卫一种特权的少数人的生活方式；其五，生态优先性被看做是精英偏好，与美学和品味相联系，是少数精英强加于大多数人民之上的，而后者甚至连最基本的需要都无法满足。同时本顿也提到了马克思主义由于其"生产主义"价值观而备受绿色运动的指责，生态自由主义者也敌视生态学与社会主义观点的联合。见Ted Benton, Marxism and Natural Limits: An Ecological Critique and Reconstruction, New Left Review, 1989, No. 178. pp52.

意识形态》、《资本论》、《政治经济学批判序言》、《哥达纲领批判》等重要著作中,有大量的论述可以使马恩的历史唯物主义等同于明确的自然主义,但如果自然主义是历史唯物主义的核心的话,那为什么历史唯物主义在与生态政治的关系中,又处于如此尴尬的紧张之中呢?本顿的回答是,马克思理论中内在的一个悖论是核心因素。此悖论通过"裂缝"的形式表现出来,即在马克思的理论中,哲学与历史理论的唯物主义前提与其经济理论的基本概念之间有一个"裂缝"(hiatus)。虽然很显然本顿是受到阿尔都塞"断裂论"的影响,但本顿特别声称,此"裂缝"非阿氏所谓的"断裂"(break),阿氏所谓的断裂存在于马克思早期作品与成熟作品之间,而本顿所谓的"裂缝"却是内在于马克思成熟作品之中的、一种理论上的间断。本顿指出,马克思作品中的基本的经济概念标志着从完整的唯物主义的意味深远的"退出"。这个裂缝使历史唯物主义的基本思想丧失了认识和解释生态危机的概念工具,也丧失了在对资本主义生产进行全面充分的批判中的一个重要因素。造成这种失败的原因除了客观方面之外,也与马克思恩格斯不愿意承认自然强加于人类创造力的限制(包括普遍的和特殊的)相联系。[①] 简言之,在马克思哲学中所贯穿的唯物主义、自然主义基质,由于主客观因素的综合作用,在马克思的经济理论中被消解了,这是造成马克思主义与生态政治关系紧张的基本原因所在。本顿认为自己的使命就在于,发掘出这些经济理论中有缺陷的概念,用自然主义和生态学对其进行修正和补足,从而弥补这个"裂缝",使重建之后的历史唯物主义在生态政治中发挥积极作用,以促进红绿对话和联盟。

第二,关于马尔萨斯人口论的讨论。

---

① Ted Benton, Marxism and Natural Limits: An Ecological Critique and Reconstruction, New Left Review, 1989, No. 178. pp55.

由于马尔萨斯众所周知的人口论，本顿将其视为一个"认识的保守主义者"。本顿认为，马恩对马尔萨斯的激烈批判，显示了马克思主义理论立场的不稳定，本顿进一步将马恩的理论位置视为"在实在论与乌托邦因素之间的一个充满矛盾的妥协"[①]。在马尔萨斯看来，人类不可能达致普遍幸福状态是由于存在二者——人口的几何级数增长和食品供应的算术级数增长——之间的"反向关系"，这遭到了马恩的批判，一方面，马恩的批判直指人口法则的普遍性和必要性，另一方面，马恩又对相对人口过剩现象进行了重新解释，不是将其作为人类的困境，而是将其视为资本主义积累的动力。本顿认为，马恩对马尔萨斯人口论的双重战略——即一方面否认自然的限制，另一方面承认历史的、短暂的限制存在——具有明显的政治后果。依据这种人口论，虽然可以取消工资法则，却不可以取消人口法则，所以马尔萨斯的人口法则不止统治工资劳动体系，而且统治任何一种社会体系，所以社会主义也不能消除贫困。这些在马恩看来都是不能容许的。马恩虽然承认对人口增长的自然限制，但同时也认为，即使这种限制存在的话，那在他们那个时代也远未触及，更不能对当时的普遍贫困负责，一句话，界线遥不可及[②]。

由此，本顿又分析了李嘉图的政治经济学中关于自然限制的观点，本顿指出，资源的自然稀缺是被排除在政治经济学分析的视野之外的，除非其中有劳动量的花费，因为在当时，自然资源比如空气、水等是不可耗尽的，它们不稀缺，所以没有价格，而价值则仅存于劳动之中。所以，本顿认为，"稀缺"是李嘉图、

---

① Ted Benton, Marxism and Natural Limits: An Ecological Critique and Reconstruction, New Left Review, 1989, No. 178. pp58.

② Ted Benton, Marxism and Natural Limits: An Ecological Critique and Reconstruction, New Left Review, 1989, No. 178. pp60.

马克思、恩格斯政治经济学的一个重要前提和出发点。在当时的社会条件下,自然资源及其限制不在"稀缺"的范畴之内,毋宁说,它们是一个彼岸的存在,这种存在的位置决定了它们被与其自然主义性质一致的历史唯物主义在精神上认同它,但在现实中,却由于被无限远化而最终被抛弃。本顿对马尔萨斯同情的理解也是基于对当代自然资源"稀缺"的理解之上,历史情境的变化使与"稀缺"能指所对应的所指产生差异,从而在理论立场上产生分歧。可以说,"稀缺"不仅是一项关键的变量,而且是一个无法逾越的中介,"稀缺"本身的不变,在"稀缺"内容的不断变更之中被无限迁延,"稀缺"本身被物化成一个空位,它等待着被欲望、想象、符号等占据和填满。从此角度来看本顿对马恩批判马尔萨斯的批判,无疑是从一种填充物的角度去评判另一填充物,是以相对主义 vs 相对主义。

第三,本顿对马克思劳动过程概念的分析、批评和重建。

由于上文提到的"裂缝"的存在,本顿主张要对马克思的经济理论中一些有问题的基本概念进行批判性的转型,以改变由于这些概念中包含一系列的合并、含糊和空隙,而不能将人类与自然之间的互动得以进行的生态条件和界限进行充分的理论化的状况。

1. 马克思关于改造型劳动过程概念对生态约束型劳动过程概念的吸收。

本顿指出,马克思将劳动过程界定为人类的存在永久加之于自然之上的条件,在马克思那里,劳动过程由三个要素构成,一是人类活动,即劳动本身,二是劳动材料,三是劳动工具。本顿指出,在马克思那里,土地、工厂、道路、运河等作为先前劳动的结果,是劳动过程的条件,但并不直接进入劳动过程。所以,马克思将这些包括在宽泛意义上的劳动工具中。本顿认为,对马克思而言,劳动过程的意向性结构就是改变形态的改造活动。马克思没有充分阐述劳动过程不受操纵的自然条件的意义,而是过度阐释了人类对自然的意向性的改造作用。本顿指出马克思甚至比李嘉图更为反对对资本积累而言、在经济上有意义的自然限制的观点。所以,本顿认为马克思的经济理论在以下两方面表现出其理论缺陷,其一,未能阐明各种经济形态对于自然前提的必要的依赖,其二,未能阐明这种依赖在资本主义积累中所采取的形式。①

本顿强调,像农业劳动等生态约束的劳动过程,不同于马克思意义上的生产型的改造劳动,但在马克思那里,前者却被后者所强行吸收了。本顿说:"农业劳动过程,首先不是马克思所谓的转型劳动……而是这样一种转型劳动,它并不依赖于人类劳动的运用,而主要的来自于自然的被给予的有机机制。"② 具体而言,生态约束的劳动与生产型的改造劳动的劳动材料不同,同时,前者的特点首先是支持、管理,而非转型和改造,而且前者劳动行为的分布受制于劳动过程的背景条件和有机体生长过程的节奏等等。本顿指出,由于马克思的劳动过程概念体现了后者对前者的强行吸收,从而造成这样的理论后果,即意味着可以对人类与自然之间的"新陈代谢"不予考虑③。本顿也注意到,虽然两种劳动过程的意向性结构十分不同,但在当代资本主义农业中,由于经济计算的驱使,使前者与后者越来越相似,这种在类似于生产型的改造劳动的"外表"和生态约束型劳动在本质上应该受"自然"因素制约二者之间存在的张力,就成为当代资本主

---

① Ted Benton, Marxism and Natural Limits: An Ecological Critique and Reconstruction, New Left Review, 1989, No.178. pp64.

② Ted Benton, Marxism and Natural Limits: An Ecological Critique and Reconstruction, New Left Review, 1989, No.178. pp67.

③ Ted Benton, Marxism and Natural Limits: An Ecological Critique and Reconstruction, New Left Review, 1989, No.178. pp69.

义农业的生态问题的主要根源。在此，虽然本顿过度强调了农业等生态约束型劳动过程的自然条件方面，从而相对忽略劳动过程本质上的共同特点，但是他对当代资本主义农业产生的生态危机问题的洞见确是有启示意义的。

2. 马克思劳动过程概念的具体缺陷与本顿的修正。

本顿指出，在马克思的生产型的改造劳动过程概念中存在五处缺陷，其一，马克思没有强调劳动工具和原材料的物质性，而这将限制其符合人类意向的利用或者改造力；其二，劳动工具和原材料虽然直接源自较早的劳动过程，但同时也源自对自然的占有；其三，对劳动力本身的再生产，以及家庭内劳动——生育劳动重视不够，本顿就此指责马克思将此种极其特殊的劳动吸收进其普遍化的劳动过程概念之中，而这更补充了马克思反马尔萨斯的论调；其四，马克思将生产条件（工厂、道路、气候条件等）都吸收进"生产工具"的范畴中去，这就使以下理解成为不可能的，即所有的劳动过程都依赖于非人可控的背景生产条件，在马克思那里，这些背景条件都是被无条件给予的；其五，本顿指出，人类进行改造性劳动的意向性并不能真正和彻底的实现。紧接着，本顿从生态学批判的角度对以上5方面的缺陷进行修正，其建议包括：第一，背景条件应从劳动工具中分离出来，独立的作为一种初始条件；第二，应该体现这些背景条件和可持续性生产的持续相关性，比如在高兹的《作为政治学的生态学》中就提出，对于利润率下降的趋势而言，有一种被假定的环境基础；其三，劳动过程可能会由于引发一些自然介入的、非意向性的后果，而削弱可持续性生产的背景条件。总之，本顿通过探索马克思的劳动过程概念，最终认为，马克思对资本主义生产的论述运用了一个有限制的、有缺陷的生产劳动过程概念，它潜在的夸大了劳动过程的改造力量①。

本顿进而探索了这种状况的成因,第一,本顿指出,马克思是 19 世纪工业主义普遍的、自发的意识形态的受害者,在这种意识形态下,不断扩张、增长的生产是个人资本以致整个资本主义体系持存的需要,但生产什么、怎样生产以及用什么资源来生产,则对交换价值的量的最大化而言,完全处于附属的地位。通过劳动价值论这个核心概念工具,资本积累的限制、矛盾和危机完全变成社会关系的,因为劳动价值论或者将自然稀缺性的考虑完全排除在外,或者认为它只表现在经济的社会关系结构之中。第二,对马恩而言,相对过剩人口或后备劳动大军是资本积累动力学趋势的结果,这体现出,马恩通过将历史/社会相对化,而暗示出某种社会建构主义的形式。本顿主张,任何一种社会经济生活形式都有它自己的动力机制,而这是以它的具体背景条件、资源条件、能源物质以及自然中介的非意向性结果为前提的,任何社会经济生活形式的生态问题都必须被作为这种具体的自然-社会链接结构的结果来进行理论化②。他说,在满足人类需要和达致目标的范围内,"社会确立的技术和自然给予的条件的联合,可能被认为是解放性的,但一旦这种与自然的相互作用模式确立下来,其持续性就臣属于明确有限的条件。"③ 在此,本顿特别提及了 W. H. Matthew 关于"外部限制"的观点,在 Matthew 看来,外部限制并非一条明确的界限,而是具有复杂的内涵,并需要充分考虑人在设置限制时的角色,它被两个方面所决定,其

---

① Ted Benton, Marxism and Natural Limits: An Ecological Critique and Reconstruction, New Left Review, 1989, No. 178. pp71—74.

② Ted Benton, Marxism and Natural Limits: An Ecological Critique and Reconstruction, New Left Review, 1989, No. 178. pp76—77.

③ Ted Benton, Marxism and Natural Limits: An Ecological Critique and Reconstruction, New Left Review, 1989, No. 178. pp78.

一就是现有资源数量与自然法则,其二即人类相对于其自然境况而言的行为方式。本顿认同这种观点,并认为,只有沿着他指出的路径,对马克思的"劳动过程"进行重新概念化,才能使有关"自然限制"的论点与人类的解放事业不相冲突。

3. "被自然中介的非意向性后果"与马克思生产方式概念的重建。

本顿指出,在当代资本主义农业生产中,农业的集中与联合已经引发了一系列的自然与社会经济后果,比如生物多样性的减少、杀虫剂等化学元素的使用、与农业相关的工业变化以及消费变化等,本顿认为,只有将"被自然中介的非意向性后果"范畴完全整合进社会经济理论,才能展开有效的分析,这就涉及将马克思提出的生产方式类型进行重建。包括不仅仅详细说明每种生产方式类型的社会关系方面与劳动过程的意向性结构,同时还要以背景支持条件与产生自然中介的非意向性后果的倾向来补足前者。本顿强调,对每一种生产方式的概念化都要根据其自身独特的限制和疆界,以及其自身产生环境危机的倾向,并考虑与环境相关的社会冲突方式[①]。基于此,本顿的结论是,首先,当代的环境危机不能被理解为人口或工业化产生的直接后果,因为环境影响是一种社会实践与其背景条件之间复杂结合的结果;其二,我们至少要看到两种工业社会的表现类型,即西方资本主义式的与国家社会主义式的,每一种都有自己的环境矛盾,但其类型、动力机制以及社会政治裂隙的发生界限都十分不同。联系本顿对自由主义和国家社会主义的态度,可以看出,他对两种类型所造成的生产方式和自然限制的关系结果都是不满意的,结合其对生态现代化理论的批评,他提出了自己的"生态社会主义"主张。

---

① Ted Benton, Marxism and Natural Limits: An Ecological Critique and Reconstruction, New Left Review, 1989, No. 178. pp81.

有意思的是，本顿在批判马恩忽视生态约束的劳动过程以及"被自然中介的非意向性后果"的同时，对马恩著作中自然主义/唯物主义的表现也持一种肯定的态度。他一方面认同马恩是一种生产主义的普罗米修斯的观点，另一方面又例证了马恩著作中的有关论述来支持与之相反的立场[1]。当然后者相对于前者而言仅是一种附带的提及，这种表面上的"公允"虽然在论战中可以用作说辞，但却对其理论的清晰性并无裨益。

三、关于本顿"生态历史唯物主义"的争论与评价

为了给红绿对话提供有效的理论基础，同时使马克思主义对当代生态环境问题的分析更有效力，本顿试图建立一种"生态历史唯物主义"。正如在本顿的哲学思想中我们提到的，本顿认同马克思主义，是因为马克思主义提供了打破学科界限，在不同学科之间建立一种"可通约"的概念体系的尝试，恰与本顿的学术追求相暗合。本顿对马克思主义的批评是建设性的，而建设性正是通过否定的姿态得以传达的。本顿"重建"的成败尚需思索，这种重建的努力本身带来许多问题。

首先，虽然本顿多次声称其唯物主义的立场，以及对二元论的克服和超越，但在其理解马克思的理论表述中，我们不仅发问，其所坚持的"唯物主义"本质究竟是自然主义的，还是马克思所坚持的辩证的、历史的唯物主义？而且虽然本顿反对还原论的自然主义，但其自然主义的立场如何才能清楚明确的证实自身"非还原论"的性质，仍是一个需要进一步澄清的问题。

其次，本顿对马克思经济理论基本概念的指责的正当性是否成立？在此让我们例证伯克特对本顿的批评。伯克特首先指出，

---

[1] Ted Benton, Marxism and Natural Limits: An Ecological Critique and Reconstruction, New Left Review, 1989, No.178. pp82.

本顿对马克思劳动过程概念的批评是基于一种片面的"去物质化",本顿模糊了"劳动工具"范畴的内部分殊,同时合并了那些并非人类劳动直接导体的自然条件。① 本顿的第二个问题是,伯克特认为,本顿将马克思术语使用上的偏好误认作"概念上的吸收",而且,本顿从"非可控的背景条件"出发并不能证实马克思劳动过程概念的缺陷,事实上,伯克特说,在《资本论》第二卷中,马克思将"生产时间"和"劳动时间"进行了明确的区分,并指出前者大于后者,伯克特认为这个区分使马克思的理论可以处理生态约束型的劳动过程这个范畴。第三方面,伯克特认为马克思在对资本主义地租的分析中,对生态约束型的劳动生产进行了丰富的论述,但本顿却并未提及②。伯克特的批评是本顿应该认真面对的,事实上,二者以《历史唯物主义》杂志为阵地,在1998年前后发表了一系列的讨论文章,但本顿的回应并不理想③,除了要加强理论力度之外,本顿自己的思想尚需进一步明晰化和系统化。我们认为,本顿是从马克思理论的空白处对马克思发起批评、进行修正的,这一点也为本顿本人所承认④。这种来自外部的重建究竟能否从彻底上修正马克思经济理论的基本概念?抑或任何真正的批判都应该源自于在对象内部的解构?或许,这也是本顿应该思考的问题之一。

  瑞尼尔·格伦德曼对本顿的批评是富于智慧的,由于辩证方法的使用,使其批评显示出一种雄辩的魅力。首先,格伦德曼认为,造成生态问题的因果关系不能被简化,许多因素综合在一起

---

  ① Paul Burkett, 1999, Marx and Nature, Macmillan Press, pp39.

  ② Paul Burkett, 1999, Marx and Nature, Macmillan Press, pp41—47.

  ③ Ted Benton, Marx Malthus and the Greens: A Reply to Paul Burkett, Historical Materialism.

  ④ Ted Benton, Ecology, Socialism and the Mastery of Nature: A Reply to Grundamann, p59.

才会导致生态问题,而本顿则将生态危机定义的过于狭窄。格伦德曼认为,生态问题是一个当代社会中的问题,并且要在当代社会中应对和解决,问题不会被取消,而是被转化、削弱或重置,而且随着社会文化和认识的发展变化,生态问题的定义和内容也会改变①。其次,格伦德曼反对在"改造型劳动"和"生态约束型劳动过程"之间进行区分,并指出,本顿对技术可能性的理解过于狭窄,因为本顿只把技术看作非"可欲的",但格伦德曼认为资本主义的技术,比如可替代能源、基因技术等,将自然限制的边界一再后推,所以格伦德曼坚持认为,马克思的自然统治并非生态危机的原因,相反,生态危机的产生恰是由于对自然统治的缺席。② 归根结底,格伦德曼对本顿的批评可以概括为,正如本顿认为马克思是19世纪工业主义与进步的意识形态的受害者一样,格伦德曼认为本顿也是20世纪后期生态浪漫主义这种自发的意识形态的受害者③。而本顿对格伦德曼的反击也很有力度,首先本顿指出,增长的限制不应该被简单的概念化为自然的或社会的限制,而应该作为这样一种结果,即人类社会行为与自然力、自然机制联合的有限形式的结果④。第二,本顿反对格伦德曼的要点在于认为,技术革新并没有达到对劳动过程的意向性结构的最终超越,而是仍在此框架内的推延危机⑤;所以最后,本顿坚持认为,无论人类在改造型劳动过程中如何深的介入到物

---

① Reiner Grundamann, The Ecological Challenge to Marxism, New Left Review, No. 187, May/June 1991, pp106

② Reiner Grundamann, The Ecological Challenge to Marxism, New Left Review, No. 187, May/June 1991, pp108—109.

③ Reiner Grundamann, The Ecological Challenge to Marxism, New Left Review, No. 187, May/June 1991, pp120.

④ Ted Benton, A Reply to Grundamann, p58.

⑤ Ted Benton, A Reply to Grundamann, p62.

质和存在的结构中去,依然会保持如下事实,即一方面,这种改造型劳动在一个更深的结构层次上预设了结构和因果力的不变性,另一方面,这种改造本身被更深层结构的本质所限制[①]。可以看出,二者分歧的本质不在于生态中心主义与人类中心主义之分,而是在于对技术的看法,是技术乐观主义的决定论还是对现代技术抱持怀疑主义的态度。

四、几点思考

本顿除了在生态马克思主义内部进行讨论,还与自反性现代化、生态现代化等理论展开讨论,并提出了自己的"生态社会主义"主张。本顿的生态社会学思想非常丰富,他关于动物权利、需要、福利的思想也有许多启示,但是这些我们在此都未作涉及。在此所阐述的本顿的生态思想着重于它与马克思主义的关联方面,当然,就在这方面,我们的探索也刚刚是一个起步,其中不足之处尚需方家指正。但通过这个探索,我们也有如下几点思考:

第一,如果我们可以将本顿思想的哲学基础表述为非还原论的自然主义和历史唯物主义,那我们同样可以指证其非还原论的自然主义的模棱两可和理论的不彻底性,而且在本顿对马克思主义的批评中,我们不难发现他将唯物主义和自然主义相混淆,从而使他所理解的唯物主义偏离了马克思主义的真正意蕴。依笔者愚见,本顿的哲学基础尚需历史性和辩证法进行补足。

第二,纵观本顿的学术生涯,经常在引发争论,回应批评。在这些争论中不可避免的存在着一系列的误认,比如,本顿对马克思的误认、争论双方相互间的误认,如果齐泽克所谓的"真理来自误认"确有部分合理性,那正是在争论中,在误认呈现之

[①] Ted Benton, A Reply to Grundamann, p66.

时，真理也在这些误认之上、甚至在争论的空白点上、在大量的未尽的剩余之处，以闪烁的形式使自身得以呈现。也正因为此，争论在赋予本顿的思想以生机之处，也同时展示了其思想中的那些空隙、断裂，以及只开辟了空间尚未进行耕耘的场域。问题的提出只是指向答案的路标，远非答案本身，要实现理论上的圆融，本顿的思想还有许多待修正与完善之处。

第三，从本顿的理论探索中，不禁使我们进一步思考生态马克思主义的发展潜力问题。这种潜力在于对马克思文本的修正、不足或重建之中吗？这不禁让我们想起阿格尔的异化消费说、奥康纳的双重危机理论，这些观点的确也像本顿一样，好像为马克思主义增加了新的元素和活力，但深究之，却又发现这些新发现不免存在某种裂隙。本质上，对于资本主义而言，马克思主义，尤其是《资本论》是一个自足的体系，通过《资本论》中的价值理论、危机理论、阶级理论和革命理论，资本主义自身的"实在界"被符号化，在《资本论》中，资本遭遇到其真实的边界，并窥见无法逃避的宿命。《资本论》对当代的金融危机、女权运动、绿色运动、种族运动以及恐怖主义等各种后现代的资本主义问题，仍然具有解释力。所以，对于马克思的文本而言，真正需要的也许并非是一再的重建，而是一种完整意义上的彻底埋解与创造性地阐释，对于生态马克思主义而言，发展的潜力也蕴含其中。

第四节 消费社会的生态批判

在当代世界，消费主义与生态殖民主义成为凸现资本主义反生态性质的两大领域。这也构筑了生态马克思主义批判资本主义的主要理论视野。生态马克思主义关于这两大论题的研究给我们很多启示，我们将依据马克思主义的经典理论，从科学社会主义的视角,对这两个问题进行再认识。

一、消费社会生态批判的理论背景

伴随着消费社会的到来而出现的消费社会景观,已经是一个不争的事实,但如何看待这一现象,却存在着不同的理论观点和争论。综合近年来国内外有关消费研究的不同立场,不外乎如下两种根本对立的观点:消费要么是消费者个性或意向的体现或显现,是消费者主体性的体现;要么消费已经脱离了消费者个人使用或实用的领地,进入到符号消费的领域,消费体现的非但不是消费者的个性或主体性,相反,它体现的是对人的个性或主体性的压制或压抑,也即"符号消费"。前者是一种自由主义的消费观,它尤以芭芭拉·克鲁格所谓的"我买故我在"这一名言为代表。后者则以法国社会学家和哲学家J.鲍德里亚的"符号消费"观为代表。毫无疑问,自由主义的现代消费理论"我买故我在"是近代哲学家笛卡儿的"我思故我在"在现代消费社会的翻版;它是建立在近代理性哲学和主体性哲学的基础之上,体现了以张扬个性为宗旨的现代消费主体观,也即自由主义的消费主体观。如果说在社会层面,现代消费直接刺激和推动了资本主义社会的发展,那么在个体层面,消费就是消费者个人通过经济理性的经济消费行为对个人自身利益的自由追求。所以,"消费权利"和"消费价值"是自由主义消费观的核心范畴。"自由主义思想家认为,消费者的权利正是个人自由的集中表现,因此,个人的消费权利是至高无上的。任何人都有权实现自己的需求和欲望,这种个人的需求和欲望不应被外部的权威剥夺或压抑。……剥夺消费权利即是剥夺个人自由,剥夺个人选择的权利"[①]。显然,根据这一自由主义的消费逻辑,现代消费必然摆脱消费社会的"物"

---

① 罗钢、王中枕主编:《消费文化读本》,序言,中国社会科学出版社2002年版,第12页。

的使用和实用层面,进入到消费者个性的"价值"实现过程。

虽然如此,这一自由主义的消费观也面临着诸多的困难。人们可能发问,现代消费是否真的就是个人自由和价值的体现?它在现代社会难道不会遭到异化的侵袭,甚至走向反面吗?事实上,自由主义消费观从其出笼伊始,就一直受到人们的攻击和批判。马克思主义是现代自由主义消费理论的最大批判者,根据马克思的观点,如果说现代资本主义体现的是消费者的个性及其价值,那么,在资本主义的私人占有属性不从根本上予以解决的前提下,消费所体现的自由无异就是资本家和资产阶级的"消费自由",无产阶级在现代消费社会中享受的只能是现代消费中被其所生产出来的物品所奴役和压抑的自由,如此,对无产阶级而言,更谈不上什么消费者的个性及其价值了。显然,按照这一逻辑,只有消灭资本主义制度,无产阶级才能获得真正的消费自由和尊严,实现自身的个性和价值。当然,这一过程同时也无产阶级自身与所谓的"物化"和"拜物教"斗争的过程。从这一角度看,马克思主义也构成了现代消费社会研究不可或缺的一个维度。但在现代商品社会中,如何消费,现代消费又具有什么样的特征,现代消费的作用及其社会效果,等等,所有这些问题,马克思并没有给出明确的论述。

除了马克思主义对现代消费社会的批判之外,西方马克思主义的法兰克福学派的消费观也与自由主义的消费观大为不同。秉承了马克思对西方资本主义的批判传统,法兰克福学派的消费观是建立在批判资本主义制度对消费者个性的压抑和消解的基础之上的。霍克海默和阿多诺针对着现代资本主义所造成的新的异化现象,提出了"文化工业"这一概念,以揭示现代资本主义社会中文化消费所造成的新的异化现象。阿多诺认为:"在文化工业的所有部门中,为了大众的消费而制作的,在很大程度上决定这一消费本质的产品,多少是按计划而生产的。各个个别的部分在结构上都是相似的,或者至少是相互适应的，把自己组织为一个几乎没有裂隙的系统。做到这一点是借助了当代的技术能力以及经济与行政上的集中化。"[1]马尔库塞则直接对资本主义的技术异化进行了批判和抨击，他认为，现代科学技术的进步必然产生新的消费现象，现代大众媒体，如报纸、电视、广播等已经深入到大众的思想深处，工人阶级在消费享现代科技产品的同时，如购买和观看电视，不但没有享受到应有的消费权利，实现自己的自我价值和自我理想，反而陷入了更深刻的异化之中。现代科技产品的消费导致了工人阶级革命意识的消退，并逐渐认同于现代资本主义的生活方式。哈贝马斯则直接提出了"作为意识形态的科学技术"的观点，直击现代技术消费中的个体的深度异化及其严重后果。概言之，国内有关法兰克福消费批判理论研究开始得最早，资料最为丰富，它起始于20世纪80年代中后期，一直延续到至今，这一研究必然涉及到该学派有关消费社会和消费文化的观点，并形成了法兰克福消费社会批判的观点。只不过，法兰克福学派在消费社会这一论题的研究上并没有过多的直接论述，其有关消费问题的立场和观点大多见诸于他们的社会批判理论之中。对此，我们不再赘述。

与自由主义消费观直接针锋相对的另一种消费观就是鲍德里亚的"符号消费"。鲍德里亚有关消费社会的论点远比法兰克福学派激进得多。鲍德里亚力图透过现代消费社会的诸多想象的描述，直接否定自由主义的消费观。可以说，他扭转了消费社会研究的方向，将自由主义消费理论从对消费者个体的关注，转化为对消费物品的研究，其中的关键是消费物必须成为符号，才能形成一种真正的消费，进而形成消费社会的景观。他认为，符号化是物品成为消费物品的前提。"要成为消费的对象，物品必须成

---

[1] T. W. Adorno, Culture Industry Reconsidered, New German Critique 6, Fall, 1975.

为符号。"① 此外，鲍德里亚还认为，现代社会的消费是一种关系建构，而非自由主义所谓的个性的张扬。由此可见，鲍德里亚的消费社会理论跃出了个体消费的层面，进入到了消费的社会关系的探讨。他甚至认为，消费并不是这种和主动生产相对的被动的吸收和占有，而是一种建立关系的主动模式，"被消费的东西，永远不是物品，而是关系本身……自我消费的是关系的理念"。②这一点，国内学者也多有探讨。③

综上所述，无论是自由主义的消费社会观，还是马克思主义和法兰克福学派的消费社会批判，抑或是鲍德里亚的符号消费思想，它们共同构成了近年来国内消费社会研究的基本领域和线索。

有关消费社会的研究主要集中于鲍德里亚和列斐伏尔等学者思想的研究，而且以评介为主。虽然消费社会的研究离不开鲍德里亚，但绝不应仅仅限于此。虽然鲍德里亚的《物体系》、《消费社会》非常重要，但它又是一个被扬弃的环节，通过鲍德里亚对符号政治经济学的批判、对技术文明的批判，以及最后呼唤象征交换的思想发展路径，我们可以察觉到这一点。所以，对鲍德里亚的消费社会理论应该有一个更为全面的体认。综观鲍德里亚的研究，无论是鲍德里亚的消费社会批判理论，还是就鲍德里亚与马克思的对比研究，抑或是鲍德里亚的象征交换理论基础上的技术文明批判，可以说，鲍德里亚思想是以下几种气质的混合：法国式的感性、尖锐、犀利和极端，后现代主义的碎片化、情景化、景观式，再加上他对前现代社会浓浓的乡愁，等等。通常认

---

① 鲍德里亚著，林志明译：《物体系》，上海世纪出版集团2001年版，第223页。

② 鲍德里亚著，林志明译：《物体系》，上海世纪出版集团2001年版，第224页。

③ 扎明女：《物·象征 仿真．鲍德里亚哲学思想研究》，安徽人民出版社2008年版，第58页。

为鲍德里亚的理论来源有符号学（索绪尔）、马克思的政治经济学和列斐伏尔的日常生活批判理论，还要再加上莫斯原始社会的礼物交换、巴塔耶的耗费经济学，以及弗洛伊德的精神分析理论，等等。鲍德里亚作为这样一个混合体，从物与符号出发，进行消费社会批判，并进而走向技术理性批判，最终他以对仿真、超真实的控诉，唱响了将技术理性作为基质的资本主义的挽歌。鲍德里亚作为一位后工业社会／晚期资本主义／消费社会语境下，对资本主义进行深刻批判的超清醒的极端分子，与身处工业化初期的马克思对资本主义的深刻、系统、整体批判相比较，的确是一件颇有意味的事件。如果说马克思的批判是整全的，那鲍德里亚的批判则是尖锐的，如果说马克思主义对未来保持乐观主义的想象（共产主义实现了对资本主义的扬弃和超越，人类达至普遍幸福），那鲍德里亚则以最终资本主义与人类世界死亡的前景显示了其极端悲观主义的沮丧。虽然鲍德里亚批判马克思，甚至刻意做出一种与之相对立的姿态，但由于马克思资本主义批判理论的大全性质，如果鲍德里亚不能走出资本主义，那他也同样难以摆脱马克思，其理论的最终还原仍会在马克思之内。这并非鲍德里亚的宿命，而是资本主义的宿命。

鲍德里亚的思考始终未从对资本主义异化的批判中脱域，如果说消费社会中的符号化是异化的高级形式，那在仿真和仿像中，物（客体）对人（主体）的统治和彻底擦除的设想，则成为异化的极端形式。既使鲍德里亚并非一个马克思主义者，但这并不妨碍他以清醒的极端主义、返祖的浪漫主义、后结构主义的思维方式以及后现代主义的叙事风格，来延续着马克思的资本主义批判事业。所以，这就使得鲍德里亚是否是一个马克思主义者的问题变得不再那么重要，重要的是，他在另一个战场上，扮演着反对资本主义的战士这一角色，或者说，他在延伸着马克思的话语，并在新的时代中，以他独特的方式诠释着马克思。就此而言，消费社会的研究是一个涉及诸多学科的综合性研究课题，特别是消费社会的政治经济学研究尤其必要。正是认识到了政治经济学批判在消费社会研究中的重要性，鲍德里亚写了《符号政治经济学批判》，以修正马克思主义的政治经济学批判。鲍德里亚认为："交换价值与符号/交换价值在今天不可避免地混淆在一起。一个完成的体系（作为政治经济学最终阶段的消费体系）依赖于自由，这种自由不仅要在生产层面上存在（自由买卖劳动力），而且要在消费层面上存在（自由选择）。符号/交换体系的抽象（在符号学视阈中的模式及其内化）必须与生产以及经济交换（即资本、货币与交换价值）结合起来。"[①] 此处的结合意味着鲍德里亚承认经典政治经济学领域的存在，并将消费社会的符号政治经济学与其并置，而由于后者正是鲍德里亚的创新之处，也是他着力发挥的主题，所以他将其推向极致也就成为可以理解的。他凭其语不惊人死不休的特点，可以被称为一个批判理论的"狂人"，但却不能武断的被认为一个无视现实生产生活、活在真空中的"疯子"。

虽然消费社会不能越过鲍德里亚，但是消费社会批判理论也不能止步于鲍德里亚，还应该深入研究消费社会的其他理论，如西方马克思主义学者有关消费文化理论的研究，诸如法兰克福学派的消费社会批判理论、列斐伏尔的日常生活批判理论、情境主义国际代表人物瓦格纳姆的日常生活批判思想、詹姆逊的晚期资本主义文化批判理论与消费社会批判理论，以及生态马克思主义的消费社会批判理论，如高兹，等等。

从瓦纳格姆《日常生活的革命》一书中，我们意识到，消费社会中的人们的消费，并非指人们购买使用物的过程，而是人被

---

① [法] 让·鲍德里亚著，夏莹译，《符号政治经济学批判》，南京大学出版社2009年版，第207页。

符号化,以及被符号所控制的过程。从人的物化到符号化的发展,我们看到,在消费社会中,人的本质不是人本身,也不是人的社会性(马克思主义意义上的社会性),而恰恰应该说,人的本质是物,或者说,"人的物品性越强,他在今日就越具有社会性。"[1] 瓦纳格姆启发我们要进一步的研究消费社会中的物化/异化问题。其中有两个关键词:"欲望"和"虚无"。关于"欲望",瓦纳格姆提出了"我羡慕,所以我存在"[2]。人在消费中,将自我对象化,使作为主词的"我"——主体与作为宾词的"我"——客体之间形成二元对立。通过消费活动中自我对象化的自我意识与自我反思,人被"欲望"的巨型大手推入到永久的苦恼循环之中,它像永不停歇的钟摆一样荡来荡去,也就是说,它只有把人彻底的消费掉之后,才会微笑着死去。欲望消费着作为消费者的个体。欲望本质上是一种消耗,它像吸血鬼一样吸收着生命的能量作为生存的前提。而同时,欲望又是消费的直接动力,"我羡慕、我欲望、故我在",消费社会永远会通过各种形式来制造欲望、推销欲望、满足欲望、蔓延欲望。在消费社会中,欲望是经济的发动机,也是生活意义的制造者。只是,此处的生活,不是真正的人的生活,而是被欲望吞噬了的生命能量的、物化的、非现实的"人"的生活,不是人在行为、说话,而是物在行为、说话。对这种颠倒的任何颠倒,都会被贴上另类的标签,这就意味着,整个社会的意识形态已经发生根本的倒转。

人在消费过程中,创造着人的虚无性,正如罗札诺夫的妙喻,"演出已经结束,观众起立,是穿上大衣回家的时候了。他

---

[1] 鲁尔·瓦格纳姆著,张新木等译:《日常生活的革命》,南京大学出版社2008年版,第15页。

[2] 鲁尔·瓦格纳姆著,张新木等译:《日常生活的革命》,南京大学出版社2008年版,第22页。

们转过身,发现既没了大衣也没了家"①,人在消费中不断的掏空自身的内容,而以这种空虚为内容。虚无成了肯定的形式,从而变成最强大的实有。消费中的人们被组织化、被控制论所分门别类的安置,后面藏着技术人员的机器在实现了对日常生活的控制、规划和合理化的同时,也给人造成享有自主性和自由权利的虚假的意识形态幻觉。在组织化与被控制中,人们才会感受到自由。但是,瓦纳格姆说:"物品不会流血。具有事物重量的人们,将会像事物一样死去。"②在消费社会中,人最终消耗掉的是人的类本质以及人类自身。

消费社会研究中尤其需要注意消费社会批判与资本主义批判的一体性。这也是使消费社会批判与经典马克思主义对资本主义的批判实现理论对接的关节点。从消费社会的文化哲学和政治经济学批判,转向资本主义的技术理性批判,是鲍德里亚的理论进路。对于安德烈·高兹来说,对消费社会背景下的劳动、分工、技术、工作、闲暇的分析,是与他对资本主义的经济理性批判、生态学批判分不开的。而对于法兰克福学派,他们对资本主义的文化工业、意识形态、技术理性、消费社会和生态的批判,也与其美学追求联系在一起,还有列斐伏尔的日常生活批判理论及其空间生产理论(内含生态批判)的一体性的特点,等等,从这些思想家的理论路径来看,如果说消费社会批判是对当代资本主义理解和分析中不可或缺的一环,那也同样可以说,消费社会批判是与整个资本主义批判联系在一起的不可分割的整体,其中每一块内容都可以作为整个批判的入口,而一旦进入,就会遇到原子

---

① 鲁尔·瓦格纳姆著,张新木等译:《日常生活的革命》,南京大学出版社2008年版,第180页。

② 鲁尔·瓦格纳姆著,张新木等译:《日常生活的革命》,南京大学出版社2008年版,第279页。

分裂般的效应，即它必然通向对资本主义的整体批判之路。如果再换一种情景，即在詹姆逊的意义下使用消费社会这个概念，将它等同于晚期资本主义、后工业社会，那么，消费社会批判必将走向一种对晚期资本主义的整体性批判。其中，不管是技术理性批判、经济理性批判，还是生态学批判，似乎就都具有消费社会这个意义背景。这样就赋予"消费社会"这个概念以一种宏大叙事的可能性。但这恰恰与消费社会的时代背景及其典型的后现代主义内涵产生强大的张力，这种张力会激发理论研究的活力，抑或最终消解"消费社会"作为研究课题的身份，尚需拭目以待。

从消费社会批判走向技术理性批判和生态学批判，具有理论上合乎逻辑的延伸规律，而且这也是对资本主义进行整体批判的组成内容。在世界全球化的今天，如何将全球化、科学技术和消费社会和生态保护问题综合起来进行研究，是一个需要集中探讨的问题。此方面，俄罗斯某些学者的研究或许能为我们提供某些参考。俄罗斯科学院院士 B. 斯焦宾从马克思主义的视野出发，探讨了技术文明、全球化和生态保护的关系及其中所蕴含的问题。其中，他有关技术批判思想与法兰克福学派的观点遥相呼应。例如，他认为，人类到了 21 世纪，我们必须对技术文明进行彻底的反思，建立于技术文明基础上的进步的世界观需要彻底的改变，因为技术文明的理想态度与消费社会和对自然的暴力结合在一起的进步之路，必将导致人类陷入不可逆转的灾难之中[①]。

而对鲍德里亚而言，技术理性批判更是其后期思想阶段的主题，此外，他以其独到的笔触，还对资本主义的生态环境问题有

---

① 斯焦宾：《马克思与现代文明发展趋势》，载安启念主编《当代学者视野中的马克思主义哲学——俄罗斯学者卷》，北京师范大学出版社 2008 年版，第 195 页。

精到的分析。他认为,当人们谈论环境的时候,就已经意味着"自然"已经被抽象化,而且死亡了。因为自然的逐渐消失和消费社会中(符号)所指的逐渐消亡相联系。内容不断被掏空,而形式成为内容。人在符号消费中,不断地臣服于符号的操控,最终使人自身变成符号,自然环境被控制论的社会所操控,彰显并加深了人本身的陷落危机。"社会以环境保护的名义对空气、水等的控制鲜明地体现了人已经在更深层的意义上陷入到社会的控制之中。自然、空气、水成了稀缺商品,在成为一种生产力之后,又进入到了价值领域,这表明人在更深层的意义上陷入了政治经济学的领域中。这一发展的极限,在自然公园出现之后,可能会出现一个'国际人类基金会',就如在巴西已经存在的'国家印第安人基金会'……人不再面对他自己的环境:人自身成为了一种需要保护的环境。"[①] 这些思想有助于我们深入思考消费社会中的技术问题和生态问题。

二、消费社会生态批判的逻辑进路

伴随着资本主义经济全球化的进程,在资本的逻辑铁律之下必然导致消费主义的滥觞,即已经从民族国家的宏观经济政策层面,深入到公民个体的日常生活中去。消费主义果真是"丰裕社会"的恩典吗?抑或只是资本统治铁律的一个化妆的面具?我们将以马克思主义的资本主义理论为基本的视角,以消费主义对人身自然与外在自然造成的生态后果为切入点,从多维的层面来分析消费主义的本质。我们认为,对消费主义的批判实质上是对当代资本主义的批判。

第一,从消费到消费主义:人的异化和人身自然的破坏。

[①] 让·鲍德里亚著,夏莹译:《符号政治经济学批判》,南京大学出版社2009年版,第204页。

消费作为生产的内在因素，作为经济活动的一个环节，何以变身为"消费主义"？消费行为的这种变身是在后福特主义即资本主义高度工业化之后实现的。从物质匮乏的社会发展到"丰裕社会"是资本主义生产方式不断进化、不断发展的产物，人们由追求生活必需品的满足到不断追求生活质量的提高。这里的人们指的是普通劳动者阶级，或工人阶级。这也正是卢卡奇所论及的工人阶级"物化"而导致阶级意识的丧失。生活品质日益和娱乐、休闲等服务业联系在一起。文化由一种内在的精神生活而成为了产业，休闲也丧失了以愉悦和闲适为目的纯个人体验的内涵，而成为了一种社会活动，生活不是人在生活，相反，人日益成为一种异己的存在，成为了"物"，是"物"在"生活"。正如阿格尼丝·赫勒所说的，人成为物的附属，人们拥有的物越多，他们的生活经验和行为就将越发变得像附属物。在生产劳动中，工人只作为机器生产的一个环节，是一种延长了的机器的手臂，工人和他的劳动产品丧失了本真的生命联系，劳动产品不是作为劳动者自我意识的外化和对象化，而是成为与劳动者没有关系的"他者"，劳动者在生产过程中只体会到压抑、束缚，只经验着非人的存在，它完全丧失了自主性。但是，人不仅是有意识的动物，他还是有自我意识的理性的动物，它的自主性正是其自我意识的结果。既然在生产劳动中无法实现自主性，它就在消费活动中来实现。从而，劳动者就将消费自主性视为真正的人的生活。消费由一种工具价值上升为人的本质，成为人的本体论中不可或缺的一个环节。如此，消费成了一种信仰，消费行为变身为消费主义，并获得了它在文化和哲学上的内涵。

对消费主义的分析大致有如下几个视角：有符号学的视角，以鲍德里亚和巴特为代表；有文化人类学的视角；当然也有马克思主义的视角。通常的做法是从马克思关于"异化"与"商品拜物教"的思想中进行发挥，这其中不免又会联系到一些西方马克思主义者对消费社会的批判，比如卢卡奇、马尔库塞、阿格尔、莱斯等。我们将从马克思主义的视角出发，吸收了马克思早期著作中对"异化"、"商品拜物教"的哲学批判以及西方马克思主义者对消费社会的批判思想。但我们同时也感到，这种对消费社会的批判如果要越出感性的、经验的批判层面，尚需要和马克思后来对资本主义社会的本质分析结合起来，唯有如此才会触及根本，才会具有基础性的和原发性的批判力量。所以，我们认为，对消费社会中消费行为的分析，不能仅仅停留在表象的层面，要走到现象背后进行考察，所以生产与消费的关系就逐渐涌现出来。

马克思在《1857—1858年经济学手稿》中论述了生产与分配、交换、消费的一般关系，提出了生产与消费的同一性，而且生产决定消费的观点。在马克思看来，首先，生产与消费具有直接同一性。这表现在两方面：一方面，生产行为同时也是主体和客体两方面的消费行为，即生产的消费，"规定即否定"；另一方面，消费也是生产，即消费的生产，消费在两方面生产着生产，消费使生产的产品不仅作为物化的劳动而存在，同时使其成为活动者的主体的对象，正是由于后者，才使产品真正实现了产品的本质。同时，消费在观念上提出生产的对象，即需要，没有需要就没有生产，所以，消费再生产出来的需要成为生产的动力。其次，生产与消费互为中介。二者同处于一个运动之中，相互依存，但同时又作为独立的环节外寸对方而存在。最后，在生产与消费的关系中，每一方都由于自身的实现才能创造出对方，消费行为实现了使产品成为产品、使生产者成为生产者的终结，而同时，生产行为也生产出消费的对象、消费的方式、消费的动力。

但是，马克思认为除了以上生产与消费的一般关系，还要看到，生产与消费虽同是一个过程中的两个要素，但在这个过程中，生产是起支配作用的要素。因为生产活动是整个过程得以实现的起点，也是整个过程得以重新进行的行为。作为必需的消费本身就是生产活动的内在要素。所以，生产的性质决定着消费的性质，生产本身在根本上对消费发挥全面的规定作用。在资本主义社会中，资本主义生产方式占主导地位，在其中，资本是支配一切的经济权力，"它必须成为起点又成为终点"①。所以，无论是叫做"消费社会"，还是"后工业社会"、"后资本主义社会"、"晚期资本主义社会"、"后现代主义社会"等等，只要资本仍是社会的核心要素与决定性的力量，只要资本主义生产方式仍占主导地位，那其中的各种人类行为，包括生产行为、消费行为，和各种社会关系，包括人与人之间的关系、人与自然之间的关系，都无不会打上资本的烙印，都无不会被资本的铁律所统治。这是我们从各个层面——抽象的个人层面、城市化层面、全球化层面——来分析消费社会生态后果的一个基本原则。

西方马克思主义认为，消费主义价值观的盛行，使人们在对商品的追逐与消费中得到心理满足，并伴随着快感与自我价值感的实现，从而掩盖甚至消解了资本主义制度造成的异化劳动给人们带来的普遍痛苦与折磨。在此意义上，异化消费与异化劳动一起成为资本主义经济机器持续运转的支柱。这也成为"劳动—闲暇"二元论产生的基础。劳动的痛苦以消费的幸福体验作为补偿，而无度的消费不仅使污染物增长，而且促进了生产的进一步扩张，进而带来了能源与资源更大的耗费。异化劳动与异化消费，在持续的恶性循环中不断复制自身。本·阿格尔指出："劳动中缺乏自我表达的自由与意图，就会使人逐渐变得越来越柔弱并依附于消费行为。"② 阿格尔认为这种过度消费驱动了过度生

---

① 《马克思恩格斯选集》第2卷，人民出版社1995年版，第25页。
② ［加］本·阿格尔著，慎之等译：《西方马克思主义概论》，中国人民大学出版社1991年版，第493页。

产，从而不仅在生态的角度上是破坏性的、浪费的，而且对于人本身的心理与精神而言，也是有害的，因为它并不能真正补偿人们因异化劳动而遭到的不幸。但是，阿格尔认为，人们对于异化消费的期望最终会被生态危机打碎，使人们重新审视生产、消费以及人生存的意义，即他所谓的"期望破灭的辩证法"，促进人们在价值观念和生活方式上产生许多变革，比如吃、穿、住、行等日常生活中奉行更加节俭、有益于生态环境的原则，在自我实现的生产劳动过程中寻求幸福感。期望破灭的辩证法，使人们重新形成自己的价值观与愿望，从而带动整个社会生产领域的变革，这正好与消费主义产生自资本主义生产方式，同时它的发展又必然趋向对资本主义生产方式的背反相呼应。

但是，西方马克思主义者将异化消费从异化劳动中分离出来的资本主义批判，仍然停留在经验层面上。从马克思对生产与消费关系的说明中，我们知道异化消费只是异化劳动的衍生品。异化劳动是本质性的，没有异化劳动就没有异化消费。异化劳动正是资本主义生产关系再生产自身的前提和基础。当真正的人，即人本身在与异化劳动的融合中不断消失时，人本身就再也不是整全的人，而成为被迫撕裂的部分和碎片，人以碎片式的存在方式，以机械化、理性化的行为方式，在消费行为中发挥着主体性与创造性。人是在世界中的存在者，而存在本身却被遮蔽了。对海德格尔而言，要揭示本真的、被遗忘的存在，就要"去蔽"。对马克思而言，这个"去蔽"就是消除异化的过程，马克思将其称之为"共产主义运动"，在此意义上，共产主义不是一个所谓的结果，而是人的一系列的解放运动。

消费主义是这样一个发展的环节：在这个环节上，工人阶级的生活水平有一种相对的提高，表现为一种虚假的丰裕社会；工人阶级在异化劳动中导致的精神空虚在消费活动中得到虚假的补偿和满足，从而部分缓解了自主性缺失的问题。但消费主义有其自身不可克服的局限性。首先，消费主义对自然界和工人身体的过度消耗必将导致人和社会可持续发展的客观条件的丧失，使人自身的再生产与社会再生产难以为继，威胁人的整体存在。第二，虚假的丰裕导致工人的阶级意识的消解，工人反抗作为整体的资本主义生产方式的意志被去势，物化的人发展到极致，人成为物心甘情愿的奴隶，但却自以为是物的主人。在消费活动中，人的主体性的张扬必须通过人的完全客体化才能实现，这种主体性在绝对客体化面前就像一个大大的、五彩缤纷的肥皂泡一样，一吹即破。这就决定了消费主义必将被更高阶段的"劳动"主义所代替，即人将在生产劳动中体现自我意志，获得自我价值的实现，这种生产劳动只能是生产资料公有，不以利润为目的的生产劳动，是对资本主义生产方式的必然否定。

第二，消费主义中的城市：消费者合作社的幻想和生态城市的不可能性。

在西方国家，城市的产生由来已久，但只有在资本主义生产方式主导下产生的城市才具备现代城市的内涵。工业化和城市化是资本主义发展的两大驱动。从早期的圈地运动开始，人从农村迁到城市，产业重心从农业转到工业，城市化与工业化同时为资本主义生产方式的发展展开了波澜壮阔的画卷。如果说早期的资本主义城市还作为工业化的场所而与生产主义相连，那么在当代，当资本主义进入后工业化时期，城市也愈益与消费主义合谋，城市成为资本主义固有矛盾得以展示的一个新的场所。

在后工业化的晚期资本主义语境之中，消费浮在生产之上，似乎成为座架人类存在的支点。"社会成员已经或即将从作为生产者地位中被驱逐出来，并首先被定义为消费者"[1]。鲍曼认为，

---

[1] ［英］齐格蒙·鲍曼著，李静韬译：《后现代性及其缺憾》，学林出版社2002年版，第43页。

"消费者合作社"是最适合的当代文化隐喻。在消费者合作社中,"每个社会成员的份额都是由其消费,而非生产贡献所决定。成员消费的越多,其在合作社的共同财产中的份额就越大……消费者合作社的真正生产线在原则上是消费者的生产。"[1] 但接着,鲍曼指出,消费者合作社可以被想象的前提是市场条件,"消费者合作社的隐喻完全由市场隐喻中立地补充"。既然如此,就出现了一个悖论,问题在于不是谁消费的更多,而在于"谁能够消费的更多",事实是谁占有的更多,谁的私有财产更多,谁就能消费得更多,这是任何现代人都无法挣脱的资本的"铁笼",作为一种后现代主义文化符号的消费者合作社的反决定论在无所不能的资本决定论面前必然会失效。最后,鲍曼说到,选择是消费者的特征,从而形成了难以控制的、自我推进的文化活力。消费社会的生产与再生产就建基于这种永无竭尽的消费行为与消费欲望。但任何涉及"无限性"的问题,最终都将与自然界被设定的"有限性"相遇,虽然这在前资本主义社会根本就不是一个问题,因为地球作为一个存在体虽是有限的,但自然界作为一个动态平衡的有机体,在一个相当长的时期内会体现出不竭的生命力。自然界的这一特征被资本主义生产方式彻底的粉碎,尤其是到了晚期资本主义,即消费社会阶段,就体现得尤其显著。消费时间的更新与自然界有机体的时间更新之间发生了时空上的抵触,自然界不及恢复其生命力就面临着被激烈掏空的命运。所以,以消费主义为特征的资本主义的生产和生活,是对自然界本身的生命力的否定,是一种只有在死亡时才能自我实现的生活。

那生态城市的建设是否可以作为医治消费主义城市泛滥的一

---

[1] [英]齐格蒙·鲍曼著,李静韬译,《后现代性及其缺憾》,学林出版社2002年版,第166页。

剂良药呢?"为繁荣而收缩"① 成为生态城市倡议者的宣传标语。他们对以下措施来实现城市的生态化抱有积极的信念:城市规模收缩和城市功能的分散化,使用生态技术,建设生态建筑,实现城市交通的生态化,每个人都采用符合生态原则的绿色消费方式与生活方式等等。在资本主义条件下,是否可能实现作为消费主义象征的城市的生态化?换言之,建设生态城市是否可能?我们的回答是否定的。

首先,与生态现代化一样,生态城市的建设策略建基于对技术文明的信仰或技术乐观主义,是技术万能论在生态实践中的反映。但技术是否可以解决一切至今仍是一个存疑的问题。鲍德里亚在《致命的策略》中预言了高科技产物对它的制造者——人的报复,人类已经普遍处于世界风险社会之中。虽然每一个人造物的行为都是可预见的,但技术文明作为一个整体却成为不可预见的。生态学的想象运用了自然通过彻底的失败而成为赢家的论点。从生态学马克思主义的角度来看,技术并非中性的,在资本主义制度下,技术的发展和应用只能被资本本身的逻辑所决定,生态技术的命运也难逃资本的掌控。

其次,生态城市的倡议者认为,只要每个人的生活方式都实现生态化,那生态城市的运转就能得到良好的保持。在资本主义的消费社会状况下,这一切听起来就像天方夜谭。因为它们每一项都直接向资本的逻辑开战,所以只能落得鸡蛋碰石头的结果。科尔曼打碎了这个消费时代人人有责的神话。他说,消费时代的选择权不在消费者,而在生产者。"在污染或者有毒化学品的产生问题上,问题的源头是那种只顾降低成本、不计环境后果的生

---

① [美]理查德·瑞吉斯特著,王如松、胡聃译:《生态城市》,社科文献出版社2002年版,第203页。

产决策。"① 工厂排出废气、废水、废物，汽车耗费能源、污染环境，森林被砍伐、水体被污染，地下水被抽干，科尔曼尖锐地指出，在这些现象描述中存在着主体的缺位，而实际上，任一情形都是由"产业界"造成的。在这里，科尔曼对生态责任的追讨与马克思对资本原则的拷问之间只隔着一层纸了。

因此，一切都是表象，"生态城市"是表象，消费主义也是表象。追根索源，我们最终发现了那个统摄现代生活全部领域的无所不在的、既是物质力量也是精神力量的东西，它就是资本主义社会的"普照的光"——资本。而资本在其本性的驱使下，在全球化中最终实现了它对生命本身的统治。

第三，消费主义的全球化：生命有限公司。

在消费社会中，一切都被商品化。这是资本主义生产方式特有的本质。最后，生命的生产、生命本身也成为商品，这确实是令人震撼的。在资本逻辑的主导下，消费社会必将会有一个全球化的发展。这个发展的尽头也就成为对生命本身的否定，从而完成对资本主义的否定，换言之，如果不及时遏制资本主义及其最后表现形式——消费主义的全球蔓延，结果只能是第三世界和工人阶级以否定自身的形式来否定资本主义制度。

物理学家、诺贝尔奖得主范德纳·希瓦（Vandana Shiva）在《处于边缘的世界》一文中将资本对于生命本身的摧毁力量令人震撼地展现了出来。希瓦从全球环境的种族隔离谈起，认为全球的自由贸易必然带来全球环境的"非对称性破坏"，即发达国家从穷国掠取资源、倾倒垃圾，穷国和穷人的日益贫困和生活条件的丧失（自然环境的破坏），成为滋养富国经济力量和富人们奢靡浪费的生活方式的源头。新自由主义的全球扩张表现为西方

---

① ［美］丹尼尔·A·科尔曼著，梅俊杰译，《生态政治：建设一个绿色社会》，上海译文出版社2002年版，第40页。

畸形的、不可持续的发展模式和消费模式的全球蔓延，它所造成的灾难使穷国和穷人成为受害者。

更有甚者，资本在它不断的扩张中，最终将触角伸向了维持人的生命的水和食物，将生命本身作为无差别的、以利润为宗旨的普通商品来对待，从而导向以经营商品的方式来经营"生命商品"，以消费商品的形式来消费"生命商品"。生命的商品化成为人类走向蛮荒主义的开端。水资源的危机为大公司提供了新的商机。对于大公司而言，可持续发展就体现为将每一种生态危机都转化为稀缺资源的市场，对于维持生命必不可缺的水也是如此。他们计算着不同的国家和地区的水资源市场的潜力，并庆祝他们从水资源交易中获取的巨额利润。水资源的私有化意味着生命权力与自身的分离。而粮食的生产最终被操控于"生命有限公司"则成为生命私有化的一个极端的形式。

"生命本身随着全球化而以终极商品的形式出现，地球这个星球在当今解除管制、推崇自由贸易的世界中成了生命有限公司。通过专利和基因工程，新的殖民地正在形成。土地、森林、河流、海洋，以及大气都已被拓殖、腐蚀和污染。资本为了进一步增长，正在探索和侵占新的殖民地。"[1] 希瓦认为，这个新的殖民地就是植物、动物和妇女的躯体这一内在空间。要将生命作为商品，就必须阻止生命本身的可更新和可繁殖。大公司为了在生命贸易中获取利润，通过专利这一合法的途径，使农民必须每年向他们购买种子，支付专利使用费。为了彻底杜绝生命的自身复制，从而获取最大限度的利润，生命科学公司开始研制反生命的改良制品，比如"终结者技术"。这种技术通过重新排列植物的基因来杀死植物的胚胎，从而使那些拥有此技术专利的公司可

---

[1] [英]赫顿、吉登斯著，达巍等译：《在边缘：全球资本主义生活》，三联书店2003年版，第162页。

以培育不能繁殖的种子，从而迫使农民必须每年购买新的种子。而终结者技术还可能影响自然环境中的其他动植物，不育种的动植物蔓延开来，势必危及人类自身，最后导致人类的灭顶之灾。希瓦认为，全球化消除了对商业的伦理和生态限制，一切待售——种子、植物、水、基因、细胞，甚至污染也成为商品。"当生命体系变成新的原料、新的投资场所和新的生产场所时，生命也就失去了圣洁。"① 不仅如此，当美元代替了生命过程，生命也就消亡了。"将各种价值削减至只有商业价值，祛除对剥削的一切精神、生态、文化和社会限制，这一进程从工业化开始，通过全球化得以完成"②。在此进程中，生命本身被推到了边缘。

资本主义的全球化以消费主义来鸣锣开道。一切待售，一切可以买到。购买成为生命生产和再生产的基本依赖。因为只要有买有卖，资本就会获取利润，就意味着获取发展的动力。对资本主义的否定可以从对消费主义的否定开始，但绝不终止于对消费主义的否定。

三、几点思考

我们并不一般的反对消费，而是反对那些不是为了实现商品的使用价值，而是出于时尚以及身份象征等意图的异化消费，因为这种异化消费大大缩减了商品的使用寿命，加速了商品的更新换代，从而造成资源能源的浪费，对生态环境产生很大的破坏作用。

第一，消费主义的资本主义性质。

---

① ［英］赫顿、吉登斯著，达巍等译：《在边缘：全球资本主义生活》，三联书店2003年版，第175页。

② ［英］赫顿、吉登斯著，达巍等译：《在边缘：全球资本主义生活》，三联书店2003年版，第176页。

消费主义是晚期资本主义的一大社会文化征兆。在凯恩斯主义实行以来得以迅速扩展。它指的是在一个物质富裕的社会——资本主义高度工业化之后的社会，人们在消费行为与消费意识上，更多地追求物品的符号意义，而非其使用价值。这种消费意识与消费行为逐渐在全社会蔓延开来，直到最后形成主导人们生活方式的基本理念之一。

首先，消费主义是造成资本主义经济危机与生态危机的重要因素。

消费主义是资本主义发展的产物，也是资本的运行逻辑中不可克服的内在矛盾的转移与显现。在资本的逻辑中，资本存在的前提是不断地运动增殖，只有大量的产品被卖出、消费掉，而且对产品产生更快更多的需求，才为资本扩大再生产从而赚取更多的利润提供条件。在这个意义上，消费成为生产的一个环节。马克思在《资本论》中证明，在资本积累的另一极是贫困的积累，有效需求不足之下的生产相对过剩——经济危机——发生了，造成利润的减少、资本的削弱。为了克服这个矛盾，凯恩斯主义实行刺激消费与加强国家控制相结合的政策，所谓的刺激消费，就是对韦伯所讲的新教伦理、节俭禁欲等道德律令的背反，在全社会提倡以信用卡为媒介的超前消费，从而一改有多少钱花多少钱、先工作后消费的、量入为出的消费理念，而成为寅吃卯粮的消费模式，甚至在美国等西方国家，长期以来形成一种没有贷过款就缺乏信用度的根深蒂固的信念。人们的生活水平固然是暂时提高了，但经济危机的风险却没有消除，而是被转移了，最显著的例子就是当今正在持续的、以美国为中心的全球金融危机，在某种意义上，认为消费主义是此次危机的价值观的根源不是没有道理的。

但是，消费主义更加严峻的后果还不止于此。由于过度消费而带来的生态环境问题，不只在国家的层面上，而且在全球层面上显现出来。在消费主义价值观之下，地球成为取之不竭的资源库与具有无限消化能力的垃圾场，地球正在被所有生存于之上的人们吃掉、喝掉、用掉、浪费掉。虽然生态系统具有自我修复与自我持存的能力，但在消费主义价值观的笼罩下，人们的消费行为导致的破坏速度远远大于它的修复速度，从而使环境承载能力不断下降。

其次，消费主义中穷者与富者的对立。

事实上，抽象的谈论消费主义给社会造成的文化心理问题与生态环境问题，并非马克思主义的立场。从马克思主义的阶级分析方法看来，在消费主义引发的各种问题上，同样存在穷人与富人的对立。在一个仍然没有彻底消除贫困以及极端贫困的社会，消费主义所谓的欲望消费，只能是富人的意识、富人的消费，以及富人的权利。当然，正在兴起与壮大的中产阶级队伍，为资本家的奢侈消费起到"抬轿子"的功能。由于人数众多的他们，对资本家阶级——所谓的上层人物或上流社会——生活方式以及价值观念的模仿与追捧促进了消费主义文化盛宴的全社会展现，而中产阶级似乎忘记了他们在整个经济体系、社会结构中所处的从属地位，他们的剩余劳动成为资本家榨取剩余价值的对象，可以说他们正是新社会中的有知识的工人阶级。但是，中产阶级似乎更喜欢被称为"中产阶级"而非"工人阶级"，前者似乎意味着更体面的、从而也是更接近资本家阶级的经济地位与社会地位，这也可以作为消费主义价值观滥觞的一个证明。事实上，在欲望消费中，是否可以满足欲望，以及在多大程度上满足欲望，成为资本家阶级与中产阶级真正的分野。在中产阶级而言，拼命工作来赚钱，以及每个月必须偿还的银行贷款与购房贷款，成为生活的主要部分。他们绝非像真正富裕的资本家阶级那样，不只在物质领域的欲望可以得到满足，而且拥有大量的闲暇——即自由时间以及精力。世界上以及在中国国内，许多富人进行慈善活动、捐款活动，就是明证。在一定程度上，真正的富人成为自由发展的个人，但他成为这种自由人的前提是以百分之九十以上的人的不自由、不富裕甚至是贫困为前提的。而真正消费奢侈品的也正是这一部分人，珍稀动物的毛皮成为他们的披肩、衣服、鞋子，成为他们身份和社会地位的象征。真正的穷人即使身处丰裕社会之中，也仍然是以需求消费为主要的消费模式，不是他们没有欲望——电视、广告对时尚、所谓高质量的"好生活"的渲染与宣传无处不在，这必然刺激所有受众的消费欲望——而是没有实现欲望消费能力。正如美国以世界上百分之二十五的人口消费着世界资源的百分之七十五一样，富国与穷国的消费水平差异在世界范围内的存在，以富人与穷人的消费差别在每个国家内部的存在为缩影。有人这样评价消费主义内在的、不可克服的伦理价值矛盾，认为消费主义"是以世界体系的不平等和不公正为前提的，少数人的奢华和浪费是建立在大多数人的饥饿与贫穷之上；它（消费主义——笔者注）是以人对自然界的掠夺和盘剥为基础的，少数人的享受和挥霍建立在自然生态的破坏和污染之上。"[①]

有人认为：穷人的存在，或社会的不平等，是促进社会发展的动力之源，但是，平等正义作为社会主义的价值追求，不能仅仅停留在乌托邦的幻想层面，由于富国的过度消费，而给全世界造成的生态环境灾难中，穷国和穷人是主要的承受者。社会主义不仅要在实践上消除人对自然行为的不公正，同时，也要消除人对人行为上的不公正，而且，后者是前者的前提所在。除此之外，在消费主义价值观的影响下的穷人可能成为资源环境的更大破坏者，有资料认为：穷人每消费1美元，会多消耗1%的资源。[②]

---

① 陈芬：《消费主义的伦理困境》，载《伦理学研究》2004年第5期。
② 博格：《增长与不平等》，载《经济社会体制比较》2008年第5期。

第二、消费主义的克服。

一些生态马克思主义者认为：消费主义价值观的盛行，使人们在对商品的追逐与消费行为得到心理满足，并伴随着快感与自我价值感的实现，从而掩盖甚至消解了资本主义制度导致的异化劳动给人们带来的普遍痛苦与折磨，在此意义上，异化消费与异化劳动一起成为资本主义经济机器持续运转的支柱。这也成为"劳动—闲暇"二元论产生的基础，劳动的痛苦以消费的幸福体验作为补偿，而无度的消费不仅使污染物增长，而且促进了生产的进一步扩张，进而带来了能源与资源更大的耗费。异化劳动与异化消费，在持续的恶性循环中、在不断加剧生态环境的压力中，不断复制自身。本·阿格尔指出："劳动中缺乏自我表达的自由与意图，就会使人逐渐变得越来越柔弱并依附于消费行为。"①"人们为闲暇时间而活着，因为只有这时他们可以逃避高度协调的和集中的生产过程（不管蓝领工人还是白领工人都是如此），而且这时他们可以通过消费实现自己尚处于萌芽状态的创造性。"②但本·阿格尔认为这种过度消费驱动了过度生产，从而不仅在生态的角度看来是破坏性的、浪费的，而且对于人本身的心理与精神而言，也是有害的，因为它并不能真正补偿人们因异化劳动而遭到的不幸。但是，本·阿格尔认为，人们对于异化消费的期望最终会被生态危机打碎，使人们重新审视生产、消费以及人生存的意义，即他所谓的"期望破灭的辩证法"，促进人们在价值观念和生活方式上产生许多变革，比如吃、穿、住、行等日常生活中奉行更加节俭、有益于生态环境的原则，在自我实

---

① 本·阿格尔著，慎之译：《西方马克思主义概论》，中国人民大学出版社1991年版，第493页。

② 本·阿格尔著，慎之译：《西方马克思主义概论》，中国人民大学出版社1991年版，第495页。

现的生产劳动过程中寻求幸福感。期望破灭的辩证法，使人们重新形成自己的价值观与愿望，从而带动整个社会生产领域的变革，这正好反映了消费主义产生自资本主义生产方式，同时它的发展又必然趋向对资本主义生产方式的背反。

鲍法里亚在《消费社会》中指出，消费主义行为消费的不是物，而是符号，是一种象征性的消费。而社会主义价值观要求在生产力高度发展、生产资料社会化所有的前提下，个人的消费更多地体现在自由时间——即闲暇的消费。《德意志意识形态》中说，我不必成为一个渔夫、猎人、牧人或者批判者，我可以上午打猎，下午钓鱼，傍晚畜牧，晚上从事批判，人们在创造性的生产劳动中，获得成就感与幸福感。异化消费伴随异化劳动的消灭而消失，从而为人与自然、社会与自然之间的良性发展创造了条件。在此意义上，我们再重新检视资本主义的所谓闲暇，就可以发现它仍然是在资本主义框架内的、以多数人的受奴役为基础的、少数人的闲暇，其历史局限性昭然若揭。在资本主义社会，"那些思想丰富的人一直认为要享受有价值的、优美的或者甚至是可以过得去的人类生活，首先必须享有相当的余闲，避免跟那些为直接供应人类生活日常需要而进行的生产工作相接触。在一切有教养的人们看来，有闲生活，就其本身来说，就其所产生的后果来说，都是美妙的，高超的。"[①] 而在社会主义社会，价值观的革命与生态革命同时张扬了人性与自然的本来意义。

从科学社会主义的观点来看，经过扬弃与超越资本主义的过程，共产主义的新人将成为拥有自由时间、可以全面发展的真正的人，他们不是在消费中而是直接在生产过程之中，实现自身的价值、体现自身的存在，劳动成为一种享受，所以才成为生活的

---

① ［美］凡勃仑著，蔡受百译：《有闲阶级论——关于制度的经济研究》，商务印书馆1964年版，第32页。

第一需要。由于消除了异化劳动与异化消费，消费主义就失去了生存的土壤。在有计划的经济活动中，人们生产生活中消耗资源与能源的行为，将以最合理的方式表现出来，真正实现了作为实现了的人道主义等于自然主义，作为实现了的自然主义等于人道主义。

第五节 生态殖民主义批判

生态殖民主义是在不平等的国际政治经济秩序的框架内，西方发达国家针对发展中国家和落后国家的、在生态环境问题上带有明显剥削与掠夺性质的经济、政治行为的总称。对这个问题，学术界从它的具体表现方面研究较多，而对生态殖民主义的实质以及科学社会主义针对生态殖民主义的态度方面研究尚需进一步深入。这一部分将从科学社会主义的视角，通过对生态殖民主义现象的分析，试图对生态殖民主义作实质性的揭示和批判，并提出科学社会主义对待生态殖民主义的战略性与策略性的思考，以期推进此方面研究的深入。

一、生态殖民主义的表现与内涵

当代世界，生态环境问题作为经济全球化过程的消极后果之一正日益凸现出来。空气污染、水体污染等环境污染问题广泛存在，臭氧层破坏、森林资源破坏、全球气候变暖、自然灾害与突发疫病频发，以及淡水资源匮乏、土质退化与荒漠化、生物多样性锐减等等，日益成为全球共同关注的问题。人们通过比较发现，世界各国经济发展程度与生态环境的优劣之间存在一种复杂的关联。一方面，经济十分发达的国家生态环境较好，比如北美、西欧、北欧等国的生态环境明显好于中国等发展中国家；而另一方面，经济十分落后，即工业化和城镇化尚未大规模展开的国家和地区的生态环境问题也不太突出，比如我国西部的一些少数民族聚居地，大多仍然沿袭古老传统的生产生活方式，未受到或者较少受到市场经济大潮的影响，其生态环境往往优于工业化、城市化程度较高的地区，其他的发展中国家，有些也存在类似的情况。这两种现象绝非历来如此、一成不变的状况，而是处于一个动态的发展过程之中。就工业化的发展程度而言，其发展趋势是发达国家经济社会愈发展生态环境愈好，而更多的发展中国家，特别是工业化和城镇化正在开始、资源开发正在紧锣密鼓的展开的地区，其经济社会愈是滞后发展，其生态环境问题愈是突出。由于在经济全球化的进程中，其发展趋势是在资本主义经济全球化过程中，不允许存在任何世外桃源，所有落后国家和偏远、未开发地区都会或早或晚地被卷入整个经济全球化的体系之中，越晚加入的落后地区越处于整个世界经济分工体系链条的最末端。发达国家在世界经济体系中占据了优越的、主动的地位，它们的经济行为对发展中国家，尤其是对落后国家加强了经济与生态环境之间的关联，而且使这种关联愈来愈僵硬、突出，所以要打破它就愈益困难。这种关联在现象描述上可以归结为这样五个层面：

其一是前者将后者作为能源与资源供给国，以很低的价格购买后者未加工或粗加工的能源资源产品。这不仅加速了后者不可再生资源耗竭的速度、加剧了后者国内生态环境的破坏程度，而且使后者形成单一、畸形的工业部门，影响牵制了整个国民经济体系的建立完善，并愈来愈依附于这种片面的经济增长模式，形成不断加剧的恶性循环。其二是前者将后者长期作为其原料生产和供应地，致使许多落后国家和地区长期单一种植一种或几种作物，不仅农产品出口获利不大，而且长期这样还会不断降低本国土地的肥力和破坏生物多样性，从而导致一系列的生态环境问题。其三是前者将后者作为其产品倾销地，以低价从落后国家获取资源、能源和初级产品，经过本国技术加工和品牌包装以后，再以高价将制成品销往落后国家。这是发达资本主义国家获取超额利润的通用手段，也是造成落后国家持续不发展、处于世界经济体系低端的重要经济原因。与此同时，落后国家的资源和能源廉价地被掠夺，也加剧了这些国家资源的枯竭和环境问题恶化。其四是发达国家向落后国家地区转移夕阳产业、转移生产生活废物以及有毒有害污染物，如果说前三个层面由于在经济关系、贸易关系这层貌似公正的面纱的掩盖下还不是那么清晰的话，那这个层面就是发达国家对落后国家明火执仗的经济剥削与环境破坏了。其五是前者对后者在生物物种资源（包括基因资源）上的掠夺，比如落后国家一些珍稀的动植物资源被发达国家所掠夺和垄断。如此等等。

学界有人将这些现象概括为"环境殖民主义"，但笔者认为"生态殖民主义"的理论概括更具可取性。原因如下：

我们先从"生态"与"环境"二者的含义上来作比较。环境可以分为自然环境与人为环境。在词源学的意义上，生态指的是人与周围环境的关系，相比而言，生态的概念比环境的概念外延更大，且具有更深刻的意蕴。第一，生态强调整个系统的关联性。生态系统各部分是有机联系的，个体的人以及人类社会都是宏观生态系统的一部分，人的活动必然会对生态系统的其他部分以及生态系统的总体状况产生影响，生态系统各部分以及系统总体状况的改变反过来也会影响人类活动；第二，生态概念强调整体性。由于生态系统具有普遍联系的特点，所以生态系统内部某一局部的变化往往会导致一种全局性的后果，比如"多米诺骨牌效应"与"蝴蝶效应"就既体现了系统普遍联系的特点，又体现了系统的整体性。这就启示我们在对待生态环境问题时，既要立足当下，从每个人、每个地区、每个国家的具体行为开始，又要具有战略眼光和全球视野。第三，生态概念蕴含动态性的特点。生态系统内部周而复始地进行着物质和能量的交换与转变，各种变化不仅处于过程中，而且不间断的产生着各种阶段性的后果，而这些变化理应符合生态规律的要求，否则，就会影响甚至改变整个生态系统的良性循环，日积月累地将会对包括人类社会在内的整个生态系统造成毁灭性的破坏。这就要求我们：人类的各种生产生活活动，除了应当符合社会发展规律之外，还应当符合生态规律。

除了上述生态与环境概念本身内涵上的差异之外，正确的阐明生态主义与环境主义之间的区别也有助于我们认识问题的实质。环境主义一般是在资本主义框架内，对环境污染与生态破坏进行关注的思想行动的理论概括，它对生态环境问题的解决更注重当下的、局部的、现实的途径、技术与方法，许多人将其划归改良主义的阵营。而生态主义与其相比，则在视角上更加宏大，在态度上更加激进，它不仅只看到局部的、个别的生态环境问题，更将其置于全球的视野下来宏观体认。正如多布森在《绿色政治思想》中指出的，生态主义可以作为一种独立的意识形态，而环境主义则不能。生态主义在追问造成全球生态环境问题的根源时，直指人类现行的思维模式、价值观以及人类社会的制度建构，比如生态中心主义对人类中心主义价值观的批评以致颠覆，生态社会主义对资本主义制度是造成生态危机根源的批评。但是，当我们采取生态殖民主义而非环境殖民主义的提法时，并不意味着认同生态中心主义的价值观；我们对待生态社会主义的态度，也必须将其对资本主义制度批评的深刻性与其作为一种指导具体的社会运动和社会制度建构的意识形态的不成熟性及其深层的乌托邦色彩结合起来，加以综合考量和评价。可以说，是生态主义对资本主义批判的意识形态的积极意蕴，成为我们采用"生态殖民主义"而非"环境殖民主义"的基本考虑。

第二章 生态马克思主义：界定・批判・借鉴

目前，在国内外有许多人由于看到发达国家一般都比落后国家生态环境较好的表象，就认为生态环境问题只是一个经济社会发展到足够发达的程度之后才能解决的问题，即认为，它只是与工业化程度和经济发展水平直接相关联的纯技术性问题，而并不与社会制度的性质和意识形态问题相关联。事实果真如此吗？近现代的社会发展史表明，只要存在资本主义的生产方式以及与其相适应的社会关系、社会结构、政治制度和思想文化的意识体系，一句话，只要存在资本的私人所有制与建立其上的资本对劳动的残酷剥削与对自然界的野蛮掠夺的关系，生态环境问题就会与人的解放问题一样，始终无法彻底地在全球范围内得到解决。资本主义统治秩序的存在意味着其经济链条（原料、资源、能源——生产加工——全球销售——消费）在全球范围的无限延伸与扩张，落后国家和地区将牢牢固化于这个链条的最末端，即处于被剥削、被掠夺的最不利的经济地位与环境条件之中，他们的贫穷、饥饿、落后和环境灾难是发达国家经济上不断对外扩张，从而保持生活富裕、环境状况相对优越的必要条件。资本的嗜血本性决定了它只要存在就必须不断的增值利润、扩大生产、刺激消费，不断地突破地域的、自然的一切界限，不断地向自然界无节制的索取，不断的污染和破坏环境，不断地榨取工人的剩余劳动，从而不断加深人的异化与自然的异化。正如马克思在《资本论》中所言，产业愈进展，自然就愈退缩[①]。人与人之间的战争最终达到人与自然的战争，而同时人与自然之间的战争也愈益通过人与人之间的战争表现出来。所以资本主义不只是一种生产方式和生活方式，还表现为一种意识形态、一种价值观念、一种思维方式。在它全面统治下的人与自然必定将达到异化的最大限度而难以为继。在这种全面的异化状态下，落后国家势必将是环境

---

① 《马克思恩格斯选集》第 2 卷，人民出版社 1995 年版，第 220 页。

灾难和社会灾难的最直接的、也是最沉重的承受者。

二、对生态殖民主义的实质批判

由西方少数资本主义发达国家正在推行的生态殖民主义是一个客观事实。我们对生态殖民主义的实质性批判将从两个方面展开：第一个方面，我们将论证生态殖民主义是殖民主义在生态问题上的集中体现，它的实质是一种新殖民主义；第二个方面，我们将说明生态殖民主义是生态帝国主义的必然产物，只有颠覆整个帝国统治体系，才能从根本上解决全球的生态危机。

首先，生态殖民主义是殖民主义在生态环境问题上的集中体现。

殖民主义历来是资本主义全球扩张的伴生物。在15世纪的航路大发现之后，西方列强受到资本扩张本性的驱动，疯狂扩展海外殖民地，为此目的不惜发动大大小小的侵略战争，直至发生两次世界大战。亚非拉许多落后的国家曾经沦为殖民地、半殖民地，实质上成为资本主义全球经济链条中的一环，被迫成为发达国家原料、能源供给国与制成品倾销地的双重历史角色。这种旧殖民主义的原本表现形式包括发达国家的直接军事占领、政治统治以及经济上的超经济剥削。二战后，伴随着社会主义运动与民族解放运动的兴起，许多殖民地、半殖民地国家纷纷争取到民族解放，建立了独立的主权国家。西方发达国家为适应这种变化了的形势，变直接的政治、军事统治为通过培养代理人来间接操纵原殖民地、半殖民地国家的军事、政治，通过主要是经济和贸易关系这种"文明"的方式，在平等的表象下进行不平等的剥削与掠夺原殖民地、半殖民地国家的能源、资源和其他财富。在当代，这种新形式的殖民主义又换了另外一张面孔，即打着民主、自由、人权的旗号，将西方强国的价值观普世化，着重对发展中国家在思想文化领域进行渗透与同化，企图以思想文化上的"西化"来为其经济和政治扩张鸣锣开道。纵观旧殖民主义到新殖民主义再到后殖民主义的发展轨迹，不管西方强国如何实现了全球扩张由野蛮形式到"文明"形式的转化，实质却丝毫未曾改变，那就是一贯的殖民主义。资本全球扩张的本性决定了它必然建立和维持一个资本主义性质的世界统治体系，这个世界体系既是资本扩张的结果，也是资本实现不断向更广的领域、更深的程度扩张的工具。西方发达国家处于这个体系的中心，并掌控这个体系，其他国家依次处于体系的外围及边缘，要向中心持续以能源、资源、原材料和廉价的劳动力等形式提供养分——给它"输血"，同时要不断地吸纳"中心"以及由"中心"支配自身所产生的大量有毒有害废弃物——充当"垃圾场"。对于西方发达国家而言，这个体系固然是越大越好，资本的触角无孔不入，它宣布所到之处均已纳入自己的势力范围。以美国为首的西方资本主义国家对社会主义国家之所以充满敌意，其意识形态、价值理念上的种种说辞仅仅是表象、是形式，起决定作用的还是因为"你不承认资本统治的合法性，我就无法将你纳入我的世界体系，从而我就无法获利"。所以，无论世界上哪个国家和民族阻碍了发达资本主义国家追逐利润与扩张资本主义世界统治体系的意愿，谁就是以美国为代表的西方发达国家的敌人，谁就会被扣上"独裁"、"专制"的帽子而遭到制裁与讨伐，甚至被军事打击。这就是为什么华盛顿可以支持许多国家野蛮的独裁者，而对社会主义国家却满怀怨恨与愤慨的原因。①

生态殖民主义正是这种殖民主义在生态环境问题上的集中体现。发达国家对发展中国家进行的生态侵略与掠夺，在造成的恶劣后果上更甚于旧殖民时代野蛮的武力扩张。比如美国对中国西南地区红豆杉的巧取豪夺，对当地的杉林资源造成了毁灭性的破坏。再如日本大量进口中国的木材，制成一次性筷子，又销往中国，不仅破坏了中国的森林资源，同时也赚取了大量利润，而我们知道，日本的森林覆盖率达到68％，在全世界仅次于芬兰位列第二。又如在西方发达国家的极力推动下，印度的水产业实现私有化，对水资源造成巨大的破坏。美国本国的石油资源十分丰富，甚至国会立法禁止开采近海石油，但却源源不断地大量从别国进口石油，毫无节制的消耗能源和大规模的囤积战略储备。如此这般，不一而足。在西方发达资本主义国家的观念中，即使世界其他国家和地区的人民由于饥饿、贫穷、生态恶化而难以生存、发展，他们本国人仍然可以靠挥霍资源来维持所谓的幸福生活。但是，资本主义全球化本身是一把双刃剑，在他们为自己获利而意满自得之时，不仅在客观上为人类埋葬资本主义在创造物质前提，也必然要承担资本全球化带来的一系列恶果。当生态危机在全球蔓延之时，有人将亚马逊流域的原始森林与西双版纳的原始森林比作地球的两片肺叶，如果这些森林资源遭到破坏，全

---

① 大卫·格里芬在一次访谈中这样讲到："自从上个世纪30年代和40年代的大萧条以后，繁荣经济成为美国政府的头号任务。美国的全球霸权主义大体上是从这个任务中派生出来的——美国的决策者认为要使美国经济繁荣，就必须要世界上其他地区为他提供原材料和市场。对于共产主义的敌意毋宁说源于这种需要——华盛顿总统就非常愿意支持许多国家野蛮的独裁者，只要他们依旧站在我们一边。对这个事实的反思使当下全球秩序的荒谬性暴露无遗，全世界人民的命运被这样一个其政策是为了促进占全世界4％人口的最大福利的国家所决定。"见《后现代转折与我们这个星球的希望——大卫·格里芬教授访谈录》，王晓华译，《国外社会科学》2003年第3期。

球的气候将会发生不可预期的变化。现在全球气候变暖、冰川迅速消退、南极臭氧层空洞化,势必将殃及地球上的每个国家。在自然灾害面前所有的人与国家都是平等的。就像海水污染一样,必定会随着潮流的涌动将污染带到世界的每个角落。当我们这个蓝色星球失去它的光泽之时,哪个国家也不会幸免于难。西方发达资本主义国家的许多有识之士意识到这种严峻性,促使本国政府与国际组织制定政策、采取措施,治理环境污染、缓解生态危机。但是,在资本的本性起决定作用的资本主义世界统治体系内,这些努力或者如杯水车薪,或者半途而废,根本无法取得具有全局意义的积极成果。大卫·格里芬说道:"事实上,美国国家领导人如此的依赖于少数及富裕的个人和公司的金钱,以至于很难让他们对这一转变(从使用石油、天然气和煤转向使用太阳能与风能)在立法上投赞成票。由于那些垄断了石油和煤炭的大公司希望这些原材料继续的被使用。他们会用金钱阻止通过应用无污染技术的立法。"[①] 老布什在里约热内卢的地球峰会上拒绝在保护生物多样性条约上签字,他的理由是"我是美国总统,不是世界总统",可谓一语道破"生态殖民主义"的实质。

发达资本主义社会往往是一个高消费、高污染的社会。"生活在高收入国家的占世界人口20%的人消费着全世界86%的商品、45%的肉和鱼、74%的电话线路和84%的纸张",20世纪90年代"美国、日本、欧洲纸制品消费占世界的2/3,所用木材几乎全部来自第三世界"[②],致使许多第三世界国家的生态环境急剧恶化。占世界5%人口的美国消耗着世界25%的资源,可以说,全球生态危机的始作俑者与最大受益者是以美国为代表的西

---

① 王晓华译:《后现代转折与我们这个星球的希望——大卫·格里芬教授访谈录》,载《国外社会科学》2003年第3期。

② 李慎明:《全球化与第三世界》,载《中国社会科学》2000年第3期。

方资本主义发达国家；而现在，广大发展中国家与落后国家却承担着生态危机带来的大部分恶果。"全世界每年死于空气污染的270万人中的90%在第三世界，另外每年还有2500万人因农药中毒，500万人死于污水引发的疾病"①。这是生态殖民主义的恶果，是不平等的国际政治经济秩序的产物，而生态殖民主义又推动了这种不平等的国际政治经济秩序的强化与泛化。这种不平等是发达资本主义国家所需要的，只要存在这种不平等、不公正，生态殖民主义就有生存的空间，资本主义全球扩张的态势就无法得到遏制。

资本追求利润的本性决定了它无限扩张的逻辑。马克思不止一次地论述过资本全球扩张的本质与表现，马克思说，资本"摧毁一切阻碍发展生产力、扩大需要、使生产多样化、利用和交换自然力量和精神力量的限制。"② "发财致富就是目的本身。资本的合乎目的的活动只能是发财致富，也就是使自身变大或增大……作为财富的一般形式，作为起价值作用的价值而被固定下来的货币，是一种不断要超出自己的量的界限的欲望：是无止境的过程。它自己的生命力只在于此"③。资本所及之处无一不被资本化，看看它对第三世界的所作所为吧。它要求全球的政治、经济、文化的全部社会领域资本主义化，成为自己的翻版，但只有一点不行，即后发国家的生活水平不能成为翻版。试想，如果中国达到美国的人均汽车拥有量、达到美国的人均资源、能源消耗量，那将会是怎样的景象！在美国以人权、生态环境污染等问题攻击中国的时候，我们看到的是一幅多么有趣的悖论图景——既要你向我学习，又不要你向我学习，我的出发点只能是、也仅仅

---

① 李慎明：《全球化与第三世界》，载《中国社会科学》2000年第3期。
② 《马克思恩格斯全集》30卷，人民出版社1995版，第390页。
③ 《马克思恩格斯全集》30卷，人民出版社1995版，第228页。

是我自己的国家利益。在本质上,这个矛盾是由资本本身的矛盾所决定的。马克思一针见血地指出,资本无坚不摧、所向披靡,但它遇到的最大限制就是资本本身,它也必将在根源于自身的否定、扬弃与克服的社会大变革中,使劳动和自然获得解放。

其次,生态殖民主义是生态帝国主义的必然产物。

正如现代殖民主义必然是帝国主义的伴生物一样,生态殖民主义也同样是生态帝国主义的必然产物。帝国主义的存在需要一种不平等的层级关系,或者说一种剥削与被剥削的关系结构。当代的帝国主义已经不是它最初的意指,即疆域上的、对属地实行殖民统治的帝国主义了,而是一种资本主义生产关系的帝国主义,或者如列宁所说的"资本帝国主义"①。有学者从马克思的"经济殖民地"②概念出发,在"一种经济成分要以其他的经济成分为它提供条件才能生存"的意义上理解世界体系,认为帝国主义已经成为一种特定的生产关系、社会关系、政治关系、文化关系的综合体,当代的"新帝国主义论"即是这个综合体的意识形态。帝国综合体将体系内的所有国家与地区用资本主义的生产生活方式、思维方式进行消解与重塑,最后形成一种固定的结构,这种结构得到不平等的交换关系的滋养而不断的固化,从而形成对体系内所有被核心国家所剥削的国家的一种"结构性暴力"。第三世界在政治、经济、文化、生态等领域的局部斗争相对于整个结构的力量还是太弱小了,若想彻底消除这种暴力的存在只有颠覆整个帝国主义。

生态殖民主义与生态帝国主义的关系沿用了上述关于帝国主

---

① 《列宁选集》第2卷,人民出版社1995年版,第650页。
② 即将殖民与土地分割开来,殖民地已经演变成为一种经济关系,即一种经济成分对另一种经济成分的剥削和被剥削关系。具体阐述见于苏颖《从殖民地概念的发展看当代殖民体系》,《复旦学报(社会科学版)》,1995年第5期。

义的逻辑。美、欧、日等发达资本主义国家在工业化初期和发展期，也造成了本国生态环境的巨大破坏，到了20世纪中期，工业化发展到相当程度之后，人们的生态意识、环境意识才开始觉醒，进而环境运动兴起、绿党参政，经过几十年的本国治理再加之向第三世界的生态殖民，已经建立起来一个个"生态帝国"。这个生态帝国的表象就是：一面是美、欧、日发达资本主义国家的经济发展、生活优裕、生态环境良好，另一面则是广大发展中国家经济发展相对滞后和生态环境恶化，尤其是一些落后国家的经济停滞甚至衰退与生态环境急剧恶化的事实。

生态帝国主义的存在必定以生态殖民作为载体，正如伏尔泰所说"一国之赢只能立于他国之失之上"，或者像帕累托所言"无他人之情势恶化，决不会有一人之境遇的改善"[①]。在经济全球化的背景下，生态帝国主义的表现似乎多了一层虚伪的面纱。一些发达国家及其领导人以"地球卫士"、"生态警察"的面目出现，谴责发展中国家以及落后国家的生态环境破坏；一些国际组织向第三世界国家进行环境项目的资金、技术、人员培训等援助；在发达国家的主导下，数次召开了人类环境（发展）大会，通过了一些呼吁性或规范性的文件、约定等等。所有这一切是否可以构成对生态帝国主义的否定呢？对此我们需要具体的分析。首先，发达国家由于历史及现实的原因，对地球生态环境的破坏应付主要责任，而他们对第三世界环境问题的解决更应当承担自己不可推卸的义务，对第三世界环境项目的资金与技术援助不仅是其题中应有之义，而且还应该进一步加大这种援助的力度与范围。其次，无论是联合国、人类环境（发展）大会，还是"世界环境组织"，以及在生态环境方面签订的种种国际条约、协定，

[①] 迪德里齐等：《全球资本主义的终结：新的历史蓝图》，人民文学出版社2001年版，第9页。

虽然在解决全球共同的环境安全问题上发挥了一定的作用,但是离一种刚性的、具有实质约束力的制度创设还有相当大的距离。正如有的学者指出的,在这些有关世界范围生态环境问题的条约或组织中,始终"存在着发达国家、发展中国家和低发展国家之间的视角与立场冲突"①,而这种冲突势必成为实现环境问题实质性突破的障碍。最后,生态帝国主义在某种意义上可以称之为全球范围的生态剥削和统治的体系。它作为一种结构性的暴力,使所有被纳入其中的国家都染上生态殖民综合症,即在生态帝国主义的层级关系中,始终存在上一层级对其下层级的生态殖民。由于体系的惯性,导致这种生态殖民综合症的无限蔓延,直至全球生态环境无法承受剥削与掠夺之重而走向毁灭为止。所以,只要存在资本主义世界统治体系在全球的扩张,就必然会伴随着生态殖民主义与生态帝国主义在全世界的蔓延。

资本在地域空间上的无限扩张无非是为了追逐利润,满足极少数的垄断资本家和极少数的资本主义发达国家或发达国家集团的利益要求,强调在等级制中的不平等关系。而生态的逻辑却恰恰相反,在生态环境面前,地球上所有的国家、民族、地区都是平等的,反对等级制,反对不平等是它的本性,生态环境的优化与恶化直接与每个人利益攸关,这在资本主义体系下是根本无法解决的。在当代的生态帝国主义中,生态环境的优化只使少数人受益,而以世界上绝大多数人的受损为前提,而实际上,这种状况也不可能长时间存在。因为从生态环境的整体性、系统性、动态性的角度来看,这是不可持续发展的,资本主义性质的全球化

---

① 郇庆治:《环境政治国际比较》,山东大学出版社2007年版,第34页。

模式实质上正是这种不可持续的发展模式①。所以在生态环境问题上，不管是从认识论、价值论，还是从哲学、伦理学的维度上，倡导一种价值观、伦理观以及思维方式的变革确是有益的。但仅仅停留在思想意识的层面还不够，重要的是看到生态殖民主义背后的制度因素，就像许多生态学马克思主义者批评的那样。然而，仅仅批评还不够，批判的目的是为了重建。

三、科学社会主义对待生态殖民主义的战略与策略

一些生态学家指出，未来不应是现存生产生活方式的延续，而应是完全不同的、全新的。如果仅仅停留在对绿色生产生活方式的理论构建与憧憬上，那只是一个想象的乌托邦。认识世界的目的在于改造世界，马克思主义哲学的革命性就在于此。从全球范围内解决生态环境问题，克服生态殖民主义，就必须从改变现有的资本主义生产生活方式、政治制度、社会结构、价值观念入手，而实现这个改变的最现实的社会力量存在于工人阶级以及它领导下的广大人民群众之中，而不是仅仅依靠知识分子或其他觉

---

① 福斯特与奥康纳都认为可持续发展的资本主义经济是不可能的。福斯特指出，新的发展形式要优先考虑穷人而不是利润，强调满足基本需求和确保长期安全的重要性，这在资本主义框架内是不可能实现的。他还主张："正是在资本主义世界的体制中心，存在着最尖锐的不可持续发展的问题，因此生态斗争不能与反对资本主义的斗争相分离。"关于这一思想的具体阐述见《生态危机与资本主义》，上海译文出版社，2006年版，74—76页。高兹提出，生态理性反对资本主义的经济理性，生态理性主张的"更少的生产，更好的生活"，不能在资本主义框架内进行，必然包含着对资本主义的超越与对社会主义的开拓。见陈学明、王凤才著《西方马克思主义前沿问题二十讲》，复旦大学出版社2008年版，第293—299页。

悟人士的绿色运动①。这就是科学社会主义对待全球生态环境问题的阶级观点。

我们认为，生态环境问题的解决必须要立足当下，更要有全球视野。这与科学社会主义的理论及其实践具有内在的契合。马克思主义的科学社会主义理论是以辩证唯物主义与历史唯物主义为分析方法，建立在对资本主义生产方式批判基础上的、具有世界解放意义的科学的社会政治理论。它以工人阶级为阶级基础，在马克思主义政党的领导下，带领人民群众在资本主义生产与法的一切领域，开展反抗资本主义剥削与压迫、争取劳动解放的阶级斗争——以暴力的或者和平的方式，推翻资本主义制度，实现社会主义和共产主义在全世界的胜利。在这个意义上，它必将以社会主义的全球化来代替资本主义的全球化。只有这样，社会才能克服资本主义全球化带来的利益只为了少数人、少数集团、少数国家独享的恶果，才能克服世界范围内南北国家间贫富差距拉大的问题，才能克服使贫者愈贫、富者愈富的资本主义逻辑，才能实现利益在全球的公正合理的分配。这与生态的逻辑是一致的。生态环境是显而易见的公共资源，它服务于全人类，更要求全人类为它负责，任何使公共资源服务于私利的行为必然与生态的内在规律相抵触。因此资本主义全球化具有反生态、反民主、反平等、反公正的内在逻辑。与一些生态社会主义者、环保人士所主张的通过技术革新、环保立法以及环境运动等政府或非政府组织的活动、争取在资本主义框架内改善生态环境的基本政治主张不同的是，科学社会主义只将上述行为作为"立足当下"的一

---

① 大卫·佩珀指出："绿色运动的一部分已经通过不是挑战我们社会的物质基础而是变成其中的一个重要部分而成为反革命的"，"绿色运动作为新社会运动在很大程度上可被看做是那些为了地位和被认可而斗争的被排挤工人阶级的第三代"，所以，绿色分子在实质上代表的是资产阶级的利益。见《生态社会主义：从深生态学到社会正义》，山东大学出版社2005年版，第214—215页。

种手段，它的目的远远不止于此。科学社会主义认为，只要资本主义制度存在，就必然会产生生态殖民主义，就必然导致全球生态危机，所以必须推翻资本主义制度，建立社会主义的国际联合才能从根本上实现人与人、人与自然的双重和解。这个运动必然以阶级斗争的形式进行，而不管在现阶段看起来由经济发展带来的阶级分化有多么复杂、阶级斗争的含义有多么含混、前进的轨迹有多么曲折，未来经济、社会、政治、文化等领域的矛盾，归根结底还必然会以阶级对立的形式表现出来，实现社会制度的革命性变革也必然要依靠阶级意识、阶级立场与现实的阶级力量[1]。否则，具有总体意义的社会解放运动的理论与实践，最终只能以乌托邦的结局收场。

有人用"环境库兹涅茨曲线"来解释诸如像中国这样一个发展中国家的生态环境问题，即经济发展初期环境随着经济增长而恶化，但当经济发展达到一定的水平后，即经历一个临界点，环境就可能会随着经济增长而得到改善。这个临界点在美国是人均GDP10000美元，在有些国家是人均GDP6000美元。在2007年初，就曾经有人乐观的预测苏南地区的环境拐点已经提前来临，但几个月之后就发生了太湖蓝藻事件，成为对"拐点"论的否定[2]。即使不考虑这样的个案，环境库兹涅茨曲线的适用性仍然是一个可质疑的问题，即适用于20世纪中叶美欧的环境质量与

---

[1] 福斯特通过对美国西北太平洋沿岸原始森林木材业危机的分析，提出生态危机的加剧是"历史上资本主义社会及其阶级斗争在具体积累过程中固有的特性。忽视阶级和其他社会不公而独立开展的生态运动，充其量也只能是成功地转移环境问题……这样的全球运动对构建人类与自然可持续性关系的总体绿色目标毫无意义，甚至会产生相反的效果；由于现存社会力量的分裂，给环境事业造成更多的反对力量。"《生态危机与资本主义》，上海译文出版社2006年版，第97—98页。

[2] 杨东平主编：《中国环境的危机与转机（2008）》，社会科学文献出版社2008年版，第20页。

经济增长的关联模式，是否适用于 21 世纪的中国以及比中国更贫穷落后的非洲、拉美的一些国家？

由于时代不同了，国家工业化的外部环境已经发生明显的改变。美、欧、日等国在工业化初期和发展期，世界上仍有空间可以殖民扩张，新老帝国主义国家为瓜分世界曾经爆发过两次世界大战，实现了世界版图在帝国主义中心国家中按国家实力的分配。从历史上来看，新老殖民地的存在为发达国家开展与完成工业化进程、进入后工业化时代提供了充分的资源能源条件。但是，21 世纪的中国在实现国家工业化过程中，却不会再有这样来自外部的资源和能源优势，而且目前全球生态环境的承载力已经大大缩减。更为重要的是，中国是一个社会主义国家，社会主义相对于资本主义的制度规约性体现在何处？中国加入 WTO，参与世界经济分工，但这并不能意味着中国要成为资本主义全球体系的一分子，已经是生态殖民主义受害者的中国不能再作为生态殖民主义的施害方，包括在国内发展中尤其要注意防止在发达地区、欠发达地区以及落后地区的地区差异中、在城市与农村的城乡差异的裂缝中，转嫁与扩大生态环境灾难的行为。所以，环境库兹涅茨曲线在中国的适用性问题还需要考虑中国特有的变数。

中国是一个正在融入世界经济体系中的社会主义大国，如何在当前的国际形势下针对生态殖民主义做出适度而必要的战略回应是一个值得深思和探索的大课题。但其中有两个基本原则是明确的：一是在积极参与经济全球化的过程中，要趋利避害、独立自主地发展壮大自己，并努力通过与世界人民的长期共同奋斗，最终争取以社会主义的全球化替代资本主义的全球化，这是"全球视野"的体现；二是立足当下，在生态环境问题上将国际合作与国际斗争相结合，为缓解全球生态危机做出现实的贡献。对于第一个原则以上已有论述，下面通过几个层次的划分来分析第二个原则。

第一个层次是社会主义国家之间的团结合作,即中国与其他社会主义国家——越南、古巴、朝鲜等国在生态环境问题上要紧密联系,在共同促进经济发展与生态环境保护方面达成双边或多边共识,进行一切必要的和可能的合作。

第二个层次是中国要努力开展与其他发展中国家与落后国家在生态环境问题上的团结合作。要开展广泛的磋商与谈判,在国家间、地区间达成促进经济社会发展与生态环境保护的共识,包括利用联合国等国际组织,发挥积极作用,共同抵制少数资本主义发达国家的生态殖民主义政策与行动。

第三个层次是中国要力求与发达资本主义国家在生态环境问题上实行平等的互利合作。一方面,接受发达国家或国际组织不带附加条款的对我国环境项目的资金、技术等援助,学习发达国家生态环境治理与保护方面有益的经验、吸取其教训,在生态环境的教育、培训等方面开展双向的国际交流;另一方面,必须防止和抵制西方少数发达资本主义国家损人利己的能源、环境和生态政策。

第四个层次是积极参与和加强与国际非政府环境组织在生态环境问题的合作与交流,积极参与共同行动,在生态环境保护方面表达我国的主张,这是世界了解中国的一个重要窗口。

第五个层次是在环境问题上进行广泛的马克思主义宣传和必要的阶级合作。应当以生态环境问题为主题,揭露生态殖民主义是国际垄断资本对劳动者的剥削与对自然的掠夺相并行的客观事实;既与国外的生态社会主义运动进行必要的合作与协调,同时也要善意的批评其理论的局限性,从而促进各国工人阶级和广大劳动人民树立科学的生态环境意识,逐步形成国际工人阶级的阶级联合和行动协调,为世界社会主义运动在生态环境问题上形成全球性的共识和合作而创造条件。

当然，做好上述工作的现实基础，是我们在推进中国特色社会主义事业的长期奋斗中，逐步和切实注重用马克思主义指导下的生态观，来教育全党和全国人民，使之普遍树立科学的生态环境意识，在我国生产力不断提高和科学技术不断发展的基础上，使我国的生态环境问题在长期不懈的努力下，在一切可能的范围内，逐步达到根本性的解决，并且发挥国际性的示范效应。

总之，正确应对西方生态殖民主义是一个具有世界意义的大课题。我们必须在认清其本质的前提下，深入展开各方面的具体研究，针对生态殖民主义的各种表现确定相应的对策，否则，就可能不知不觉地滑落进生态殖民主义的陷阱。

第三章 中国生态意识的思想渊源和实践形式的历史进展

我们运用马克思主义的自然观来指导当代中国的生态文明建设的同时，还必须立足于当代、根植于国情。为了提高我们全党和全国各族人民的生态意识，还必须注意从我国传统文化的思想精华中，挖掘和吸收先贤的生态思想和智慧。同时，从新中国成立以来，通过党和人民的共同努力，我国在环境保护与生态文明建设方面已经积累了许多有益的经验，也成为我们建设社会主义生态文明的极有价值的思想资源。

第一节 中国传统文化中的生态意识与实际表现

我们知道，我国传统文化中关于"道法自然"、"天人合一"、"众生平等"等思想中蕴含着不少生态意识。我们还将对中国传统社会实践中符合生态规律的一些做法进行挖掘与梳理，同时也将对少数民族地区的生产生活实践中的符合生态规律的做法进行论述。

一、儒道释的主流自然观概述

中国数千年的传统社会是以小农经济为基础的农业社会，人们的生产生活直接与以土地为中心的自然界发生密切的关联。人们的自然生态观与社会的伦理观、道德观一起成为长期以来影响人们生产生活的社会基本观念。学界对中国传统社会自然观的论述焦点一般集中于道家"道法自然"、儒家"天人合一"、佛家"众生平等"、"慈悲为怀"、"戒杀生"等思想方面,正如许多人认为的,传统社会的中国人可以成为儒释道三位一体的合一一样,各种自然生态观也对中国人的心灵与行为发生着综合的作用。

第一,道法自然的生态观。

《老子》说:"人法地,地法天,天法道,道法自然",道是先天地而生,且为天地母的、不知名的存在,而强为之名曰"道"。"道"作为一个超验的存在,从中化生出宇宙、自然、人世间的一切秩序与联系。这里讲道法自然,并不是说自然界高于道,因为自然界也是由"道"化生而来。这里的"道法自然"是说,道的运行不受人为控制,属于天地之间至高的、形而上学的自然而然,所以不能把这里的法"自然"理解为实体的自然界。老子认为,对人类社会与自然界而言,最理想的状态就是任其自生自灭、独立运行而不加干涉。庄子把"法自然"的思想推到极致,提倡"无为"而"绝圣弃智",从而使人与自然完全融为一体,人成为与鸟兽虫鱼平等的自然界的一员。《庄子·齐物论》中说:"天地与我并生,而万物与我为一"。庄子进一步将"人与天一"的思想发展为"物我两忘",庄周梦蝶使庄子忘记自己到底是庄子还是蝴蝶。在老庄的思想中,人类社会与自然界的运行规律应该是一致的,人们的生产生活以至生死大事都要顺应自然规律,不可强求。在道家的观念中,理想的社会状态应该是小国寡民,理想的人与自然之间的关系是任其自然。反对人对外界用强用力,所以道家的自然观反对人的主体意识与主体作用的发挥。这在老庄思想产生的背景来看,可以看做是它对儒家仁义礼智信等人为的礼仪、规范的理论上的反动。在当代世界,道家的自然观契合了许多西方的深生态学家以及后现代主义者对自然返魅的追思、对生命伦理的渴求,而成为他们努力挖掘的思想资源之一。但是当代世界，由于文明尤其是工业文明对人类社会的改造力量是如此强大，以至于人类已经无法回到过去，回到原初的、大道运行的状态。或许"道"作为一种精神实践可以存在，但作为一种体现在人类社会以及日常生活中的最高法则却很难寻踪觅迹了。

第二，天人合一的自然观。天人合一的思想实际上乃万物一体的整体论自然观的反映。中国传统儒家讲的"民胞物与"（语出张载《西铭》）——即不仅天下人都是我的兄弟，天下的物也都是我的同类，这就决定了个人对待他人与自然万物的态度。"民胞物与"是"天人合一"、"万物一体"观念在伦理层面与生活实践层面的反映。根据蒙培元的观点，天人合一归根结底还是人类中心主义的，但天人合一、万物一体基础上的人类中心主义要求人作为有自我意识的个体，要以民胞物与的态度对待他人与他物，这是一种"责任感"，是一种"被要求的自我意识"。"人之所以有权利以人为主体和中心而利用自然物……以维持自己的生存，乃是因为处于一体的万物合乎自然的有自我意识和无自我意识、道德主体和非道德主体的价值高低之分，这种区分是万物一体之内的区分。"[1] 而杜维明也指出"一个人欲达到天人合一的境界需要他不断的进步和修养。我们可以把整个宇宙融入我们的感悟中，是因为我们的情感和关怀在横向和纵向地朝着完善的方向无限地发展"。[2] 从以上对天人合一的理解，我们一方面看到了中国儒家自然观的有机性与整体性，另一方面也体会到，天人合一的运用需要每个作为个体的人用智用力地去修养、努力，

---

[1] 蒙培元：《中国的天人合一哲学与可持续发展》，载《江海学刊》2001年第4期。

[2] 杜维明著，刘诺亚译：《存有的连续性：中国人的自然观》，载《世界哲学》2004年第1期。

甚至克制，以达到民胞物与的伦理要求，也就是说，天人合一的境界不是自动完成的，它体现在人对自然界的利用中，体现在人不断提升的修养中。与道家相比，我们在儒家这里更多地看到了人的主动性（包括克制在内）的发挥，从而使它在当代世界中具有更强的实践意义——如何在物欲横流的消费社会、消费文化中对自然保持一份尊敬与不忍人之心，需要我们主动的克己，需要我们不断的提升修养，从而善待他人与自然万物。

第三，众生平等与业报轮回的佛教自然观。佛教传入中国后，虽几经流变，形成各派各宗，但其基本的思想仍然具有内在一致性。魏德东认为"无情有性，珍爱自然"是佛教自然观的基本精神。① 佛教在众生平等、生命轮回与业报说的基础上形成了素食、不杀生以及放生等对生态保护有直接作用的实践思想。而且，在有的宗派中，佛教还提倡苦行、禁欲。佛教的思想和实践对于当代中国而言呈现出后现代的特征，而且由于佛教在中国传播广泛，亦有众多信奉者，所以，对保护自然生态而言，佛教思想具有积极的意义指向。

以上关于儒释道自然观的概括仅仅停留在学理的层面，而决定人与自然的关系的实际进程，却是广大劳动群众的生产生活实践以及相应的习惯、风俗、禁忌等等，所以，我们下面将在实践的层面展开分析。

二、传统社会中人们生产生活中的生态意识因素

事实上，自从有了人类，有了人类活动，自然界就开始逐渐的为人所改变。在中国这片土地上，自古以来由于人口密度较大，人们为保证其基本的吃饭、穿衣需要就必须对自然界进行很多索取。历史上，由于人口的偏聚、战乱以及时发的自然灾害，

---

① 魏德东：《佛教的生态观》，载《中国社会科学》1999年第5期。

许多地方已经遭到生态环境的破坏。清乾嘉时期出现人口猛增，华北平原、汉江地区、大别山区、秦巴山区、云贵山区与东南丘陵等地遭到掠夺式开垦，使北方沙漠化增强、长江旱涝灾害频发。鸦片战争以后，随着帝国主义的入侵与连年战乱，东北、东南地区的森林资源遭到入侵者的滥伐，珍贵鸟兽等动物资源在战乱中被破坏，自然灾害增加[①]。虽然如此，由于中国传统社会经历了漫长的几千年，主要是农业生产为主，商业发展缓慢，工业更是落后，所以相对于工业文明对自然界的剧烈改变与破坏，农业文明对自然界的影响发生是缓慢的。虽然局部有破坏，但远非资本主义工业化造成的、冲决一切的、洪水般的改造力量。而且由于其缓慢，使自然界得以有足够的时间恢复、调整、适应。

在日常生活中，传统中国人在农业生产与衣食住行等方面也形成较为独特的习惯与风俗，体现了人与自然整体平衡、协调的观念。在农业生产中，春种、秋收、冬藏，顺应四时。社会活动也与四季相应，比如处决犯人一般会选在"主肃杀"的秋冬时节，以与万物萧条相对应。各种习俗也适应天地、时节以及人自身的阴阳平衡，比如端午节的风俗，民间以阴历五月为"恶月"（值此时节，骄阳酷暑、毒虫病菌使疾病流行），在端午节，人们喝雄黄酒、采集艾草置于室内，以祛病、防邪、驱毒。中医药也是体现传统社会国人"法自然"的一个鲜明例证。中医讲究辨证论治、调理阴阳，以使人体重返自然平衡；而中药则更直接取自于自然界。古人认为，"自然界的季节更替、节气变化和阴阳消长，既支配决定着万物的生长，也深刻的影响了人类的生活节律和生命健康。"人们根据时节来调整自己的生产、生活活动。"早在先秦时代，中国就已经形成了相当完整的月令图式，与当时的

[①] 罗桂环、舒俭民编著：《中国历史时期的人口变迁与环境保护》，冶金工业出版社1995年版，第4页。

历法互为表里，用以指导一年之中的各种活动，其中不仅告诉人们不同季节月令的环境特征，而且规定了不同季节时令应当如何安排国事、家政，如何安排日常生产和生活，规定了哪些是应该做的事情，哪些是应当避忌和不应该做的事情……在传统社会，差不多每个乡村、每个家庭都有一套与当地生态环境相适应的生产和生活月令，构成古代社会生活的基本节律，不论是早期的《夏子正》，还是后代的农家历书，或者古代月令式的农学著作如《四民月令》、《四时纂要》、《授时通考》，所勾画出来都是农业社会根据季节更替，寒暑往来，植物荣枯、动物启蛰而兴止作息的生命活动图景。"[1] 农业社会中人们主动积极的适应自然时节和具体的生态环境的思想与实践，是被农业生产方式本身的特点和规律所决定的。虽然在今天看起来不一定有科学依据，但其顺天应时、积极预防各种不利因素的做法，不仅对人本身而且对外界自然环境都起到一种保护、维持与延续的作用。在更深的层次上，这是万物一体的自然观在生产生活中的具体体现。由于农民直接与土地与自然界的各种生物接触，所以更容易形成生命息息相关的整体与协调的世界观。而在工业化时代，那些居住于高楼大厦之中，远离土地与自然的现代人，则缺乏这种生命体会的细腻与敏感。在后现代的语境下，作为一种体验生命的方式、甚至一种休闲方式的返璞归真，不足以完成对整个工业文明世界观进行改造的任务，因为做几天农民与做几年农民、做一辈的农民，在对待自然、对待生命的理解上不可能相同。

但是，由儒家文化彻底渗透和结构的中国传统社会归根到底是一个伦理的社会，它的自然观与伦理观、道德观之间有无法切断的联系，同时也存在紧张的张力。虽然不是近代西方主客二分

---

[1] 王利华：《环境威胁与民俗应对——对端午风俗的重新考察》，《中国历史上的环境与社会》，三联书店2007年版，第466-467页。

的理性主义,然而儒家文化仍然是一种高度理性化的统治哲学——秩序、礼仪本身就是理性化的产物。儒家从产生之初的君子之学一直发展到极尽规范意义的宋明理学,从民间学到统治学,本身就是一个不断走向形式化、不断被理性所结构,以致不断遭遇内在精神与生命力委顿的过程。在这个泛道德的伦理社会中,人们素朴的"天人合一"自然观只能俯首称臣。"中国传统文化是以伦理为本位的,伦理之善具有统摄的意义、绝对的价值,因而事实之善也从属于道德之善,相对于道德观而言,自然观并不是完全独立的,而是要接受道德观的审视和判定……'天人合一'更确切的表现为一种道德认知的特殊方式或思维图式,即力图从人的生活的整体性和联系性上来展开伦理思维,但是在这种认知框架中,被突出和强化的只是道德认识,而对自然或其他事物的认识非但不能等量齐观,反而受到排挤,所以中国传统的自然观不可避免的陷入一种被道德观遮蔽或利用的尴尬局面。"[①]这种观点是有一定道理的。

当代中国,我们只能站在一个现代人的立场上去发掘传统社会自然观的后现代意蕴。许多习惯和风俗随着农业社会的没落,或消亡或式微,即便它曾经对中国人的内心生活及人与自然的关系做出过很好的调整,在今天看来也只是昨日黄花,对它的追忆在某种程度上只能以乡愁的姿态展现。然而,去尽历史的浮华与尘埃,中国人仍然以俭朴的生活方式著称于世[②],当然,这更多的是一种物质保障的考量,而较少形而上的意蕴,但无论如何,在经受几次大的西方式现代化的冲击之后,简朴的生活观念仍然

---

① 李培超:《"天"—"人"之间的迷惘——中国传统自然观的历史命运》,载《船山学刊》1998年第1期。

② 即便现在消费主义大行其道,仍然有许多人、尤其是老年人保持着俭朴、节约的生活习惯。

在中国大地上有市场，这对生态环境保护而言是一个积极的讯息。沈清松讲到，现代社会让人们面临双重危机，一是内在心灵空虚无着落的危机，一是外在生态环境日益恶化的危机，所以人就要进行双重变革。一是改造内心，一是更少地向外界索求，而二者的交遇点就是简朴的生活方式。他说："在这一个俭朴生活运动中，个人与社会应回归生活意义的起点，真诚的面对自己，以欲望与身体为原初的意义场域与动力，回归到心灵与自然相遇的纯朴之境，正其心，诚其意，进而用丰富的文化活动和艺术表现来熏陶并开展此一意义动力。"[①] 他是着重在内心修养这个层面上讲的。虽然单纯依靠内心修养来过俭朴生活的号召在当代社会物欲横流的浪潮中缺乏力量，然而除了社会公共权力行使的法制与教育功能之外，个人的内心修养也的确是一种德性的必须。伦理与道德的养成在许多法律与行政无法涉足的社会领域会起到良好的作用，比如日常生态环境的保护就非常需要这样一种内在的约束力。

在我国广大的少数民族地区，依然保存着许多古老的习俗和禁忌，成为保护生态环境的重要资源。比如在狩猎民族中，有些约定俗成的规范比如不捕杀幼兽、少捕杀母兽，秋冬狩猎、春夏禁猎以给动物留出成长的时间等等。在森林保护方面，云南的傣族和哈尼族由于合理的种植与利用森林资源，形成了良性循环的农业生态系统。傣族农业生态系统分为九个部分，一是寨神林区，二是坟林区，三是佛寺园林区，四是竹楼庭园林区，五是人工薪炭林区，六是经济植物种植园林区，七是菜园区，八是鱼塘区，九是水稻区。前四个林区严禁砍伐树木，尤其是寨神林区禁忌最为严格。傣族的这种农业生态系统对保持西双版纳傣族地区

[①] 沈清松：《论心灵与自然的关系之重建》，见沈清松编《俭朴思想与环保哲学》，立绪文化事业有限公司1997年版，第25页。

自然生态和人文生态的平衡和谐起到了重要作用。哈尼族将森林资源划分为七类林区：一为寨神神林区，二为坟墓林区，三为村寨防风、防火林区，四为传统经济植物区，五为传统用材林区，六为国境线防火林区，七为轮歇地林区。第1—4区和第6区为村社保护林区，严禁砍伐，第5区为可采伐林区，第7区进行刀耕火种，耕种与休闲轮流交替。① 这些经验对其他地区也是有借鉴意义的。

三、中国传统文化与生产生活实践中的生态元素对我们的启示

中国传统文化与生产生活实践中的生态元素对我们的启示最核心的一条，即人类的生产生活方式应该合乎自然生态规律，只有这样才能有益于自然界的良性持存和人类的健康发展。

在生产方式方面：第一，在任何生产活动中都要将自然界的承受极限作为必须考虑的因素之一，这个极限既包括生产活动中资源能源开采利用的极限，也包括生产活动所产生的废水、废气、废物等排放物引起的生态后果的极限。要防止过度开采、过度利用，要给自然界以休养生息的余地，比如在空间上要留有自然保护区域，不开发或少开发，保存荒野，在时间上要留出必要的自然生态修复的时间。第二，要在生产活动中积极适应自然规律，研究开发环境友好型、资源节约型的新技术、新方法，应用于生产之中，以达到节约资源、保护环境、促进生态优化的效果。

在生活方式方面：第一，要积极控制人口增长，使之符合自然界的承载限度。研究表明，中国国土资源能够承担的最多人口数量为16亿左右，而我们正在接近这个最后的红线。人口的过

---

① 何星亮：《我国少数民族生态保护传统内容丰富》，载《中国社会科学院院报》2008年9月30日，第3版。

度增殖造成了土地的荒漠化危机和水危机，这又必然威胁着人类的持存。人口爆炸之后是生态灾难接踵而至，而伴随生态灾难而来的则是人口的自动减量，这在中国历史上有着清晰的数据规律可查①。所以，能否有效的控制人口数量成为中华民族是否可以继续生存的一个关键变量。第二，现代人应该逐步形成符合自然生态规律的生活方式，我们以吃、穿、住、行为例来具体说明。在吃方面，随着各种栽培饲养技术的发展，更由于市场经济利益的驱使，人们一年四季均能购买到各种反季节植物、动物食品，但这些食品的生成却隐含着大量激素，抗生素的使用（在相当程度上是违反国家标准的使用），以及违反自然规律的种植和养殖过程（比如许多动植物的生长期都令人惊讶地缩短了），长期食用此种食品，必然对人体健康造成损害。现代有机食品中很重要的一项即符合自然生长规律的食品，而非催生、催熟的食品。在穿方面，反对过度消费，以减轻资源压力与环境压力。在住方面，以我国传统的观点来看，楼房远不如平房对健康有益。楼房如空中楼阁，上不接天，下不接地，使人不能与自然为一，影响人体物质能量的微循环，而平房则上接阳气，下接地气，从而使人体达到阴阳协调。但现在由于城市中人口激增——使住平房成为无法企及的奢望，所以必须在城市规划上多做一些有益生态环境与人体健康的研究，比如分散化、卫星城等措施。人们的居住条件符合生态原则与健康原则也是建设生态城市的重要内容之一。在行方面，要大力提倡绿色出行，多走路、多骑自行车、多乘坐公共交通工具，少开私家车，以减少温室气体排放。

总之，生活方式的生态化要求最终关系到社会价值观念的转变，是以奢侈为荣，抑或以简朴为美德？这与每个人的自我约束

---

① 张晓理：《科学地认识中国的人口问题，新人口理论与政策》，载《中国经济社会发展智库首届论坛论文集》2009，第74页。

与节制欲望息息相关。返璞归真不应只是少数人的选择，而应成为全社会倡导的一种生活理念。生活理念上的变革是一种自内而外的修养，它将影响以至引导人类活动方式的逐渐转向。我们当然已经不可能回到古代，但是，我们却应该在传统中汲取有益于人类持存的生态元素。吸收我国传统文化与生活方式中顺应自然、合乎生态的观念和习俗，不应该仅仅作为某些西方后现代主义流派的时髦话语，它更应该内化到我们每一位现代国人现实的生产生活实践中去。

第二节　新中国成立至今生态意识的觉醒和实践发展

新中国成立以后，党和政府都非常重视环境保护工作，这成为我国生态文明建设的开端。从新中国成立至今的60年来，尤其是改革开放30年来，我国在生态文明建设方面取得了许多成绩，也产生了大量的问题。但无论是成绩还是问题，都在理论与实践上，对我们下一步开展生态文明建设具有借鉴意义。

一、我国生态环境建设的发展阶段述评

我们将以党和政府关于环境保护的政策、决议为中心，结合有关社会实践，对我国生态环境建设的发展作一个简要的描述与分析。

第一个阶段是从20世纪70年代末到90年代初，新中国成立环境保护事业的奠基阶段，为生态文明建设奠定了基础。

在改革开放之前，环境保护的思想就已经萌芽。新中国成立以来，毛泽东等中央领导同志非常重视环境保护工作。毛泽东曾经指示黄土高原要植树种草，以改变荒山秃岭的现象。大跃进期

间虽然对生态环境造成了很大的破坏,但也修建了许多农田基本设施。黄宗智在《长江三角洲小农家庭与乡村发展》指出:"把'大跃进'描述成一个仅由极左政策造成的灾难实在过于简单,以致歪曲了历史经过。这一说法无视水利、乡村工业和资本化副业三方面的巨大进步,而这些正是后来乡村发展的关键。"比如山东在此期间新建、扩建大中型水库150多座,小型水库5600座,打井11.7万眼,这些水利工程的修建迅速改善了周围的农业生产条件和自然面貌。所以有学者认为,"无论是那些修得粗糙的农田水利工程,还是那些被改善了的农业生产工具,都为后来的农业生产的发展奠定了基础,直到今天,有些水利工程还在发挥着作用。"①

但总体而言,由于我国确立了优先发展重工业的发展目标,虽然在较短的时间内形成了较完备的工业体系,保持了高速的经济增长,增强了国力,但同时,粗放的经济增长方式也造成了资源能源的大量消耗与浪费。以粮为纲、大炼钢铁运动对全国的森林、草原、湖泊、矿产等自然资源都造成了严重的破坏,水土流失严重,生态平衡被破坏,自然灾害增加,特别是直接关系到人民群众的水污染问题凸现出来。1971年北京的官厅水库污染就造成了很大的影响,河北的白洋淀、桂林的漓江等也遭到了严重的污染。周恩来同志对生态环境问题高度重视,在讲话中多次提及,把防治环境污染直接与改善人民生活相联系,显示了周恩来的远见卓识。

在周恩来的支持下,1972年我国派代表团参加了联合国人类环境会议,这是世界历史上首次全球性的环境会议,我国代表团参与了《人类环境宣言》的修改,发出了发展中国家关于环境

---

① 李伟:《"人有多大胆,地有多大产"与山东农业大跃进运动》,载《福建党史月刊》2008年第3期。

问题的声音。当时参加会议的代表团成员之一、也是后来环保界的知名人士的曲格平回忆说:"对中国代表团来说,那次会议(指1972年的斯德哥尔摩环境会议)却是一次生动的课堂,开始认识到环境保护对国家发展的广泛影响……通过对照分析,使我猛然间看到了中国环境问题的严重性,中国城市和江河污染的程度并不亚于西方国家,而自然生态破坏的程度却远在西方国家之上。"① 考虑到受文化大革命意识形态的影响,有很长一段时间,人们认为,环境公害只是资本主义才特有的现象,社会主义国家不存在环境问题,可以看出这次会议对中国代表团是一个启蒙,更是一次思想领域的震动。1973年全国第一次环境保护会议召开,正式揭开了中国当代环境保护工作的序幕。会议公开承认社会主义国家也有环境问题,制定了环境保护的32字方针——全面规划、合理布局、综合利用、化害为利、依靠群众、大家动手、保护环境、造福人民。会后不久,国务院批转了国家计划委员会上报的《关于保护和改善环境的若干规定(试行草案)》,这是中国环境保护史上首个由国务院批转的具有法规性质的文件,成为新中国环保立法的起点。②

改革开放后,人民群众在解放生产力、发展生产力方面热情十分高涨。农村改革先于城市改革、以增量改革带动存量改革是中国改革的初始路径。在农村实行联产承包责任制,从计划经济体制外入手,大力发展乡镇企业。一时间,全国各地乡镇企业遍地开花。乡镇企业的发展的确搞活了经济,带动了其他方面的发展,但由于其布局不合理、粗放式的耗费资源能源,以及缺少必要的污染物处理技术与设备,所以在全国生态环境的破坏方面也

---

① 曲格平:《我们需要一场变革》,吉林人民出版社1997年版,第2页。
② 雷洪德、叶文虎:《中国当代环境保护的发端》,载《当代中国史研究》2006年第5期。

扮演了重要角色。在20世纪80年代初，许多乡镇企业采矿发展较快，由于随意开采矿产资源，致使许多浅层矿遭受破坏，浪费很大。1984年乡镇企业"三废"排放量约占全国排放总量的五分之一，污染由点到面扩散。[1]李鹏同志1984年11月19日在国务院环境保护委员会第二次会议上的讲话强调指出，由于城市污染企业向乡镇企业的转移，使许多地方的农村遭到了严重的污染，他督促政府要引导乡镇企业加强污染防治，切实把农村的环境问题管起来。在这次讲话中，李鹏指出，许多老污染源没有解决，新建工厂没有实行"三同时"（防治环境污染治理设施工程与主体工程同时设计、同时施工、同时投产）制度的基础上，再加上遍地开花的乡镇企业，把原来"点源"的环境污染问题扩大到面上，扩大到农村，形势是非常严峻的。

从乡镇工业企业对生态环境造成的破坏这一点上，我们几乎可以透视这一阶段的整个经济发展与环境保护的关系。虽然高层领导已经认识到环境保护问题的严峻性（万里在1983年12月31日全国第二次环境保护会议开幕式上的讲话指出，环境保护是我国的一项基本国策，是一件关系到子孙后代的大事，到2000年末，我国经济上要翻两番，如果那时候空气和水污染的一塌糊涂，噪声更加厉害，水土流失的比现在更严重，那就谈不上是什么现代化的国家了[2]），但由于全国范围内，尤其是基层政府和广大人民群众被唯GDP的发展思维所束缚，缺乏环保意识，而且环境保护的规定在各项政策措施中也未能形成对工农业发展的强硬约束力，从而使许多环境保护的具体措施在实践中不

---

[1] 《新时期环境保护重要文献选编》，中央文献出版社、中国环境科学出版社2001年版，第92、93页。

[2] 《新时期环境保护重要文献选编》，中央文献出版社、中国环境科学出版社2001年版，43页。

可避免的流于形式。

　　然而，综合考察这一阶段的环境状况，在经济成倍增长的情况下，环境问题并未相应恶化，环境质量大体保持在80年代初期的水平上，一些地区的环境状况还有所改善①，这是党领导下全体人民共同努力的结果。

　　首先，国家领导层的生态环境意识是与世界同步的。由于历史原因，虽然我国生态环境意识的启蒙略后于世界水平②，但由于1972年参加了第一次联合国人类环境会议，领导层的生态环境意识迅速提升。在1980年至90年代初，我国先后加入了多个世界性的环境组织，签订了多个协定（如1980年的《中美环境保护科技合作协议书》，1981年的《保护候鸟及其迁徙环境协议》，1991年的《关于消耗臭氧层物质的蒙特利尔议定书》），参与了多个国际环境公约（如1985年的《防止倾倒废物及其他物质污染海洋的公约》，1989年的《保护臭氧层维也纳公约》，1990年的《控制危险废物越境转移及其处置巴塞尔公约》）。虽然领导层环境意识保持世界先进水平，但由于经济发展阶段与生活水平等因素的制约，地方基层政府与广大人民群众的生态环境意识与素质，与西方发达国家相比是大大落后的。

　　其次，国家在环境保护方面进行了多项立法，出台了多个行政决定，制定了保护环境的八项环境管理制度和措施。在环境立

---

　　① 曲格平：《中国环境保护事业的回顾与展望》，载《中国环境管理干部学院学报》1999年第3期。

　　② 1962年卡逊《寂静的春天》的发表开启了生态危机意识的先声，1966年联合国大会首次讨论了人类环境问题，并为召开人类环境会议达成共识，此后，美、日等发达国家的环保意识与环保实践同时发展起来。1972年《只有一个地球》、《增长的极限》的发表引起了国际社会对生态环境问题的极大关注。所以，在国际社会，20世纪60、70年代是环境意识与环保运动勃兴的年代，而对中国而言，却由于处于"文革"时期，而相对忽视了这方面的问题。

法方面，1979年《环境保护法（试行）》在五届人大十一次常委会上通过（1989年通过正式的《环境保护法》），之后相继制定了《大气污染防治法》、《水污染防治法》、《海洋环境保护法》，以及资源保护方面的法律，如《森林法》、《草原法》、《水法》、《水土保持法》。此外，还发布了数百件有关生态环境保护的行政规章和地方性法规，初步形成了我国环境保护法律体系的基本框架。在这个阶段，国务院就环境保护工作发布了3个重要决定，即1981年2月24日颁布的《国务院关于在国民经济调整时期加强环境保护的决定》，1984年5月8日颁布的《国务院关于环境保护工作的决定》，以及1990年12月5日颁布的《国务院关于进一步加强环境保护工作的决定》，确定了中国环境保护三个基本的政策思想，即环境问题"预防为主"的政策、"谁污染，谁治理"的政策与强化环境管理的政策。制定了保护环境的八项环境管理制度与措施，即环境影响评价制度、"三同时"制度、排污收费制度、环境保护目标责任制、城市环境综合整治定量考核制度、排污许可制度、污染限期治理制度与污染集中控制制度，以及相应的配套措施。这些制度与措施形成了一个较为完整的环境管理体系，它使环境管理由定性管理走向定量管理，由行政命令走向制度约束，"为完善中国的环境管理体系奠定了坚实的基础。"[①] 直到目前为止（2009年），这些具体的政策、制度、措施仍然在环境保护实践中发挥着基础性作用。

第三，全民植树造林，使我国的林业建设取得了令人瞩目的成就。森林作为一种复杂的生态系统，对地球生物圈的能量流与物质流都有巨大的影响。森林的破坏会直接或间接地导致降水减少、水土流失、自然灾害以及气候变化等生态环境问题。恩格斯

---

① 曲格平：《中国环境保护事业的回顾与展望》，载《中国环境管理干部学院学报》1999年第3期。

在《自然辩证法》中对森林的生态作用已有论述:"美索不达米亚、希腊、小亚细亚以及其他各地的居民,为了得到耕地,毁灭了森林,但是他们做梦也想不到,这些地方今天竟因此而成为不毛之地,因为他们使这些地方失去了森林,也就失去了水分的积聚中心和贮藏库。阿尔卑斯山的意大利人,当他们在山南坡把在山北坡得到精心保护的那同一种枞树林砍光用尽时,没有预料到,这样一来,他们就把本地区的高山畜牧业的根基毁掉了;他们更没有预料到,他们这样做,竟使山泉在一年中的大部分时间内枯竭了,同时在雨季又使更加凶猛的洪水倾泻到平原上。"①可以看出,森林具有重要的生态效应。我国是一个人均森林资源严重匮乏的国家,党和国家领导人都高度重视植树造林工作。改革开放以来,我国确定每年的3月12日为义务植树节。邓小平提出了"植树造林,绿化祖国,造福后代",并指出,植树造林、绿化祖国是建设社会主义、造福子孙后代的伟大事业,要坚持二十年、一百年、一千年,要一年比一年有成效,要一代一代永远干下去。改革开放三十年来,全国有109.8亿人参加义务植树,共植树515.4亿株。1978年11月,党中央、国务院决定实施"三北"防护林建设工程,开创了我国生态工程建设的先河。1987年2月9日,万里指出,要用建设"三北"防护林的办法,建设沿海防护林。1990年5月7日,林业部宣布长江中上游防护林建设工程开始全面展开。之后,我国进行了一系列的防护林建设工程。与治理污染相比,植树造林是主动的生态补偿与生态优化战略,它在一个点上,标志着我国生态文明建设的发端。

1949年我国森林面积为1.87亿h平方米,覆盖率13.0%。70年代减少到1.8亿h平方米,覆盖率12.7%。经过多年坚持不懈的植树造林,扭转了我国森林资源长期下降的局面,到20

---

① 《马克思恩格斯选集》第四卷,人民出版社1995年版,第383页。

第三章 中国生态意识的思想渊源和实践形式的历史进展

世纪80年代末,森林覆盖率上升到12.98%,相当于1949年的水平。1991年森林面积达到12863万h平方米,森林覆盖率为13.4%,森林蓄积量由80年代初的每年0.3亿立方米"赤字",增加到现在的0.38亿盈余,到1995年6月,全国森林面积累计达1.34亿h平方米,其中人工造林保存面积为3300多万h平方米,居世界首位。2001年3月12日,中国全国绿化委员会发布的《中国国土绿化状况公报》显示,中国人工造林保存面积已达4666.7万h平方米,发展速度和规模均居世界第一位。森林覆盖率已经从1998年的16.55%提高到了2003年的18.21%。同时,森林资源质量有所改善[①]。

第二个阶段从1992年至2002年。在这个阶段,可持续发展的观念逐渐在全社会形成,生态环境方面的立法日趋完善,生态环境问题上的国际合作日益加强,民众的环境意识有了提高。在这一阶段,生态文明思想与实践逐步成形。

1988年国家环保局升格为国家直属局,副部级单位。1998年环保局升格为国家环保总局,正部级单位。2008年成立环境保护部,成为国务院组成部门之一。环保局在这两个十年中的不断升格,除了表明生态环境问题在经济社会发展过程中日益凸现出来,也意味着国家对生态建设与环境保护的认识不断深化。

1992年中国派出庞大的代表团出席里约热内卢召开的联合国环境与发展大会,这次会议通过了《关于环境与发展的里约热内卢宣言》、《21世纪议程》、《联合国气候变化框架公约》、《联合国生物多样性公约》。在这次会议上,中国代表团副团长曲格平被授予联合国环境大奖,这不仅是对个人的表彰,更是国际社会对中国改革开放以来进行的环境保护工作的肯定与承认。1994

---

① 彭珂珊:《中国森林资源退化问题分析》http://www.ctisd.com/Web/ProForum/20071026/6851.html。

年中国率先制定了《中国 21 世纪议程》，成为第一个国别 21 世纪议程，并制定了多个分议程，提出了可持续发展的战略与对策。议程认为，可持续发展的前提是发展，中国只有在保持较高的经济增速的基础上，逐步改善增长的质量，谋求社会的可持续发展，只有在经济发展的同时加强环境保护，使经济社会发展与资源、环境的承载力相适应，才能逐步实现中国人口、经济、社会、资源与环境的协调发展。在 20 世纪 90 年代中期，党中央将可持续发展作为我国社会主义现代化建设的一项重大战略确定下来。

进一步深化与完善环境保护的法律体系。1996 年以来，国家制定和修订了环境保护方面的 50 多项法律法规，至 2005 年底，颁布了 800 多项国家环保标准[1]。

进一步加强国际合作。至 1999 年上半年，中国参加和签署多边国际环境条约 50 多件，双边环境保护协定 25 件，其他国际环境重要文献 30 多件。到 2000 年，中国与 27 个国家签署了 35 个双边环境保护合作协定或备忘录，15 个核安全与辐射合作协议[2]。

在这一阶段，民众的环保意识相比前一阶段有了一定的发展。对大气污染、水污染、食品安全等关系到切身利益的生态环境问题日益关注。但同时，在生态环境保护方面表现出明显的政府依赖心理。公民个人的环保行为表现较差，即一方面认为生态环境问题很重要，另一方面自身也在做着破坏生态环境的事，在环境保护方面存在显著的知行分裂。1998 年的一项研究认为，

---

[1] 转引自周作翰、张英洪：《当代中国农民的环境权》，载《湖南师范大学社会科学学报》，2007 年第 3 期。

[2] 转引自周作翰、张英洪：《当代中国农民的环境权》，载《湖南师范大学社会科学学报》，2007 年第 3 期。

环境意识水平的高低最终体现在环境行为上,从而得出,在这一阶段公民环境意识总体水平较低的结论①。

第三阶段,2003年至今,是科学发展观指导下的生态文明建设迅速发展时期。

2003年非典疫情的爆发给中国人民敲响了人与自然关系的警钟,人们对物欲横流、不加节制的消费观,以及唯GDP的片面发展观带来的生产生活方式的改变进行反省,它检视了一些时兴的观念,也颠覆了一些观念,使发展观的深刻变革成为大势所趋。2003年7月28日,胡锦涛在全国防治非典会议的讲话中指出,发展作为党执政兴国的第一要务,是以经济建设为中心,在经济发展的基础上实现社会的全面发展。要坚持在经济发展的基础上促进人的全面发展,促进人与自然的和谐。在发展进程中,不仅要关注经济指标,而且要关注人文指标、资源指标和环境指标;不仅要增加经济增长的投入,而且要增加促进社会发展的投入,增加保护资源和环境的投入②。2003年8月23日—9月1日胡锦涛在江西视察工作时指出,要牢固树立协调发展、全面发展、可持续发展的科学发展观,积极探索符合实际的发展新路了,努力走出一条生产发展、生活富裕、生态良好的文明发展道路。从2003年10月十六届三中全会到2005年10月的十六届五中全会,党中央深入论述了科学发展观是以人为本的、全面协调可持续的发展观,并决定将科学发展观贯彻落实到经济社会发展的实践中去,这为党的十七大提出生态文明的思想奠定了基础。

十七大报告提出,建设生态文明,基本形成节约能源资源和

---

① 《中国公众环境意识状况公众调查结果剖析》,载《中国软科学》,1998年第9期。

② 辛向阳:《科学发展观的基本问题研究》,中国社会出版社2008年版,第41、42页。

保护生态环境的产业结构、增长方式、消费模式。循环经济形成较大规模,可再生能源比重显著上升。主要污染物排放得到有效控制,生态环境质量明显改善。生态文明观念在全社会牢固树立。加强能源资源节约和生态环境保护,增强可持续发展能力。坚持节约资源和保护环境的基本国策,关系人民群众切身利益和中华民族生存发展。把建设资源节约型、环境友好型社会放在工业化、现代化发展战略的突出位置,落实到每个单位、每个家庭。要完善有利于节约能源资源和保护生态环境的法律和政策,加快形成可持续发展体制机制。落实节能减排工作责任制。开发和推广节约、替代、循环利用和治理污染的先进适用技术,发展清洁能源和可再生能源,保护土地和水资源,建设科学合理的能源资源利用体系,提高能源资源利用效率。

转变经济增长方式与生态文明理念在全社会牢固树立,是生态文明建设最基本的两个方面,标志着人们的生产生活方式与价值观都将超越传统的工业文明时代。生态文明的理念与社会主义本质的要求根本一致。发展不是目的,使发展的成果惠及民众才是归宿;奢侈不是生活水平提高的标志,符合代际发展要求的、可持续消费与节俭生活才是衡量个人素质的科学标准。生态文明理念与建设社会主义和谐社会的要求相一致,生态文明理念下人们不是把他人与自然界看成工具或者必须克服的障碍,而是将他人作为与自己平等的地球村的一员,将自然界作为供养我们与子孙后代的衣食之源,在思维方式变革的基础上,达致人与人、人与社会、人与自然、社会与自然的和谐状态。十七大提出的生态文明理念,将对中国的发展产生极其深远的影响。

2005年12月3日,国务院颁发了《国务院关于落实科学发展观加强环境保护的决定》,强调以人为本的原则,提出环境保护的目的就是要让人民群众喝上干净的水,呼吸清洁的空气,吃上放心的食物,在良好的环境中生产生活。为了贯彻落实《决定》，2006年国务院环境会议指出，要加快实现三个转变，一是从重经济增长轻环境保护转变为保护环境与经济增长并重，二是从环境保护滞后于经济的发展转变为环境保护与经济发展同步，三是从主要用行政手段保护环境转变为综合运用法律、经济、技术和必要的行政办法解决环境问题。在此期间，国家出台了大量的技术规范、标准，① 将生态环境保护的措施纳入量化的轨道，增强了可操作性和有效性。

改革开放30年来，我国生态环境保护方面的法律体系从无到有以及不断的深化与完善，取得了较大的成绩。环境法治与环境管理中最大的问题就在于执行中缺乏实际效果。造成这种状况的重要原因之一就在于，生态环境指标对经济发展并未形成强约束与硬约束，环境质量并未完全内化到经济社会发展的总体规划中去，对地方政府的政绩考核也并未严格执行环境效果的考核标准。为了改变这种状况，国家经济和社会发展"十一五"规划首次将GDP年均增速7.5%作为预期目标，同时将节能减排作为约束性目标，要求到2010年，单位GDP能耗比2005年降低20%，主要污染物排放总量减少10%，同时规定国务院每年向全国人大报告节能减排的进展情况以及最终完成情况。2006年，

---

① 《造纸工业水污染物排放标准》（2003）《医疗废物集中处置技术规范（试行）》（2003）《危险废物集中焚烧处置工程建设技术要求（试行）》（2004）、《危险废物安全填埋处置工程建设技术要求》（2004）《水泥工业大气污染物排放标准》（2004）《轻型汽车污染物排放限值及测量方法中国Ⅲ、Ⅳ阶段》（2005）《危险废物集中焚烧处置工程建设技术规范》（2005）《长江三峡水库库底固体废物清理技术规范》（2005）《啤酒工业污染物排放标准》（2005）《煤炭工业污染物排放标准》（2006）《皂素工业水污染物排放标准》（2006）《食用农产品产地环境质量评价标准》（2006）《温室蔬菜产地环境质量评价标准》（2006）《环境空气质量监测规范（试行）》（2007）《废塑料回收与再生利用污染控制技术规范（试行）》（2007）《生活垃圾填埋场污染控制标准》（2008）。引自白永秀、李伟《我国环境管理体制改革30年回顾》，《中国城市经济》2009年第1期。

单位国内生产总值能耗由前三年分别上升 4.9%、5.5%、0.2%，转为下降 1.2%；主要污染物排放总量增幅减缓，化学需氧量、二氧化硫排放量由 2005 年分别增长 5.6%和 13.1%，减为增长 1.2%和 1.8%。但是，全国没有实现单位国内生产总值能耗降低 4%左右、主要污染物排放总量减少 2%的目标。主要原因在于，产业结构调整进展缓慢，重工业特别是高耗能、高污染行业增长仍然偏快，不少应该淘汰的落后生产能力还没有退出市场，一些地方和企业没有严格执行节能环保法规和标准，以及有关政策措施取得明显成效需要一个过程。2007 年单位国内生产总值能耗比上年下降 3.27%，化学需氧量、二氧化硫排放总量近年来首次出现双下降，比 2006 年分别下降 3.14%和 4.66%。据 2009 年 3 月 5 日的《政府工作报告》，近三年累计，单位国内生产总值能耗下降 10.08%，化学需氧量、二氧化硫排放量分别减少 6.61%和 8.95%，这些数字表明，学习与实践科学发展观、建设社会主义生态文明取得了实质效果。

但同时，我们也必须认识到经济增长方式的转变仍然任重而道远。据资料显示，自 2002 年末开始，高能耗、高物耗的火电、钢铁、建材、有色金属等行业出现过热发展态势，年均增长率都在 15%以上。说明"十五"期间，粗放型经济增长方式尚未得到根本改变。[1]

在这段时期，公民环境意识随着经济社会的发展而提高，但环保行为仍难以令人满意。调查表明，只有 26%的人表示"经常采取环保节能行为"，24%的人"会引导别人进行绿色消费或选用绿色交通工具"，在 2008 年 6 月 1 日限塑令颁行之后，仍有 26%的人表示"经常购买超市的塑料袋"，对于环保违法行为，

---

[1] 《中国环境发展报告（2009）》社会科学文献出版社 2009 年版，第 310 页。

有47%的人不会向有关部门举报,而经常举报的人只有6%。①这说明公众参与环境保护的积极性不高,个人环保行为与生态文明建设的要求距离较大,需要在经济社会发展中,通过教育、宣传等手段进一步促进。但总体来说,公民对环境保护行动的参与相比前两个阶段是越来越主动了。节能减排尤其需要全社会的普遍动员,需要每一个人的努力。与此同时,环保民间组织作为一支与政府合作的力量②,也对国家的生态环境保护发挥了重要作用。

二、对我国现阶段生态环境问题的总体分析

我国是一个社会主义国家,基本制度决定了我们有可能建成生态文明,但是我国将长期处于社会主义初级阶段,实行社会主义市场经济体制,这就决定了我国必然要利用市场、资本这些工具来推动、促进经济社会的发展,同时在经济社会发展中也不可避免的引发生态环境问题。就目前的情况来看,经济社会的高速发展已经使我国的资源能源不堪重负,长期处于超负荷运转的状态,生态环境问题已经在某种程度上发展为生态危机。"中国从20世纪70年代中期就出现生态赤字,事实上中国消耗的资源已经超过了其自身生态系统所能提供资源的两倍以上",从1980年到2000年,中国生态赤字的省份由19个扩大为26个,部分生态赤字通过跨国占用生态或通过以自然资源的形式进口生物承载力来弥补,"2003年,中国进口了13亿全球公顷,几乎等于德

---

① 《中国环境发展报告(2009)》社会科学文献出版社2009年版,第355页。
② 2006年4月中华环保联合会发布的《中国环保民间组织发展状况报告》中说,有95%以上的环保民间组织遵循"帮忙不添乱、参与不干预、监督不替代、办事不违法"的原则,寻求与政府合作。引自徐家良、万方《中国民间环境保护组织活动阶段性特征分析》,《经济社会体制比较》2008年第2期。

国全国的生物承载力"①。经济发展付出了巨大的生态环境代价。生态文明建设刻不容缓。

  生态文明建设是从环境保护发端的，并且一直以环境保护作为中心工作。同时，正如国家环保总局局长周生贤指出的，生态文明建设是环境保护事业的基础与灵魂，他认为生态文明建设不同于传统意义上的污染控制与生态恢复，而是修正工业文明弊端，探索资源节约型、环境友好型发展道路。只有在开发利用清洁的可再生能源，与高效循环利用自然资源的基础上，才能真正实现人与自然、社会与自然的和谐。②生态文明的概念外延大于环境保护。环境保护包括污染治理、保持生态平衡、优化生态环境等具体内容，生态文明建设包括环境保护的内容，但又远远不止这些，它注重经济增长方式、社会生活方式以及人们观念领域彻底的生态化变革与转向，换言之，环境保护可以在任何社会制度下实施，而真正、彻底、全球的生态文明实现却只能在社会主义制度下完成，完全意义上的生态变革必然包含着对资本主义唯利是图、急功近利以及极端利己主义的扬弃。生态文明建设的意义比环境保护更深远，从而也更具有超越性。

  我们党和政府高度重视环境保护工作。从20世纪70年代以来，特别是改革开放以来，生态建设、环境保护愈益受到关注，但由于具体措施落实不力、执法不严、管理不善、群众生态环境意识不强等综合因素的影响，生态环境的优化经历了长期曲折的发展历程。目前，在党和政府的坚强领导下，生态环境恶化的状况已经或正在得到控制。2005年12月3日发布的《国务院关于

---

  ① 诸大建主编：《生态文明与绿色发展》，上海人民出版社2008年版，第243页、249页。

  ② 周生贤：《生态文明建设：环境保护工作的基础和灵魂》，载《求是杂志》2008年第4期。

落实科学发展观加强环境保护的决定》指出,全国环境质量基本稳定,部分城市和地区环境质量有所改善,多数主要污染物排放总量得到控制,但同时,环境形势依然十分严峻,主要污染物排放量超过环境承载能力,生态破坏严重,生态系统功能退化,发达国家上百年工业化过程中分阶段出现的环境问题,在我国20多年的发展中集中出现,呈现出结构型、复合型、压缩型的特点。①

综合来看改革开放30年的经济社会发展与生态环境问题,我们需要将以下两个客观事实结合起来统一考虑,第一个事实是,治理环境污染的速度赶不上新污染产生的速度,第二个事实是,GDP的年均增速快于生态环境恶化的速度(1980—1995年,GDP的年均增长率为7.7%,污染物排放总量年均增长率小于4%②)。经济的快速增长是一把双刃剑,它一方面使生产发展、生活富裕,从而为治理环境污染、保持与优化生态环境提供了必要的和大量的财力支持③,同时也提高了全体国民的生态意识与环境素质。但另一个方面,经济的快速增长由于仍然依赖于基础建设的大量投资,工业发展仍以消耗大量的不可再生能源为主,对污染物的处理与整治不够及时、有效,而导致了生态环境的进一步恶化。但总体而言,对于我国这样一个发展中的大国,生态环境问题必须在发展中解决是一个根本的指导原则。我们只有边发展、边治理、边补偿、边优化,四个方面同时进行,才能

---

① 叶汝求:《改革开放30年环境保护事业发展历程》,载《环境保护》2008年11期。

② 吴晓军:《改革开放后中国生态环境保护历史评析》,载《甘肃社会科学》2004年第1期。

③ 有研究认为,治理环境污染的投资如果能占到当年GDP的2—3%,就会使生态环境得到明显的好转。我国对治理污染的投资随着经济的发展而不断增加,从开始的不到1%,发展到现在的1—2%。

使生态环境问题在发展中得到解决，使发展真正成为可持续性的发展、正向的发展、积极的发展，从而体现社会主义制度的优越性。如果离开了发展，不能保增长、保民生、保稳定，生态环境的治理与优化最终也不可能实现。

总体而言，改革开放 30 年来，中国的生态文明建设以环境保护工作为中心，取得了较大的成绩，生态环境立法、植树造林、乡镇企业污染的治理，都成为这些年生态文明建设中值得认真总结的经验。2007 年党的十七大将生态文明写入党的正式文件，标志着中国的社会主义现代化建设事业在科学发展观的指导下进入了一个崭新的发展阶段。2007 年 5 月 21 日，国家环保局颁发《关于农村环境保护的意见》，标志着生态文明建设向广大农村的延伸，生态文明建设在整个社会全面展开，并日益深化。

第四章　中国社会主义生态文明理念对科学社会主义的发展

我国进行的生态文明建设是社会主义性质的，这个问题必须作为一个首要的问题加以强调，也是我们进行生态文明理论与实践研究的理论前提。在此基础上，我们将对中国社会主义生态文明建设的宏观发展过程进行大致的勾画。

第一节　社会主义生态文明概念的提出及其重大意义

十七大报告提出，建设生态文明，基本形成节约能源资源和保护生态环境的产业结构、增长方式、消费模式。循环经济形成较大规模，可再生能源比重显著上升。主要污染物排放得到有效控制，生态环境质量明显改善。生态文明观念在全社会牢固树立。加强能源资源节约和生态环境保护，增强可持续发展能力。坚持节约资源和保护环境的基本国策，关系人民群众切身利益和中华民族生存发展。把建设资源节约型、环境友好型社会放在工业化、现代化发展战略的突出位置，落实到每个单位、每个家庭。要完善有利于节约能源资源和保护生态环境的法律和政策，加快形成可持续发展体制机制。落实节能减排工作责任制。开发和推广节约、替代、循环利用和治理污染的先进适用技术，发展清洁能源和可再生能源，保护土地和水资源，建设科学合理的能源资源利用体系，提高能源资源利用效率。可以看出，生态文明观念贯穿全社会各个发展领域，党中央明确提出，在科学发展观指导下，将经济建设、政治建设、文化建设、社会建设与生态文明建设同时展开，实现了不仅对生态规律，而且对社会主义发展规律更全面、科学地认识与掌握。

一、社会主义生态文明的概念和内涵

社会主义生态文明是指，在社会主义制度下，在经济建设与社会发展的过程中，保护环境、优化生态，从而改善民生的理论与实践的总称。本文所使用的社会主义生态文明的概念就是以此为基础的。关于社会主义生态文明的概念，尚需以下三点说明。

第一，社会主义生态文明并非一个独立的文明形态与社会形态，而是主张生态文明建设与物质文明建设、政治文明建设、精神文明建设一起，成为社会主义现代化建设事业的组成部分。

第二，中国当前进行的社会主义生态文明建设，不是社会主义制度与生态文明建设的简单相加，而是必须置于这样一个大的背景之下来进行考虑——即一个经济全球化与政治多极化的国际背景，与我国将长期处于社会主义初级阶段，实行社会主义市场经济体制的国内背景，在这个背景下，进行社会主义生态文明建设，就包括利用资本与市场的有利因素参与到国家生态文明建设中来，同时进行生态环境方面的国际合作，充分利用发达国家的资金、技术等先进经验为我国的生态建设服务，在此基础上，必须将我国生态文明建设的社会主义性质在原则高度上加以实际运用，用社会主义的本质要求去规制、约束生态文明建设的各种实践，生态文明建设的实际效果必须经过社会主义本质的衡量与检验。

第三，我国社会主义生态文明建设的领导力量是中国共产党，基本依靠力量是社会主义的建设者，是广大的劳动群众。由

于生态文明建设是一个长期的、复杂的、系统的整体工程,所以必须要有一个坚强有力的领导力量,这个重任的承担者必然是领导社会主义现代化事业的中国共产党。中国共产党强大严密的组织性与执政经验的丰富性使她有能力来领导全国人民进行生态文明建设,而核心的一点却是中国共产党是广大劳动人民利益的忠实代表,奉行一切为了人民、一切依靠人民的执政原则,而生态文明建设是直接与人民利益息息相关的。社会主义生态文明建设只有依靠全国劳动群众的积极参与、配合与支持才能取得实质成效,要相信群众、依靠群众、发动群众,同时更要教育群众、引导群众,这样通过党和广大人民的共同努力,生态文明建设的积极成果最终将由所有的人民群众共享。在这里我们尤其强调的是,生态文明建设要特别保护那些处于较弱势地位的人民群众的利益,在群众生态环境权益与经济增长处于矛盾的时候,政策优先考虑的应该是前者而非后者。这才是社会主义性质的体现。

二、正确认识建设社会主义生态文明的重大意义

胡锦涛总书记在十七大报告中强调,要建设生态文明,基本形成节约能源资源和保护环境的产业结构、增长方式、消费模式。循环经济形成较大规模,可再生能源比重显著上升。主要污染物排放得到有效控制,生态环境质量明显改善。生态文明观念在全社会牢固树立。这充分体现了生态文明对中华民族生存发展的重要意义。国家环保总局副局长潘岳在《学习时报》上发表的《社会主义与生态文明》一文,是对社会主义生态文明内涵的一次有益探索,在促进我国社会主义生态文明建设方面具有重要的指导作用。生态文明不仅仅只是一种理论,更是一种实践。我们需要进行全新的社会主义实践,即将社会主义制度与生态文明建设相结合的中国特色社会主义发展实践。

生态文明作为对农业文明和工业文明的超越,代表了一种更

为高级的人类文明形态；社会主义作为对资本主义的超越，代表了一种更美好的和谐社会理想。而我国将建设生态文明纳入社会主义现代化建设的进程，首次提出"建设社会主义生态文明"这个概念，反思了人与自然关系中破坏环境的代价，强调要建立人与自然的和谐相处关系。建设社会主义和谐社会必须建立符合自然发展规律与社会发展规律要求的文明形态，生态文明是践行科学发展观的要义，是社会主义建设的重要内容，是建设和谐社会的基础和保障。

在党的十七大提出生态文明概念之后，学界多有研究，有人认为生态文明是继原始文明、农业文明、工业文明之后的又一个新的、独立的发展阶段。还有人认为，生态文明是寓于工业文明概念之内的，可以称之为工业文明的生态化阶段，或在欧美较流行的生态现代化阶段。也有的学者明确提出了中国特色社会主义生态文明的概念，但仍然是强调中国特色——既包括对中国特有的本土思想资源的挖掘，也包括对中国这样一个集工业化与生态化进程为一身的发展中大国的特点指认——部分，而较少论及"社会主义"制度对"生态文明"的规制。有的研究著作将中国的生态文明建设置于世界，尤其是欧美发达国家生态建设之林中来考察，给我们以许多有益的启示，而且在论证中国特色社会主义生态文明的理论与实践方面，可谓理论优势与资料优势都比较具备。但最明显的一个问题仍是未将中国生态文明理论与实践的社会主义性质讲深、讲透，这可以称为当下学术界较普遍存在的一种"非意识形态化"或"去意识形态化"现象。更有一些学者认为，生态文明很难分清是社会主义或资本主义的，或者认为，这种区分毫无意义。事实上，发达资本主义国家的生态环境明显优于诸如中国这样的发展中的社会主义大国，在实践上不只不能证实社会主义制度的优越性，反而使社会主义在资本主义生态建设面前自惭形秽。在这一部分，我们的任务就是以马克思恩格斯的自然观为基础,直接回答这些问题,其中包括对现象的考察、对原因的分析,对未来发展趋势的预测,当然更重要的是,我们首先要明确界定生态文明的社会主义性质。

社会主义为生态文明的实现提供了制度保障。中国特色社会主义理论认为,社会主义的本质特征是解放与发展生产力,消灭剥削与两极分化,最终达到共同富裕。与资本主义制度相比,社会主义制度的优越性不仅仅体现在生产力的发展上,更加体现在公平公正、共同富裕、道德文化、可持续发展、人的全面发展和社会和谐等方面。从这个角度讲,社会主义与生态文明具有内在的一致性,因此它们能够互为基础、共同发展。

第二节 中国生态文明建设的社会主义性质和内在要求

一、我国市场经济建设对生态环境的影响

改革开放以来,我国建立了社会主义市场经济体制,极大地促进了生产力的发展,促进了科学技术的进步,为解决生态环境问题奠定了雄厚的物质与技术基础。但同时,市场经济的一些负面因素,也对生态环境产生了较多破坏,在加剧生态负担的同时,也对人民群众的生活产生了消极影响。

发达国家在20世纪60年代与20世纪80年代,实现了两次大规模的产业转移,中国内地极低的环境门槛与丰富的廉价劳动力资源,使得许多高污染企业、高耗能企业、人力资源密集型企业等远离了欧美发达国家本土,在中国内地迅速生根,成长起来。中国改革开放30年经济的迅猛增长,得益于它们的贡献,但伴随经济增长的生态环境的迅速恶化,也不能说没有它们造成的恶果。在某种程度上,我们可以说,欧美国家经济瘦身成功,

实现了轻量化、绿色化、生态化，是以广大发展中国家与不发达国家的环境污染与经济不发展为代价的。欧美可以远离实体经济，但欧美国家的人口仍然要衣食住行，要日常生活，依然离不开实体经济，中国这个"世界工厂"在为全世界人民生产日用消费品的同时，也生产出巨大的本国生态环境赤字。

在中国国内，由于法律法规的不完善，以及地方政府的官商勾结，资本再次显示了它的力量与本来面目。改革开放之初，东南沿海得风气之先，许多资源、劳动力密集型企业，集中在珠三角地带，以及长江入海口等地（当前中国近海四大海域的海水质量检测显示，东海是受污染最严重的），我们甚至可以记起当时在一个电视连续剧《外来妹》中，对这些企业以及企业中工人生存状况的生动描述。这些地方发展起来之后，当地居民抗议企业污染了他们的水、空气与土地，企业向内地、向乡村一层层迁移。在偌大的中国大地上，总有那么多贫穷的地方欢迎它们的到来，由于企业纳税给地方财政带来实际的好处，同时也给地方官员带来巨额的灰色收入甚至黑色收入，地方政府大开门户，接受这些被驱逐的企业到本地来生产。甚至到今天，唯GDP至上的发展观，仍然占据着许多不发达地区地方政府官员的头脑，他们征集农民的土地，划出一片片的工业开发区，接受外资的投资，招商引资成为地方政府最重要的工作之一。实际上，不只地方政府，我们广大的、受害最深的农民百姓，也助长了这个趋势的发生。因为政府征地，可以让农民得实惠，投资建厂可以解决当地剩余劳力的就业，增加农民家庭收入，就这样，许多污染严重的企业就堂而皇之的进驻开发区，不按法规进行排污，严重的污染了当地的水体、空气与土壤。根据笔者对山东西北部某县的调查，当地的一个化工企业由于未经处理就将废水直接排入深层地下，造成6名工人死亡，媒体曝光时，仅提到有1人死亡，其余的后果被企业重金补偿受害人家属，以及与地方政府的默契——

消解。由于企业长期将污水未经处理就直接排入深层地下，已经严重地污染了当地的饮用水，一个明显的例子就是离化工厂较近的一个村庄，分东西两部分，东村饮用自来水公司的水，属于深层地下水，癌症高发，而西村由于村民都是饮用自家机井打的浅井水，癌症发病率极少。在全国范围内，类似的个案还有很多，在当代的许多文学作品中对此也有关注，郑局廷的《预约爆炸》就讲述了一个基层官员与化工厂排污污染饮用水作斗争的故事①。难怪有人指出，之所以"靠攫取资源赚钱，靠污染环境致富"、"少数人受益，多数人受害，全社会买单"的现象依然存在，之所以高污染、高耗能行业能够在中国内地疯狂扩张，并非完全由于片面追求GDP增长的政绩观所导致，更是由于某些地方政府与企业，特别是大企业结成特殊利益集团，从中攫取巨额黑色利益，这才是环境持续恶化的主要原因。"这个既得利益集团往往是高官推动，强权与金钱开路，台上有人唱戏，台下有人鼓掌，后台有人指挥操纵"②，这成为当前环境治理当中遇到的最大障碍。关于地方政府的恶作为我们在"环境群体性事件与地方政府的角色和责任"部分还要具体论述。

必须说明的是，这是不完善、不健全的市场经济发展的恶果，其中当然也有中国特有的官僚政治因素，但根本来讲，还是资本本性使然。我国建设发展的是社会主义市场经济，说到底就是以社会主义的本质对资本本性进行制约，以它的发展来服务于社会主义制度，自由主义的资本主义势必导致生态殖民主义，它也许在每一个具体的国家、地区，每个具体的历史阶段会呈现出不同的特点，但本质不会改变，所以，在资本主义生态现代化的

---

① 郑局廷：《预约爆炸》，载《北京文学中篇小说选刊》2009年第3期。
② 邓津文：《环保领域的毒瘤：地方保护主义和特殊利益集团》，载《绿叶》2007年第4期。

背后是全世界更大规模、更深程度的生态破坏与环境污染，是广大第三世界国家的民众为此付出的包括健康权、生命权在内的生存权利代价。所以环境正义、经济正义在全球化的进程中都上升为一个具有原则高度的政治正义问题，而马克思的学说则让我们明了，为什么会是这样的。资本主义制度内在的不平等、反公正，在环境问题上凸显出来。

二、中国社会主义生态文明建设的性质和内在要求

从对马克思恩格斯的自然观的分析中，我们可以看出，在以资本为核心范畴的资本主义社会中，资本无限扩张的本性决定了它对资源能源的掠夺式开采，以及对自然界无度的污染。同时，资本的运动使社会日益分化成两个阶级，一方是少数的富裕者——资产阶级，一方是多数的贫穷者——工人阶级。在一个社会中，贫穷者承受环境退化、生态破坏的恶果最重。将这逻辑推广到全世界的范围，即富国享受生活质量和环境质量同时提高的过程，是以穷国生活质量或环境质量下降、甚至同时下降为基础的。这种不平等的关系，既是资本主义发展的前提，又是资本主义发展的必然结果。在资本的运动中，这种不平等被不断地、无限的复制、扩张与深化。社会主义（共产主义）就是实现对它的扬弃与超越，这既是社会主义之所以由来，又成为社会主义之为社会主义的本质规定。中国在建设社会主义生态文明中，应将社会主义的本质规定全面贯彻到生态文明建设中去，具体而言至少应该包含以下两个维度：

第一，社会主义生态文明建设的积极成果要惠及全体人民，尤其是弱势阶层。世界发展的经验，以及中国改革开放三十年来的实践表明，贫困与环境问题之间存在着一种密切的关联。正如"贫困是最大的污染"这一理念所昭示的，消除贫困与生态环境优化总是正相关的。当然，穷人或许并不是环境的破坏者，但后

果却是绝对的——即穷人必将承担最大的环境风险,遭受最严重的环境污染、生态破坏的恶果。马克思恩格斯为我们展示的资本主义早期无产阶级生存状况已经证明了这个结论,但是,中国实行社会主义市场经济以来,我们仍然可以看到由于政策失灵以及法律规定的无效化运作带来的与之近似的后果。有证据显示,在改革开放之初的特区中,引进的三资企业工厂中,工人被军事化的组织起来,一天24小时不停地进行生产。超负荷的劳作不只给工人的身体造成长期的损害,而且劳动场所与生产过程中的有毒有害物质,直接威胁到工人的健康与生命[1]。据资料显示,21世纪初期,在佛山、深圳、江门和惠州等地,有许多企业使用的化学品不标明化学成分、毒性和防护等说明,只用代号来代替,使本来就没有劳动保护意识的外来工在不知不觉之中身体受损或中毒,有的甚至中毒身亡还不知是怎么回事。在广东南海平洲的几百家制鞋厂中,几乎不存在任何针对工人的职业病防护措施,一些企业经常是一年半载就换一批工人,主要是害怕工人在工作中职业病发作,有的企业则是在工人稍有职业病症状时就予以解雇。[2] 研究表明,不管是在城市还是在农村,贫困的人总是环境与生态灾难的受害者。比如城市贫民(主要是指下岗失业等低收入群体),由于贫困,在空气污染时,无钱购买空气净化器,在水污染时,无钱购买桶装水,居住在较廉价的房子,环境较差的社区(也许由于周围环境的因素——比如靠近垃圾处理场、火车站、化工厂等污染源——而房价偏低),富人可以选择环境较好的社区,或同时拥有几套房子。由于承受环境污染较重而罹患各

---

[1] 由于厂主节约成本而在工作过程中,未对工人进行必要的防护、警示,导致工人根本不按照国家规定的安全生产标准进行工作。
[2] 李小云等主编:《环境与贫困:中国实践与国际经验》,社会科学文献出版社2005版,第16、17页。

种疾病特别是慢性疾病,得不到及时有效的治疗,增大罹患重大疾病的危险度。在农村,贫民在吃穿住行等方面也是如此,由于城乡差距,农村医疗、保健措施等方面的社会保障的缺失或不完善,以及农村贫民的自我保护意识很差等因素,所以,在承受污染危害程度上要比城市居民更加严重得多。

由于城乡差距,农民工作为乡村的"富人",却成为城市的贫民,在生活质量方面,甚至低于城市贫民,对于这些现象的出现,我们必须置于历史发展的视野中来理解。中国目前处于社会主义初级阶段,改革开放以来很长时间里,存在着唯 GDP 至上的不科学的发展观念,不仅造成了资源能源的过分损耗、环境污染的扩大和加剧,而且在社会范围内,造成贫富差距拉大、城乡差距拉大、地区差距拉大的现象。这诚然主要是由于经济发展的内在规律的作用,但我们在政策制定与实施中的一些不当之处,也有一定的责任。党中央提出的科学发展观成为发展过程纠偏的指导原则,科学发展观不仅提出要转变经济增长方式,调整经济结构,合理有效利用资源能源,保证经济又好又快的可持续发展,更重要的是科学发展观主张在发展经济的基础上,要让发展的成果惠及广大人民群众。在 2005 年党中央决定取消农业税,并出台了一系列改善社会弱势阶层的扶贫、助贫和脱贫等政策措施,在经济社会全面发展的基础上,使减少生态破坏、环境污染与消除贫困结合起来,这是社会主义本质的体现。马克思主义认为,资本主义是对人的剥削对自然的掠夺同时进行的,而社会主义不只在理论上,更要在实践上实现对资本主义的超越。但是,历史发展总是处于过程之中,随着我国从社会主义初级阶段逐步向更高阶段的发展,社会主义的本质必将得到越来越鲜明的体现。邓小平将社会主义的本质概括为:"解放生产力,发展生产力,消灭剥削、消除两极分化,最终达到共同富裕。"这为我们理解社会主义生态文明的发展方向,提供了正确的理论指导。

第二，社会主义生态文明要求不能在国家之间、地区之间、城乡之间转嫁环境污染和生态灾难。上文已经分析过，当代发达资本主义国家之所以能够实现生活质量与环境质量的同步提高，在很大程度上是由于在世界范围内转嫁环境污染与生态成本导致的。许多新自由主义的信奉者，同时也是技术乐观论者，他们认为自由市场机制与新技术、新能源的应用可以解决由资本主义工业化导致的生态环境问题，或者说，环境问题并不成其为一个问题，毋宁说是一个假问题。我们至少可以在以下两个方面提出对这种观点的质疑：首先，新技术的采用，可以提高资源能源利用率，降低消耗，减轻污染，但不能取消对能源资源的消耗，而且在自由经济市场体制中，往往由于新技术的采用，在个别企业降低能源与环境成本之后，却加大了社会总体对资源能源的消费量，所以，能源消费与环境污染的降低还是增长之间，存在很大的变数。新能源的使用，至今仍然未能取代传统的化石燃料，而成为西方发达国家的主要能源。而即使如此，新能源也不可能无中生有，也仍然需要在原材料中提取，比如，在玉米中抽取的成分可以用作燃烧动力，那仍然需要有广大的土地种植玉米以及极高的玉米产量才能满足需求。按照资本的逻辑，这些原料产地必定会选在亚非拉等落后地区，因此，不能过分依赖与信任新技术、新能源的自由主义神话；其二，即使第一个假设是成立的，即新技术新能源的使用可以部分缓解生态环境的压力，但是，这个假设是有严格的地域空间局限的，就是只会局限在占世界人口比例较小的发达国家范围内。在自由市场中，新技术新能源的交易成本较高，落后国家买不起，所以存在交易障碍。按照新自由主义的处方，落后国家不会实现经济与环境的双优化，而势必在环境退化与持续贫困的漩涡中越陷越深。由于落后国家在世界范围内不管是在地域面积上，还是在人口比例上，都占有较大的比例，所以，由于恶性循环带来的环境破坏与生态灾难，必将呈现全球蔓延的趋势，导致全球范围内的气候变化，水、土、空气等一系列的全球性污染，从而使发达资本主义也不能"独善其身"。所以，资本的逻辑决定了资本主义制度是一个自反的制度，资本主义的发展处处充满着自我否定的矛盾，资本主义的全球扩张为环境问题的全世界蔓延创造了条件，却不能提供全球应对环境危机的有效解决办法，而社会主义公平正义的内在本质规定却恰好与生态环境的全球性特点相吻合，从而为生态环境问题的全球解决提供了基础。

但同时，我们必须清醒地认识到，我们是在一国内建设社会主义，而且我国长期处于社会主义初级阶段的事实，距离彻底解决全球性的生态环境问题的社会主义阶段还有相当远的距离。但这不能成为我们放松甚至放弃生态文明建设的社会主义本质的理由，即使在当前的历史阶段中，建设生态文明，仍然要坚持社会主义性质，很重要的一个表现就是反对环境污染与生态破坏在国家之间、地区之间、城乡之间的转移。事实上，由于许多综合的原因，这种污染转移在我国现阶段是普遍存在的。胡锦涛同志指出："在对外经贸合作特别是在能源资源开发合作中，既要充分考虑我们的需要和利益，也要考虑合作方的合理利益，尤其要注意，通过互利合作为当地居民带来实实在在的好处。"① 这充分体现了我国生态文明建设中国际合作的社会主义性质。但在实践中我们做的却离这个要求还存在很大的差距。

我国在东南亚、非洲、拉美等地的一些投资项目——比如采掘业、水力、电力项目等，由于缺乏完备的环境和社会保障政策，使一些项目的建设和开发，导致了值得重视的环境与社会影响，比如，"中国多家金融机构和公司在婆罗洲中心地带开发了18个油棕园，每个油棕园平均面积为10万公顷。该项目对当地

---

① 《科学发展观重要论述摘编》，中央文献出版社2008版，第82页。

7条河及200种鸟类、150种爬行动物和两栖动物及100种哺乳动物的栖息地产生影响。再如,中国国际海运集装箱股份有限公司在苏里南国(南美洲)采伐硬木资源,对当地黑人移民社区产生不利影响。中国机械设备进出口公司投资30亿美元在加蓬建设贝加林铁矿、港口、铁路以及两个大坝,对西非赤道大猩猩和黑猩猩保护地有影响。"[1] 难怪世界银行行长保罗·沃尔福威茨在2006年对中国发出警告,提醒中国注意给穷国的贷款要注意保护环境。在国内,环境污染企业的地区转移也是明显的,随着沿海发达城市对企业环保立法,环保监测与管理越来越严格,城市居民对污染企业的排斥对当地政府造成很大压力,污染企业在发达城市的生存成本越来越高。在经济理性的驱动下,逐渐向内地欠发达省份和地区转移,而后者出于大力发展当地经济的动机,在以GDP为中心的政绩观影响下,还对这些污染企业大加欢迎。"在苏南淘汰工艺落后、污染较重的企业时,苏北的一位乡镇干部在招商引资的过程中明确表示:我们的优势就是不怕污染,而在浙江东阳事件之后,江苏、安徽、江西等省的一些基层政府纷纷派人到画水镇招商引资。"[2] 而污染企业在城乡之间的转移则更为明显,"自2000年全国实行工业污染源达标排放以后,那些污染比较严重的企业和建设项目纷纷转移到城市郊区和更偏远的农村地区","这些地区成了污染严重企业的避难所。"[3]

这种产业转移带来了严重的生态后果和社会后果。在生态环境方面,使环境污染与生态破坏同时进行,农村的水、土、空

---

[1] 《中国环境的危机与转机(2008)》,社会科学文献出版社2008版,第142—143页。

[2] 陈文钧:《从公共资源利用的视角看环境群体性事件》,载《理论观察》2008年第3期。

[3] 周凯:《城市污染向农村地区转移和扩散的动因及其后果》,载《农业现代化研究》2008年7月。

气,除了被化肥农药污染之外,还承受了高污染企业的肆意排污,加速了农村的环境退化。同时,这种梯级转移的态势,使污染在全国范围内迅速蔓延。在社会影响方面,污染企业转移到落后地区和农村,虽然短时间内对解决当地的剩余劳动力(就业)有一定的帮助,而且还由于纳税而带来当地公共财政收入的增加,在一定程度上改善了当地居民的生活,但长远来看,这与付出巨额的环境代价与健康生命代价是不成正比的。比如许多企业由于严重污染当地的饮用水和土壤,以及明显的致畸致病案例高发,促使当地居民采取过激的手段来排斥污染企业,近些年环境群体性事件的逐年增多就是证明,这成为影响社会稳定的一个重要因素。

社会主义生态文明建设必须将反对污染转移作为自己的一项严格要求,这给政府管理提出较高的要求,如何使这种污染转移成为不可能?或者由于支付经济成本过高而变得不划算,或者干脆用行政命令的手段来禁止。同时,政府上一级对下一级的监管与约束也要加强,在许多案例中,基层政府都是与污染企业勾结的同盟者,或者说,二者索性结成一个牢固的既得利益集团,基层政府的职能与角色都发生了错位,不是站在百姓一方,而是对污染企业百般庇护,归根到底还是由于在其中能够谋取不法利益,与贪污腐败是紧密联系在一起的①。所以上级对下级的这种不作为或者恶作为,采取什么态度与措施,在政治实践中就是一个关键的变量。当然,除了这些行政手段,治本办法还是加强环保法制建设。实际上,我国关于环保方面的法律法规已经制定颁行了很多,再加上地方制定的各种政策办法更是多如牛毛,但一个最根本的问题就是许多法规条文原则性较强、实践性较弱,缺

---

① 有一些基层政府要员以及环保部门官员或者在污染企业中持有股份,或者被污染企业重金买通。

乏针对性，从而流入"软约束"，反而使遵守这些法规的成本高于违反或者漠视其的成本，使法律形同虚设；再者，许多法律规定的惩罚措施太轻，也使违法风险（成本）降低等等，诸多因素造成了环保法律执行不力的现状，所以，必须在完善相关法律制定的同时，重点加强对法律的执行力度，使之确实形成对环境污染与生态破坏行为的强制性约束。

此外，为了消除污染在城乡之间的转移，促进城乡一体化建设，实现工业和农业的融合也是解决途径之一。马克思恩格斯都有社会主义消除城乡对立的思想，他们指出，资本主义的发展造成了城乡对立，这种分离造成了物质变换、新陈代谢的断裂，危害到环境质量与人的发展。我国可以"大力开拓生物能源产业、竹产业这样工农结合型的产业，既有利于保护环境，又有利于节约不可再生能源，还可望容纳大量的就业人员。"[①] 在一定程度上，实现工农结合、城乡结合，是社会主义本质规定的体现。2007年12月3日，胡锦涛在中央经济工作会议上的讲话也强调了城乡统筹的重要性，他指出："我国能否由发展中大国逐步成长为现代化强国，从根本上取决于我们能不能用适合我国国情的方式，加快改变农业、农村和农民的面貌，形成城乡经济社会一体化新格局。我们必须处理工业和农业、城市和乡村、城镇居民和农民的关系，加大以工促农、以城带乡的力度，使稳妥推进城镇化和扎实推进社会主义新农村建设成为我国现代化进程的双轮驱动，从而逐步解决城乡二元矛盾。"[②]

[①] 冯昭奎：《中国"世界工厂"面临转型重要关头》，载《中国社会科学院报》2009年2月26日，第10版。

[②] 《科学发展观重要论述摘编》，中央文献出版社2008版，第55页。

第三节　科学发展观对生态文明建设的指导作用

科学发展观是当前我国建设社会主义生态文明的指导思想。在科学发展观的指导下进行生态文明建设需要正确认识以下几个方面的关系，即以人为本与生态文明建设的关系、可持续发展与生态文明建设的关系，以及生态文明建设与和谐社会建设的关系。在此基础上，我们将探索中国生态文明建设的原则与特点，并指出其发展趋势。

一、以人为本与生态文明建设

以人为本在我国社会主义建设的语境下，就是指以人民为本，这里的人民指的是社会主义的劳动者、建设者。中国共产党作为广大劳动人民利益的忠实代表，一直坚持以人为本。从革命战争年代到社会主义建设时期，我们党一直坚持群众路线。毛泽东同志说："我们共产党人区别于其他任何政党的又一个显著的标志，就是和最广大的人民群众取得最密切的联系。全心全意地为人民服务，一刻也不脱离群众；一切从人民的利益出发，而不是从个人或小集团的利益出发；向人民负责和向党的领导机关负责的一致性；这些就是我们的出发点。"[①] 时时事事从群众的根本利益出发，获得广大人民群众的信任与支持，这就是中国共产党克敌制胜、勇往直前的一大法宝。改革开放以来，经济社会的迅速发展直接通过各种富民政策体现出来，邓小平同志指出，社会主义的本质就是解放生产力、发展生产力、消灭剥削、消除两极分化，最终达到共同富裕，仍然是坚持了从人民利益出发，一

---

① 《毛泽东选集》第 3 卷，人民出版社 1991 年版，第 1094—1095 页。

切为了人民、一切依靠人民的党的群众路线。"三个代表"重要思想明确指出,中国共产党要始终代表最广大人民的根本利益。这些都为"以人为本"思想的提出奠定了理论基础。

在十六届三中全会上,党中央提出了科学发展观——即坚持以人为本,树立全面、协调、可持续的发展观,促进经济社会和人的全面发展——的思想,许多学者认为,以人为本是科学发展观的核心观点。"我国改革开放 30 年的建设实践在促进人全面发展的同时,也带来了资本原则驱动下的人们生活的物化以及物质丰富中的价值贬值。人们感到生活的压力越来越大,生活节奏越来越快,活得越来越累,亚健康、过劳死等等成为越来越常见的现象。物的堆积和人的空虚并存,一定程度上存在有增长而无发展的状况。人的幸福感、快乐度并没有在物的丰富中得到发展和提高,更不用说部分弱势群体甚至在经济方面也没有分享发展的成果了。科学发展观突出强调'以人为本',具有现实的针对性和迫切性,将实现人的自由全面发展作为发展的核心,是科学发展观的内在灵魂,也是马克思主义关于人的发展观念的继承和发展。"① 具体而言,坚持以人为本,就是要以实现人的全面发展为目标,从人民群众的根本利益出发谋发展、促发展,不断满足人民群众日益增长的物质文化需要,切实保障人民群众的经济、政治和文化权益,让发展的成果惠及全体人民。② 在党的十七大报告中,再次突出了坚持以人为本的重要地位。报告指出,全心全意为人民服务是党的根本宗旨,党的一切奋斗和工作都是为了造福人民。要始终把实现好、维护好、发展好最广大人民的根本利益作为党和国家一切工作的出发点和落脚点,尊重人民主体地

---

① 陈学明、罗骞:《科学发展观与人类存在方式的改变》,载《中国社会科学》2008 年第 5 期。

② 《十六大以来重要文献选编》(上),中央文献出版社 2005 年版,第 850 页。

位，发挥人民首创精神，保障人民各项权益，走共同富裕道路，促进人的全面发展，做到发展为了人民、发展依靠人民、发展成果由人民共享。

我们讲的以人为本是以人民根本利益为出发点、归宿点，生态文明建设真正反映了这个要求。在这个时代，生态危机直接威胁到广大人民群众的身体健康甚至生存权利，成为人民群众最关心的问题之一。"我国目前有 1/4 的人口饮用不合格的水，1/3 的城市人口呼吸着受到污染的空气，70％死亡的癌症患者与污染相关。污染对公众健康的危害将引发社会强烈不满。"[1] 我们要做到时刻把群众的安危冷暖放在心上，真诚倾听群众呼声，真实反映群众愿望，真情关心群众疾苦，着力保障和改善民生，着力解决人民最关心、最直接、最现实的利益问题，就必须尽快地解决这些事关民生的大事。所以我们提出，建设社会主义生态文明最重要的内容就是，防治环境污染、优化生态，保证人民群众的食品安全、饮用水安全，切实改善民生。我们不能一方面经济增长、收入增加、物质生活水平提高，而另一方面生态环境却加倍恶化，人们日日夜夜被迫的呼吸着污浊的空气，饮用不合标准的水，为食品质量是否安全而担惊受怕。人们深刻的认识到，"这种'赚了金山银山，毁了绿水青山'的现象显然背离了科学发展观'以人为本'的核心。"[2]

我们是社会主义国家，尤其要关注那些处于较弱势阶层的人民群众的根本利益，这是现阶段以人为本的重要内容，也是我国建设社会主义生态文明的核心思想。农民工阶层是城市生活中的弱势阶层，关注并改善他们的工作环境、生活条件，提高他们的生态环境意识与自我保护意识，都是切实提升他们的生存质量的

---

[1] 潘岳：《以环境友好促进社会和谐》，载《求是杂志》2006 年第 15 期。
[2] 梁思奇：《不能再做断子孙路的蠢事》，载《瞭望》2007 年第 48 期。

现实举措,我国政府在这方面已经做出了一些努力。我国是一个农村人口占绝大多数的国家,农民相比较城市人口人均收入、生活质量较低,同时也成为生态环境灾难的承受者。由于乡镇企业在发展过程中违规排污,对农村地区的生态环境造成了严重的破坏,包括对土地、空气、水质的破坏,不仅直接影响了农业生产,而且最终威胁到生活在广大农村地区的人们的健康与生命。"河北省某地区小制革厂排放的废水,使得300米深的地下水不能饮用,该村三年征兵无一人合格,妇女不孕率、畸胎率增多,曾出现一个月接生8个畸形婴儿的现象。据有关部门在全国7个省12个地区对10个乡镇工业86万人进行为期3年的污染与健康状况调查,结果表明,由于乡镇工业的污染,受污染地区比对照地区(环境较清洁地区)的急性病发病率增加1.6倍、慢性病患病率增加了0.7倍,每10万人中多死亡98人,男性平均期望寿命下降2.66岁,女性平均期望寿命下降1.56岁,污染使妊娠异常率增加了5.97倍。"① 日益严重的污染使中国出现了一个个"癌症村"。农民的环境权与其健康权、生存权紧密地联系在一起,在此意义上,维护农民的环境权益就是保障农民的人权。

以人为本不仅要求服务人民,而且要求教育人民,提高人民的认识水平,塑造社会主义新人。要教育广大人民群众保护生态环境就是保护我们每个人生存与发展的条件,保护生态环境、同各种破坏生态环境的行为作斗争是每个公民的权利与义务,这同时也是社会主义生态文明建设的重要内容。根据黄楠森教授对马克思主义以人为本概念的解读,社会主义的以人为本不是以个人主义为本,而是以社会为本②,在这个语境下,我们能更清楚地

---

① 周作翰,张英洪:《当代中国农民的环境权》,载《湖南师范大学社会科学学报》2007年第3期。

② 黄楠森:《马克思主义与"以人为本"》,载《北京日报》2004年3月9日。

认识生态文明建设与以人为本的关系。生态文明建设是一项系统而庞大的社会工程，它不仅要求社会上每个个体的参与与支持，而且要求政府等有关部门作为集体利益的代表而进行整体的规划、组织、协调，只有每个人关注生态、保护环境，我们才能拥有蓝天绿水、可以诗意的栖居的空间，所以在生态文明建设中集中地体现了"我为人人，人人为我"的理念。

二、可持续发展与生态文明建设

我国人民建设社会主义现代化的事业是一项具有开创性的伟大事业，对于如何发展才是最符合社会发展规律、符合自然生态规律的探索一直贯穿社会主义建设事业的整个过程。毛泽东同志在《实践论》中指出："马克思主义者认为人类的生产活动是最基本的实践活动，是决定其他一切活动的东西。人的认识，主要地依赖于物质的生产活动，逐渐地了解自然的现象、自然的性质、自然的规律性、人和自然的关系；而且经过生产活动，也在各种不同程度上逐渐地认识了人和人的一定的相互关系。一切这些知识，离开生产活动是不能得到的。"[①] 我们在社会主义现代化建设过程中，尤其是改革开放以来的伟大实践中，对人与自然、人与社会之间的关系的认识，经历了一个逐渐由浅入深、由片面至全面的发展过程。尤其是二十世纪九十年代以来，改革开放进入了一个深入发展、结构调整的时期，经济社会的迅猛发展使生态环境环境作为一个问题凸现出来，资源能源的不断趋于匮乏、生产生活环境污染程度的加深直接威胁到人们的健康与生存，促使人们对片面的发展主义进行反思。在1992年里约热内卢会议之后，1994年，我国制定了全世界首个国别《21世纪议程——中国人口、资源、环境发展白皮书》，规划了中国可持续

---

① 《毛泽东选集》第1卷，人民出版社1991年版，第282—283页。

发展的战略蓝图。在《"九五"规划与2010年远景纲要》中,进一步强调了转变经济增长方式,实现可持续发展的政策要点。随着社会主义现代化建设实践的不断深入,我国人民对可持续发展的认识也越来越深刻。21世纪初,党中央提出了全面协调可持续的发展观,进一步发展了可持续发展的理念。在党的十六届三中全会上,党中央首次提出了"科学发展观"的概念,即"坚持以人为本,树立全面、协调、可持续的发展观,促进经济社会和人的全面发展",不断对可持续发展的理念进行丰富与完善。

全面协调可持续的发展观具体内容包括:全面发展,就是要以经济建设为中心,全面推进经济、政治、文化建设,实现经济发展和社会全面进步;协调发展,就是要统筹城乡发展、统筹区域发展、统筹经济社会发展、统筹人与自然和谐发展、统筹国内发展和对外开放,推进生产力和生产关系、经济基础和上层建筑相协调,推进经济、政治、文化建设的各个环节、各个方面相协调;可持续发展,就是要促进人与自然的和谐,实现经济发展和人口、资源、环境相协调,坚持走生产发展、生活富裕、生态良好的文明发展道路,保证一代接一代地永续发展。① 全面发展、协调发展与可持续发展是一个综合统一体,是一个整体中不可分割的三个部分,互相包容、互相渗透、互相制约,人与自然关系的和谐是一切发展的前提,只有在这个基础上才能实现全面、协调、可持续的发展。而在我们的发展中,生态环境问题愈益成为制约全面进步、协调发展的一个瓶颈,这就决定了必须将经济发展中带来的资源能源浪费与枯竭、生产生活废弃物的污染、以及自然环境恶化带来的自然灾害(比如由于气候改变而引发的洪涝灾害、旱灾、中国北方的荒漠化以及沙尘天气频繁等等),与具有高度传染性的疫病在人与动物之间的传播(比如非典型肺炎、

---

① 《十六大以来重要文献选编》(上),中央文献出版社2005年版,第850页。

禽流感、猪流感等）等生态危机的种种表现形式，置于科学发展观的视野之内，用科学发展观来进行分析与检视。我们发现，如果任由生态危机这样蔓延下去，全面发展、协调发展、可持续发展的目标就无法实现，最终将会危及人们的生存。在这样严峻的形势下，党的十七大第一次明确地提出了建设社会主义生态文明的概念，将生态文明与物质文明、政治文明、精神文明并列为四大文明建设。十七大报告要求，建设生态文明，基本形成节约能源资源和保护生态环境的产业结构、增长方式、消费模式。循环经济形成较大规模，可再生能源比重显著上升。主要污染物排放得到有效控制，生态环境质量明显改善。生态文明观念在全社会牢固树立。

所以，可持续发展与生态文明具有内在一致性，只有加强能源资源节约和生态环境保护，才能增强可持续发展的能力。这就要求我们必须把建设资源节约型、环境友好型社会放在工业化、现代化发展战略的突出位置，落实到每个单位、每个家庭；要完善有利于节约能源资源和保护生态环境的法律和政策，加快形成可持续发展体制机制；要落实节能减排工作责任制；要开发和推广节约、替代、循环利用和治理污染的先进适用技术，发展清洁能源和可再生能源，保护土地和水资源，建设科学合理的能源资源利用体系，提高能源资源利用效率；要大力发展环保产业；要加大节能环保投入，重点加强水、大气、土壤等污染防治，改善城乡人居环境；要加强水利、林业、草原建设，加强荒漠化治理，促进生态修复；要加强应对气候变化能力建设，为保护全球气候作出新贡献。

只有生态文明建设取得实质成效，经济社会的可持续发展才会具有坚实的基础。资源环境保护的好坏直接影响着生产力的发展，2001年2月27日江泽民《在海南考察工作时的讲话》中强调"要使广大干部群众在思想上真正明确，破坏资源环境就是破坏生产力，保护资源环境就是保护生产力，改善资源环境就是发展生产力。"所以必须增强人们的环保意识和生态意识。"要牢固树立保护环境的观念。良好的生态环境是社会生产力持续发展和人们生存质量不断提高的重要基础。要彻底改变以牺牲环境、破坏资源为代价的粗放型增长方式，不能以牺牲环境为代价去换取一时的经济增长，不能以眼前发展损害长远利益，不能用局部发展损害全局利益。"① 实现可持续发展的核心问题是实现经济社会和人口、资源、环境协调发展。发展不仅要看经济增长指标，还要看人文指标、资源指标、环境指标，这已经成为国际共识。②

可持续发展中存在代际生态环境问题，即我们当前的发展不能在生态环境上吃祖宗饭、断子孙路。可持续发展战略事关中华民族的长远发展，事关子孙后代的福祉，具有全局性、根本性、长期性。这就要求我们在推进发展中充分考虑资源和环境的承受力，统筹考虑当前发展和未来发展的需要，既积极实现当前发展的目标，又为未来的发展创造有利条件，积极发展循环经济，实现自然生态系统和社会经济系统的良性循环，为子孙后代留下充足的发展条件和发展空间。③ 胡锦涛同志进一步强调："如果不从根本上转变经济增长方式，能源资源将难以为继，生态环境将不堪重负。那样，我们不仅无法向人民交代，也无法向历史、向子孙后代交代。"④

可持续发展与生态文明建设最重要、最基础的工作是转变经济增长方式，优化产业结构，以经济发展中科学技术的应用，促

---

① 《十六大以来重要文献选编》（上），中央文献出版社2005年版，第853页。
② 《江泽民文选》第3卷，人民出版社2006年版，第462页。
③ 《十八大以来重要文献选编》（上），中央文献出版社2005年版，第852页。
④ 《十六大以来重要文献选编》（中），中央文献出版社2006年版，第313页。

进全社会的生态化转向，为可持续发展创造条件。研究表明，以产出单位 GDP 所耗能源相比，若以日本为 1 个单位，那么德国为 1.5，美国为 2.67，而我国为 11.5。这意味着 1 单位（千克石油当量）能耗在我国仅能创造不到 0.7 美元的 GDP，而世界平均为 3.2 美元，日本则达到 10.5 美元，德国为 7 美元，美国约为 5 美元。也就是说，若以 1 美元比 7.4867 元人民币的汇率（2007 年 10 月人民币兑美元汇率）计算，我国单位能耗创造 GDP 若能达到世界平均水平，仅以目前的能耗总量，就可产出超过 14.35 万亿美元的 GDP，人均 GDP 将超过 1.1 万美元，而同样的能耗水平，2007 年我国 GDP 仅为 3.14 万亿美元。① 所以，我国必须改变这种粗放式的、高耗能的经济增长方式，同时，如果能够实现经济增长方式的转变，不仅将极大地拉动经济增长，同时也节约了资源能源与改良了生态环境，实现了经济发展与生态优化的双赢。

马克思说："人同自然界的关系直接地包含着人与人之间的关系，而人与人之间的关系直接地就是人同自然界的关系，就是他自己的自然的规定。因此，这种关系以一种感性的形式、一种显而易见的事实，表明属人的存在在何种程度上对人说来成了自然界，或者，自然界在何种程度上成了属人的存在。因而，根据这种关系就可以判断出人的整个文明程度。"② 我们生态环境建设得如何、可持续发展达到了怎样的水平，直接就成为我们社会文明程度的标志。在这里，生态文明和可持续发展一起与社会进步程度相关联，从而启示我们，必须高度重视生态文明建设，并

---

① 姜春云：《跨入生态文明新时代——关于生态文明建设若干问题的探讨》，载《求是杂志》2008 年第 21 期。
② 《1844 年经济学—哲学手稿》人民出版社 1979 年版，第 72 页。转引自邹广文《全球化进程中的哲学主题》，《中国社会科学》2003 年第 6 期。

用科学发展观来指导生态文明建设的实践。

三、生态文明建设与和谐社会建设

生态环境现状对当代中国建设和谐社会提出了许多具有挑战性的问题，是无法逾越的，这就决定了生态文明建设成为社会主义和谐社会建设中的重要一环。

第一，生态环境问题与经济社会和谐建设的相关性。

中国社会主义生态文明与物质文明建设都是为了切实提高人民群众生活水平与生活质量。我国是一个社会主义人口大国，中国共产党作为执政党，从新中国建立伊始，就把让实现了政治解放、翻身做主人的广大人民群众过上好日子作为自己各项工作的出发点和归宿点，立党为公、执政为民是党的一贯宗旨。改革开放以来，通过实行社会主义市场经济体制解放生产力、发展生产力，经济社会发展都取得了举世瞩目的成就，人民群众生活得以不断改善和提高，这是我国发展经济最根本的目的。十七大以来，党中央把生态文明建设作为一项重要的工作纳入视野，积极投入大量的人力、物力和财力，治理各种环境污染，保护生态，采用新技术提高资源利用率，降低工农业生产和生活废物对环境的压力等等，都是为了保护人民群众的健康权、生命权。科学发展观指导下的可持续发展成为我国进行社会主义建设的指导方针，实现了经济社会发展与人口、资源、环境发展的互相协调。由于我国的社会主义性质，及其对经济社会发展的规约，所以，实现可持续发展不仅在我国国内是可行的，而且将对全世界的可持续发展做出积极的贡献。在这个意义上，中国社会主义生态文明与物质文明建设具有内在的一致性。

在社会主义市场经济发展的过程中，由于许多政策的不完善与滞后性、法律法规的不健全，以及在执行操作层面上存在的诸如贪污腐败、唯利是图、见利忘义、贪赃枉法等行为。同时也由于我国目前仍然处于社会主义初级阶段，属于发展中国家，在贫富差距、地区差距、城乡差距等方面还存在许多难以解决的困难，这一系列的因素集中纠结在一起，造成了社会弱势群体不仅成为物质利益方面的弱者，而且也成为生态灾难的主要承受者，也就是说，在人为造成的环境污染方面，往往由于社会地位、经济地位的差距，从而在影响后果方面，对不同的阶层和群体造成不同的影响，甚至差距巨大。我们已经举过很多例子，比如国内污染企业的地域转移，给贫困落后地区带来的环境灾难，严重危害了当地群众的生活以及人身安全，所以建设社会主义生态文明同时也是实现经济正义的过程。党中央近年来颁布了一系列的惠民政策，注重经济分配方面的公正性，努力使改革发展的成果惠及全体人民，尤其是弱势群体，这些政策执行的结果不仅改善了社会弱势群体的社会经济地位，同时也促进了后发展地区的生态文明建设，提高了当地群众的生产生活质量。在这个过程中，生态正义与经济正义的内在一致性充分显示出来。

另一方面，正如我们上文已经论及的，生态文明建设与可持续发展的目标密切相关。为了实现可持续发展，首先就要加强党的领导。在以人为本的社会主义基本理念的基础上，党中央制定出的一系列的惠民政策，亟须切切实实的贯彻到最基层，要保证贯彻执行过程中，不变形、不走样、无漏洞、无盲点，真正实现改革开放的成果惠及普通民众，尤其是在经济利益与生态利益的再分配方面。第二，加强国家的宏观调控，以提升经济发展的总体质量，在整体上保障经济发展速度，同时抑制环境总体状况的恶化，并将之导向优化的方向发展。第三，健全完善社会主义市场经济体制，不仅在立法和制度建设上下工夫，而且注重其可操作性，并对其执行情况进行严格的监管，从而将生态环境成本内部化，避免"公地悲剧"，这也在很大程度上借鉴了欧洲的"生态现代化"理论。但是我们必须要以一种超越的眼光看待这个问题。实践表明,生态环境成本内部化,的确会对经济行为者(如企业)的经济行为所造成的恶劣的环境后果产生有效的制约,但由于执行不力、监管不严,也容易使行为者逃避和转嫁环境风险,所以,虽然这条路径有其有效性,但是,作为社会主义国家,我国还不能简单地依赖于此。要从根本上解决企业转嫁环境成本问题,还必须在社会主义基本经济制度——公有制的基础上进行深入探索,探索和实践公有制在当代的多种实现形式,只有解决了基本经济制度的问题,才会给生态文明建设的最终实现提供基本的前提。生态马克思主义经济学家伯克特对马克思关于共产主义社会经济生活和自然的和谐思想进行了深入研究,指出,人与自然、社会与自然的和谐只能依赖于生产资料公有制基础上的个人联合劳动。结合当代股份制和互联网的发展,以及二者对社会经济生活的全面介入与深刻改变,我们认为,如何在现实的社会主义制度下实践这一理想,仍是一个有待认真研究的课题。

第二,生态环境问题与政治社会生活和谐的相关性。

政治文明建设大致包括政治制度文明、政治意识文明、政治行为文明三个部分。公共性是政治文明的基本特质。生态文明的基本特质之一也是公共性,不管是自然生态环境,还是生产生活环境的优劣,都直接关系到一个社区、或工厂、或村庄、或省份、或一个国家的所有公民的健康权与生命权、生存权在内的人权,这是宪法规定的人民的基本权利之一,所以在一般的意义上看,政治文明与生态文明共同具有的公共性是二者经常相遇、经常发生关系,甚至是不良关系的契合点。在社会主义国家,由于政府本身就是由所有人民产生、并为人民服务的公共管理机构,具有大政府、强政府的特点,所以,中央政府以及地方各级政府,在管理社会环境方面的能力与质量,直接就成为社会主义生态文明建设的交合点,在这个点上衍生出许多问题,既有政治问题的特点,又有生态环境问题的特点。因此,可以说,政治文明建设与生态文明建设之间存在很大范围的"交集",值得我们认真的研究与探讨。

但是,从最终旨归上来说,由于我国是一个社会主义国家,我们的所有社会主义建设——政治文明建设、物质文明建设、精神文明建设和生态文明建设——都是依靠人民来进行,而且最终目的也是为了增进全体人民的社会福利水平,尤其是工农大众的社会福利水平,所以它们在最终目的上都是相同的。这种目的与方向上的一致性,就为我们解决社会主义政治文明与生态文明建设的"交集"中产生的诸多问题,提供了一个最基础的交流与讨论的平台,同时也为问题的解决指明了方向、提供了条件。

社会主义制度是一个以公平正义为核心理念的社会制度,这也是我国建设社会主义政治文明的一个原则和目标。这与生态正义、环境正义紧密相关。首先,生态环境状况关系每个公民的个体权益,所以在有关生态环境问题上的民主决策是必须实行的。在地区建设、城市建设、甚至社区建设等各个层面上,也事关生态环境的问题上,不仅在上项目、建工程之前进行专家论证,而且需要举行利益相关人的民主听证会。在政治参与的实践中,民主形式是具有较多优点的参与形式,民主参与可以发挥防微杜渐、抑恶扬善的政治功能,是我们应该积极采取的政治活动形式。其次,生态环境问题已成为多发的社会群体性事件的主要诱因之一,这也决定了我们必须将生态文明建设与政治社会和谐建设联系起来,纳入同一个过程之中。有关这一问题,我们在后文还将详细论述。总而言之,我们认为,政治和谐与生态和谐具有密切的互动性,生态和谐是体现社会主义政治正义的重要方面。

第三,生态环境问题与精神文化生活和谐的相关性。

中国特色的社会主义生态文明建设要取得实质性的成效,除了上述经济、政治等制度方面的变革之外,同样离不开人民群众在价值观深处的革命,这恰恰是社会主义精神文明建设的重要内容。在这个意义上,在社会主义初级阶段的中国,生态文明建设与精神文明建设是同时展开的,而且彼此渗透、相互制约。西方许多深生态专家以及生态主义学者指出:要更少的生产,更好的生活,回归简单、素朴而又丰富的生活方式,这与我们社会主义提倡节约、反对浪费的原则本质上是相通的。深生态学家主张的大地伦理或环境正义、生态正义,促使人们认真思考个人对待自然行为的伦理与道德内涵。生态马克思主义主张的基于生态正义与平等的政治学,使人们注意到环境问题给穷人和富人带来影响的区别。社会主义精神文明建设中,不仅倡导爱惜与保护大自然,而且由于平等是社会主义的一项基本原则,所以,不只在经济政治等社会领域的平等与公正日益受到关注,而且生态环境方面,包括资源消费的社会公正问题,也正在走进人们的视野。如果说1949年中华人民共和国成立之后的社会主义实践,对于全体人民而言实现了从传统价值观到社会主义价值观的转变,20世纪80年代以来的改革开放,促成了国民价值观的现代主义转型,那么说,从20世纪90年代到21世纪初提出的科学发展观指导下的生态文明建设(在某种意义上可以说是生态革命),则促使中国国民价值观的又一次转型(许多人在后现代意义上理解这次转型)。人们站在生态的角度重新反思人类社会、尤其是资本主义社会的经济增长模式以及生活方式,日益发现资本主义社会的种种无法解决的内在矛盾与痼疾,得出了与马克思——一位处于19世纪的德国人,伟大的资本主义社会病理分析师——相同的结论,资本主义的必然灭亡与社会主义的必然胜利同样是不可避免的。由资本主义的逻辑衍生出的一切制度与观念,处处都是对人——这个地球上的生物——持续生存与发展的障碍与威胁,只有实现自然资源与生产资料的全社会所有,才能从根本上解决人与人、人与自然的矛盾。伴随着2008年以来的美国金融危机日益向全世界范围的蔓延,马克思的论断重新被人们重视,生态危机与经济危机成为资本主义制度遭遇愈来愈严重的怀疑与指责的阿克琉斯之踵。在对资本主义制度进行批判的同时，人们经历了价值观上的生态革命。

在欧美国家的生态哲学、环境伦理学中，生态中心主义以过分突出自然界的优先地位、强调动物权利，从而促成人与自然、人与环境友好和谐的生态化行为。对我国而言，社会主义基本理念是以人为本，是人类中心主义的，但并不是绝对的、极端的人类中心主义，而是相对的、较弱意义上的人类中心主义，具体而言，人与人、人与社会、人与自然的核心是建设社会主义和谐社会的题中应有之义。人与自然的和谐关系建基于社会经济制度的合理性、政治制度对公平正义的保障基础上，在当前的语境下，可以说正义即和谐。同时，社会主义强调可持续发展，高度重视代际正义问题，这也是人与自然和谐的一个基本理念支撑。在现实生活层面，和谐社会建设需要每个企业和公民树立和践行和谐的消费观，以促进社会环境和生态环境的优化。

以上我们综合论述了生态文明与社会、经济、政治、文化和谐的相关性。总而言之，生态和谐是与社会其他方面的和谐纠缠在一起的，它们相互影响、相互制约。生态环境问题作为人与自然、社会与自然之间的、具有本体论水平的一个问题，具有自身的独特性，它不仅贯穿于其他文明建设之中，而且也是和谐社会建设中的一个关键因素。

四、生态文明建设的指导原则和基本特点

第一，中国社会主义生态文明建设的指导原则。

由于中国生态文明建设的社会主义性质的规定，我们可以看出中国社会主义生态文明建设应该具备以下原则。

以人为本的总原则。坚持以人为本，就是要以实现人的全面发展为目标，从人民群众的根本利益出发谋发展、促发展。不断满足人民群众日益增长的物质文化需要，切实提高人民群众的生活水平与生活质量，让发展成果惠及全体人民。我国是社会主义国家，我们的发展都是为了人民，发展依靠人民，发展的成果由全体人民共享，尤其是工农大众，所以，中国特色社会主义建设事业，决不能以牺牲生态环境为代价，不能将生态环境破坏的恶果推向人民群众，必须以保证人民群众生命权、健康权为重，这是中国社会主义生态文明建设的基本原则。

法治原则。中国社会主义生态文明建设要以法治为基础，加强生态环境以及与人民群众生产生活密切相关的各项法律法规的制定与实施，加大对环境污染与生态破坏等危及人民群众健康生命的行为的惩罚力度，做到有法可依，有法必依，执法必严，违法必究，切实发挥法律在社会主义生态文明建设中的主导作用。

民主原则。中国社会主义生态文明建设是一项需要全体中国人民共同参与的事业，它不仅体现了社会主义、集体主义、爱国主义的凝聚力与向心力，更要发挥全体人民的积极性、主动性、创造性，让人民群众广泛的参与到环境保护与生态文明建设各项政策、规章以及具体项目立项、实施等过程中来。政府要为人民群众建言献策搭建平台，创造条件，使人民群众的良好意愿能在社会主义生态文明建设中体现出来，这也必将推进社会主义生态文明的建设。

平等原则。中国社会主义生态文明建设的积极成果，应该保证人民群众共享，社会主义之所以区别于资本主义之处，一个关键的方面就在于社会主义坚持结果平等，因而也就是实质平等，而资本主义则奉行机会平等，因而必然导致形式平等与结果不平等。中国仍然是在社会主义初级阶段，存在着城乡差距、地区差距以及贫富差距，社会主义生态文明建设的积极成果，只有让低收入阶层、弱势阶层都平等的享受到，才能算是实现了社会主义生态文明建设中的平等。在这方面，各级政府必须要做大量的建设性工作，包括生态补偿等工作，而且要坚持以久，才能真正达到中国社会主义生态文明建设平等原则的要求。

可持续发展原则。生态文明建设的重要内容之一是保护环境，优化生态，这就需要转变经济增长方式，降低单位能耗，提高能源资源利用率。只有这样，才能保证经济社会的可持续发展，实现生态环境的代际公正。生态文明建设的主要目标就是经济社会的可持续发展，可持续发展也成为生态文明建设的基本原则之一。

节约原则。由于中国特有的国情，提倡节约、反对浪费，提倡俭朴，反对奢侈，对我国进行社会主义生态文明建设具有重要意义。我们必须强调，没有各级政府带头实行的，没有广大人民群众共同参与的、深入生产生活之中的节约行为，中国社会主义生态文明建设就难以取得实质性进展。

第二，中国社会主义生态文明建设的基本特点。

中国当前的社会主义生态文明建设，是在社会主义初级阶段，在实行社会主义市场经济的背景下展开的，与此历史阶段与经济关系相适应，中国的社会主义生态文明建设具有如下特点：

首先，中国进行的社会主义生态文明建设是中央政府主导与市场动力结合型。许多发达资本主义国家在建设生态文明中，强调权力分散到基层，但这对于中国来讲并不适用。根据阿瑟·莫尔的观察："分权在中国并没有自然地取得很好的环保效果，因为地方机关都把其经济增长和投资放在环保政策与严格实施环境法规和标准之前优先考虑。在公民社会和责任机制发展不完善的情况下，分权并不能奏效。"[①] 这在大量地方基层政府与污染企业相勾结的案例中已经得到证实。中央政府必须加强对地方各级

---

① 阿瑟·莫尔：《转型期中国的环境与现代化》，载《国外理论动态》2006年第11期。

政府的指导与监管，使生态环境及效果考核纳入地方官员的政绩考核标准，并成为一项重要的、刚性的参考指标。形成科学发展观指导下的正确的政绩观，将对国家的环境治理与生态保护发挥积极的作用。

其次，中国社会主义生态文明建设是工业化与生态化相结合的统一历史进程。而且由于地区之间、城乡之间广泛存在的发展不平衡，就更使这种结合加大了难度，中央必须针对不同的地区、不同的发展程度，制定相应的政策与办法，以推进社会主义生态文明在全国范围内健康、全面的开展。在此期间，特别要防止环境污染与生态灾难在地区之间、城乡之间的转移，并切实防止中西部经济不发达省份和地区重复走"先发展、后治理"的老路，将生态保护、环境污染治理与经济发展统筹结合起来。同时，工业的生态化与农业的有机化转向同时展开。西方发达国家大多是在实现高度工业化之后，即在所谓的后工业化阶段实现经济社会的生态转型，而中国当前整体处于工业化中期后半段[①]，面临着实现工业化与生态化的双重历史重任，中国在实现这一目标的过程中积累的经验与形成的教训，将对世界上其他的发展中国家具有很重要的借鉴意义。

最后，中国社会主义生态文明建设必须将借鉴别国经验与立足本国国情相结合。欧美发达国家由于环境运动发展较早，而且在社会上也切实取得了较好的生态效果，因此有许多做法值得我们学习与借鉴。其他发展中国家，如巴西，在建设生态城市方面也有许多方面值得我们学习。但是，我们必须在认清我国国情的基础上有鉴别、有针对性的学习与借鉴，切不可盲目照抄照搬，比如许多资本主义国家通过污染转移的方式改善本国环境，但却

[①] 中国社会科学院经济学部课题组：《我国进入工业化中期后半阶段——1995~2005年中国工业化水平评价与分析》，载《新华文摘》2008年第1期。

给第三世界国家带来严重的环境污染与生态灾难,这与我国的社会主义性质是完全相抵触的。同时,由于我国社会历史、国家地理等各方面都有自己的特点,许多对别国有益的办法也许并不适合我国。"研究生态现代化的欧洲学者所熟悉的是提起抗议的地方性团体、'环保型国家'的出现、推动环境保护领域形成的全球性动力,像收费体系这样的经济手段、日益发展的环保工业、面向环境问题的国家研发计划的调整以及环保政策中的非集中化与灵活性。而在中国,政府组织的非政府组织、环保责任制、类似于'三同时'原则(即环境保护设施必须与主体工程同步设计、同时施工、同时投产使用)这样的政策制度、非正式网络、规定与制度的强大作用、各地方环保机构的双重责任制等都在实现当代中国经济的绿色环保型发展中发挥了重要作用,这些在欧洲并不存在。"[①] 在这个意义上,中国探索本国社会主义生态文明建设的过程中产生的一些经验,将对社会主义事业以及世界文明的发展都具有重大意义。

五、中国社会主义生态文明建设的发展趋势

西方发达国家的环保意识觉醒与环境运动及与此相关的政治社会组织的兴起,源自二十世纪六七十年代,1968 年《寂静的春天》与 1972 年《增长的极限》的发表可以作为两个标志性的文献,它们同时也表现为一种标志性的动作,预示了西方工业社会中经济增长方式、政府决策理念、法律法规的制定以及人们生活理念等方面的、具有生态指向的后工业转型的来临。但是中国的二十世纪六七十年代正是以前苏联为模式的传统社会主义工业化大发展时期,正如前苏联在社会主义工业化过程中付出了巨大

[①] 阿瑟·莫尔:《转型期中国的环境与现代化》,载《国外理论动态》2006 年第 11 期。

的环境代价一样,粗放型的工业化发展模式,也在中国显示了它对生态环境的负效应,但由于冷战时期相对封闭的自足状态以及经济发展的阶段不同,发达国家生态意识的觉醒,并未在中国掀起波澜。随着 20 世纪 70 年代末实行改革开放的政策,中国逐渐融入全球经济体系,并日益发展成为世界市场不可或缺的一分子——在很大程度是在作为世界工厂的定位上来说的。由于国际交流的增加,同时也由于经济发展到一定的程度,环保意识在 80 年代渐露端倪,在 20 世纪 90 年代中后期,尤其是 1998 年以来逐渐发展壮大,到了 2003 年,党中央提出科学发展观,经济、社会与资源、环境的可持续发展,在全社会逐渐形成共识。2006 年成为一个具有标志性意义的年份。在 2006 年 1 月 26 日《中共中央、国务院关于实施科技规划纲要增强自主创新能力的决定》中,虽然提出要建设资源节约型、环境友好型社会,但是仍然是提国民经济"又快又好"的发展[1]。而到了 2006 年 12 月 5 日,胡锦涛在《不断深化对科学发展观的认识,努力开创科学发展的新局面》的讲话中提出:"必须深刻认识,又好又快发展是全面落实科学发展观的本质要求"[2],从"又快又好"发展到"又好又快"是一个质的转变。2007 年又正式将"实现又好又快发展"写入到了党的十七大报告中,这是党中央领导的社会主义经济发展的宏观战略调整,是关于经济发展、生态环境保护的理性认识的深化。胡锦涛同志在参加中共十七大江苏代表团讨论时(2007 年 10 月 16 日)讲到:"我们开始强调要加速发展,后来进一步提出要实现又快又好发展,去年底(2006 年底——笔者注),又把'又快又好'调整为'又好又快'。这个重要调整,强调的是更加注重发展质量和效益,走生产发展、生活富裕、生态良好的

---

[1] 《十六大以来重要文献选编》(下),中央文献出版社 2008 年版,第 237 页。
[2] 《十六大以来重要文献选编》(下),中央文献出版社 2008 年版,第 806 页。

文明发展道路。"①

可以说，西方工业化的生态转向，是与中国工业化的市场转向大致同步的，在距西方工业化的生态转向很长时间之后，中国才从实践层面、从社会整体意义上开始进行工业文明的生态化转向，二者存在近三十年的时间差距。②从"20世纪80年代末期以来，经合组织国家的生产和消费领域发生了一些深刻的制度变革，例如：环境管理体系和环境部门广泛地出现在公司中，"③但环境保护还远不仅仅是制度性变革，它已经内化成公民日常生活的一部分，比如生活垃圾分类，在日本要求公民必须严格遵守。据报载，有一对年轻的中国夫妇，由于经常不按照规则对垃圾进行分类，被所在社区居民赶出小区。尽管环保运动有起有落，但生态意识已经深深地植入了社会实践与公民价值理念之中，从而对本国的生态环境保护形成较稳定的维持机制。而中国至少在目前（2009年）看起来，离这种程度上的生态环境维持机制的形成还相当遥远。考虑到中国地大物博，东中西部、城乡之间发展的不均衡等等具体内因，如果能在十二五中后期，整体上达到发达国家20世纪后半期全社会的生态意识程度，就可以

---

① 《人民日报》2007年10月17日。
② 在诸大建主编的《生态文明与绿色发展》（上海人民出版社2008年版284—285页）中，认为从六五到八五期间是效率优先论阶段，社会与环境方面的政策相对于经济发展的政策，明显弱化并滞后，世界上的这个阶段是1992年以前；九五至"十五"期间是经济、社会、环境协调论阶段，三者是并列式的，社会与环境政策受到重视，但仍呈现相对于经济发展的弱化，世界上的这个阶段是1992—2002年；从十一五开始，出现环境引导发展的政策倾向，但在理论上仍然是融合的，而非生态环境包含经济发展的理论模型，世界上这个阶段，起始于2002年。笔者认为，从生态环境社会组织团体、环境运动以及公民生态意识的角度来看，中国与发达国家的差距，也许要更大些。
③ ［荷兰］莫尔：《转型期中国的环境与现代化》，载《国外理论动态》2006年第11期。

算是一个乐观的估计了。

引导西方发达国家工业化生态转向的理论中,最有代表性的可以称之为"生态现代化"理论。生态现代化理论的产生有其深刻的社会背景。根据 Gert Spaargaren 的划分,生态现代化理论经历了以下三个发展阶段。

第一个阶段即生态现代化理论的前期,其社会背景是,社会上关于"增长的限制"的讨论,在这个讨论中,产生了"去现代化"(De-modernization)理论。以舒马赫、布金、多布森等"绿色社会"(Green Society)观点为代表,主张分散化,小的即美的。许多反生产主义的理论家在两条路径上作战,一边是反对马克思主义,原因是马克思主义没有将自然因素考虑进去,一边是反对工业主义,原因是它不仅具有盲目的技术乐观主义的缺陷,而且缺乏阶级分析。[①] 在此阶段,环境运动、绿色政治呈现出一种反叛的姿态,即一种反当时现行的政治、经济、意识形态的体制外力量。

第二阶段是生态现代化理论时期,即在关于经济社会可持续发展的讨论背景下,产生了生态现代化理论。Joseph Huber 与 Martin Janicke 是始创者。这一阶段的主要特征是将环境问题与国家政府相联系,具体表现为,在 20 世纪 70 年代至 80 年代初,环境问题被列入国家政治议程的首位,环境立法与相应机构迅速增长[②]等。对于 Janicke 而言,生态现代化是政治现代化的一部分,并且为政治现代化引入了新的元素。对于重塑国家与市民社会之间的关系而言,环境政治带来了新的形式、原则和工具,

---

[①] Gert Spaargaren & Arthur P. L. Mol edit, Environment and Global Modernity, London: SAGE Pub, Ltd. C2000, p42.

[②] Gert Spaargaren & Arthur P. L. Mol edit, Environment and Global Modernity, London: SAGE Pub, Ltd. C2000, p44.

所以，Janicke 认为环境危机需要政府干预，主张实行绿色的工业政策。在 Huber 那里，提出了"生态的切换"[①]（ecological switch-over）的概念，主张内化生态环境成本，将"经济的生态化"与"生态的经济化"同时进行，即更深入的推进现代化。对于 Huber 而言，技术不仅实现了对社会领域的殖民，同时也实现了对生物领域的殖民，为了修正这一状况，必须使技术/工业适应社会与生物领域发出的要求。当然，Huber 的理论也受到了广泛的批评，最大的批评莫过于其无法克服的欧洲中心主义的地域限制，而 Arthur Mol 更是认为，Huber 的理论由于仅限于与经济技术相关的制度方面，而未导出对现代性的文化批判[②]。

第三阶段，是对生态现代化理论的深化和延续，生态环境问题已经发展至如此程度，即从一国之内的环境污染发展至全球的气候变化、热带雨林的破坏以及臭氧层空洞等一系列与全球性相关的生态危机，在这一背景下，产生了自反性现代化理论，以贝克和吉登斯为代表。强调伴随着全球化而来的经济社会生活的不确定性，使人类普遍处于风险社会之中，而吉登斯更是将全球化与生态问题相联系，他认为："生态问题聚焦了新的与加速的全球各体系之间的相互依赖，并把这样的问题带至每个人，即个人行为与全球问题的关系问题。"[③]

下面我们将对生态现代化理论的主要观点进行陈述，继之对之作出简要评论。

简尼克的"预防性"策略论认为生态现代化是使环境问题的

[①] Gert Spaargaren& Arthur P. L. Mol edit, Environment and Global Modernity, London: SAGE Pub, Ltd. C2000, p48.

[②] Gert Spaargaren& Arthur P. L. Mol edit, Environment and Global Modernity, London: SAGE Pub, Ltd. C2000, p50.

[③] Gert Spaargaren& Arthur P. L. Mol edit, Environment and Global Modernity, London: SAGE Pub, Ltd. C2000, p125.

解决从补救性策略向预防性策略转化的过程,开启了生态现代化理论创建的先声。在摩尔的社会变革与生态转型论中,提出生态现代化强调市场动力与经济因素在生态变革中的重要性,反对经济与生态不相容的观点,否认政府在生态环境中的核心作用。摩尔的理论可以算是承认资本主义自由竞争的经济基础上的典型环境理论,具有较强的自由主义色彩,这与他一直警惕环境议题引发的政治极权密切相关。在哈杰的综合性新政策论中,强调科学技术对环境变革的积极意义,哈杰的"技术—组合主义"生态现代化的实现是依靠政府、商人、改革派环境主义者和科学家组合成的多方联合制定政策,并进行权威论证,与此相对的理想模式是"反省式"生态现代化,更多地注重公众参与政策的监督与评估。哈杰的技术组合主义的生态现代化与摩尔的理论具有相似的自由主义色彩,而他的"反省式"生态现代化,由于强调公民民主参与,可以说表现为一种自由主义环境理论之上的创新。克里斯托弗的强化生态现代化理论,是在对弱化生态现代化,即只注重环境问题的技术解决,肯定环境问题在资本主义框架内可以解决的理论模型的否定基础上提出来的,强化生态现代化理论将解决环境问题的重心放在经济体制与社会结构的变革方面,采取开放民主的政策决策模式以及生态问题的全球关注等方面,这使克氏的强化生态现代化理论具备了一种资本主义框架内的革命性,在生态现代化理论中属于较为激进的一派。[1] 通过以上的分析,我们可以看出,生态现代化理论基本上可以归为浅生态学的一支,属于环境改良主义的阵营,它以工具理性为哲学基础,强调技术与经济手段(市场)在解决环境问题上的有效性,虽然在某些方面,比如环境议题民主参与的观点上也有创新意义,但是本

---

[1] 此处对生态现代化理论的分析主要依据黄英娜、叶平《20世纪西方生态现代化思想述评》,载《国外社会科学》2001年第4期。

质上仍然是在肯定资本主义基本框架下,对资本主义在环境问题上的失效,开出的补救药方,所以有的学者指出:"生态现代化编织着新自由主义的乌托邦幻想"①,它使人们相信,"一个人道的、社会公正的和有利于环境的资本主义实际上是可能的,即使在日益加剧的增长与竞争的背景下。"② 我们只能说,生态现代化理论,成长于西方工业化后期,是在西方的政治经济与社会、公民实践的基础上,针对西方发达国家环境议题的、较为有益的良方。虽然其中的一些主张可以被我国借鉴,比如发展解决环境问题的新技术、扩大环境议题的公民参与等等。但是,西方意义上的生态现代化,其理论归宿仍旧是发达国家自身,欧共体第一个环境行动纲领中规定的宗旨就是:改进欧共体人民的生活环境与质量、居住环境与条件。③ 所以,研究西方环境政治的资深学者郇庆治指出,生态现代化理论由于国际社会的等级化分裂和被经济全球化与区域一体化强化的相互间竞争,从而难以提供一种可操作意义上的共同行动指南。④

但是,不可否认,其中的一些现实的建议对于我国当前的生态文明建设具有借鉴意义。在中国,我们对生态现代化的概念与实践的关注正日益增长。近几年(从 2007 年开始),由中国科学院中国现代化研究中心、中国现代化战略研究课题组撰写的《中国现代化报告 2007》,主张中国要走一条"综合现代化"之路,即综合工业化与生态化的现代化发展之路,并将中国的生态现代

---

① 袁玲红:《西方生态现代化的伦理反思》,载《前沿》2008 年第 9 期。
② [英]大卫·佩珀:《生态社会主义:从深生态学到社会正义》中译本前言,山东大学出版社 2005 版,第 2—3 页。
③ 郇庆治:《生态现代化理论与绿色变革》,载《马克思主义与现实》2006 年第 2 期。
④ 郇庆治:《生态现代化理论与绿色变革》,载《马克思主义与现实》2006 年第 2 期。

化指数在国际范围内进行了比较。

首先,中国 121 个生态指标与世界水平的比较。2001 年中国人均草地面积、环保投入比例等 15 个指标与发达国家大体相当,中国城市安全饮水比例等 13 个指标与世界平均水平大体相当。2001 年中国国土生产率和城市空气污染等 40 个指标与发达国家水平的差距超过 5 倍,工业能耗密度和农村卫生设施普及率等 26 个指标与发达国家水平的差距超过了 2 倍,城市废物处理率等 40 个指标与发达国家水平的差距小于 2 倍。

其次,中国 24 个主要生态指标与主要国家的比较。目前,中国与主要发达国家的最大相对差距,自然资源消耗比例等 3 个指标超过 100 倍,淡水生产率等 5 个指标超过 50 倍,工业废物密度等 4 个指标超过 10 倍,农业化肥密度等 11 个指标超过 2 倍。中国农牧业造成的生态退化也远远超过发达国家。

此项研究表明,2004 年,生态现代化指数排名世界前 10 位的国家依次为:瑞士、瑞典、奥地利、丹麦、德国、法国、芬兰、英国、荷兰和意大利,中国排在 118 个国家的第 100 位。2004 年,瑞士等 15 个国家处于生态现代化的世界先进水平,西班牙等 37 个国家处于世界中等水平,巴西等 40 个国家属于初等水平,中国等 26 个国家属于世界较低水平。

该报告认为 2000 年为中国生态现代化的起步期,2030 年前后进入发展期,2050 年左右达到成熟期,2080 年左右达到稳定期,2100 年前达到世界生态现代化先进水平。[1] 当然这里的生态现代化是在借鉴西方生态现代化理论与实践的积极因素的基础上,在对中国具体国情进行分析的前提下,从而得出的中国特色的生态现代化理论与战略规划,与上文所描述的西方意义上生态

---

[1] 以上数据引自《实施生态现代化 建设绿色新家园——〈中国现代化报告 2007〉内容综述》,载《环境经济》2007 年 3 月。

现代化概念有不同之处。

我们在此需要强调指出，虽然我国与欧洲都使用了生态现代化的术语，而且我们对欧洲的生态现代化理论和实践也多有借鉴，但二者的语境是完全不同的。

首先，欧洲的生态现代化是在工业化完成之后进行的，是在一种后工业化的语境之中使用的能指，而我国则是力求在工业化过程中，实现生态现代化，是工业化、生态化同时进行的。其次，欧洲的生态现代化局限于欧共体之内，具有生态帝国主义的潜质，而我国的生态现代化则是要在社会主义与生态文明内在一致性的基础上来进行，不具有地域限制，反对生态殖民主义。最后，从实行效果上看，欧洲的生态现代化从20世纪80年代以来，已经有二三十年的时间，在实践上已经取得了明显的效果，而我国的生态现代化实践则起步不久，要取得明显的效果尚需时日。

中国是在工业化过程中，形成、发展、实现社会主义生态文明，这本身就对全世界以及社会主义事业具有重要的理论和实践意义。西方发达国家的工业化道路一般遵循的是"先发展后治理"的道路，而中国在工业化发展到一定阶段后，就要实现经济发展与环境保护，经济发展与能源消费、生态治理同时协调优化，必须将这些范畴纳入同一历史进程。这在资本主义制度下是不可能实现的。社会主义初级阶段的中国如果要实现这一目标，就必须从社会主义本质上挖掘资源，将社会主义的优越性充分发挥出来。

从总体上看，我国现在处于工业化中期的后半段。在工业化前期与工业化中期前半段，工业以粗放型生产经营方式、掠夺式开采资源、浪费性的利用能源为基本特征；农业生产中，粮棉种植业大量使用农药，污染土壤、水与空气，但是较少大规模、集中式的动物养殖业，从而避免使用激素、抗生素等化学药品，对动物、食物以及土壤、水的污染较轻；同时由于物质生活的相对匮乏，以及中国传统生活方式的制约，人们日常生活比较节俭，浪费现象不严重。在工业化中期后半段，工业经济的生态化转型开始起步；农业中不止粮棉生产，而且由于大规模集约化的动物养殖业兴起与发展，使土地、水与空气以及人们的食品安全受到严重威胁；同时中国社会尤其是大中城市的青年一代，逐步接受西方现代消费主义的价值观，提前进入消费社会阶段，超前消费、物质主义、享乐主义在青年中弥漫开来；人们物质生活水平增长的同时，在日常生活中消费的资源能源急剧上涨，比如对电力的消费以及2003年以后私家车的剧增对汽油的消费等等；生活垃圾对环境的污染加剧，但与此同时，公民生态意识开始觉醒，尤其是城市中的知识分子阶层表现明显；但生态建设与环境保护的观念，存在较大的城乡差距、地区差距。在此阶段，经济活动中的环境成本越来越多的以企业外部成本内部化来实现，全国和地方的环境法律法规，相关的政策办法大量出台，但同时也存在许多漏洞待弥补，距离一种实质意义上的法律约束，还有很大的距离；国家以及政府在生态环境保护方面的作用进一步加强，但距离作为社会主义国家政府所应该达到的水平，还存在很大的继续努力的空间。

在工业化后期，我国应该基本实现工农业、社会经济发展的生态转型，公民生态意识与环境素质大幅度提升，从而使地域性的、生态环境议题的参与式民主成为可能。在国家彻底实现工业化之后，工农业的生态转型完全实现，经济增长率保持稳定或略有减缓，环境压力进一步降低，生态理性实现对经济理性的价值超越，由国家及地方政府主导的生态补偿普遍实行，社会中的弱势阶层，在环境、卫生、食品安全等方面，享有与富裕阶层同等的权利，从而使环境正义在结果中体现出来，社会主义制度的优越性充分表现出来。我们必须强调，从现在开始，要实现综合现代化的创新，就必须充分发挥社会主义制度的优越性，其中，政府主导型的生态保护与环境变革是一个重要的因素，不仅涉及经济增长方式的转变、法律法规的制定、生态补偿的财政项目，而且在指导公民形成健康可持续的消费理念与生活方式、增强社会主义国家共同体意识、积极培育社会主义新型公民等方面，政府都承担着不可推卸的责任。

第五章　中国社会主义生态文明建设的主要内容

　　在当代中国建设社会主义生态文明是一项巨大的社会工程，但绝不是孤立进行的。首先，必须建设环境友好的经济基础，即以社会主义公有制为主导，不断健全和完善社会主义市场经济体制，以利于保护环境、优化生态。第二，还要建设适宜生态文明的社会主义政治保障体系，不仅包括要努力建立健全各项法规，强化监管，而且还要大力发扬社会主义民主，动员和保证社会力量参与到生态环境保护中来。第三，从改变公民的价值观念与生产生活方式入手，加强社会主义精神文明建设，使生态文明的理念深入人心。

　　中国社会主义生态文明建设是以党中央确立的全面协调可持续发展战略为依据，走生产发展、生活富裕、生态良好的文明发展道路，建设资源节约型、环境友好型社会，实现速度和结构质量效益相统一，经济发展与人口资源环境相协调，使人民在良好的生态环境中生产与生活，从而实现社会主义经济与社会的永续发展。关于中国社会主义生态文明建设的主要内容，除了以上在经济、政治、文化方面的要求之外，我们着重谈一下以下几方面的内容，即加强教育、宣传和立法，提高全民的生态意识；防治环境污染，促进生态优化；狠抓食品安全与饮用水安全，切实改善民生；使人口、资源、环境与经济社会协调发展；完善生态文明建设的规划、管理和实施。

第一节　加强教育、宣传和立法，提高全民的生态意识

蔡元培说，要有良好的社会，必先有良好的个人；要有良好的个人，必先有良好的教育。教育，是认知和学习的主要手段。社会主义生态文明建设作为我国现代化建设中的新课题，而且是当务之急的任务之一，必须不断强化建设社会主义生态文明的教育，这有着特殊的意义和作用。

进行生态文明建设的教育有导向作用。一是价值导向，生态文明建设对每个社会成员和集团的价值取向有引导作用，当环境污染和生态破坏的事例不断挑战我们的认知能力的时候，用建设性的态度和内容，对广大社会成员进行生态文明价值观的教育，通过这种价值观念的传播和灌输，能够引导社会成员权衡利弊，接受、认同建设生态文明的理念，从而建设生态文明的价值取向就会引导社会成员的思想和行为，进而形成一种社会化的自觉行为。二是目标导向，在进行生态文明教育的过程中，确定不同方向、不同层次和不同内容的教育目标，使社会成员在不同的领域和层面认识生态文明建设的阶段性目标和总体目标，特别是阶段性目标要紧密联系社会成员近期利益和自身利益，使社会成员产生为建设生态文明付出代价的内在动力。国家实行鼓励利用自然能源的政策导向，催生出一大批利用风能、水能、太阳能的企业和产品，不断地优化能源结构，减少了能源耗费对生态环境的破坏。这是生态文明建设目标导向作用的显现。三是风气导向，在相当大的程度上，什么样的社会风气会引导社会向什么样的方向发展。古代女子讲究三从四德，以缠足为美，造成对女子的伤害；清朝要求男子必须留辫子，否则就羞于见人；美国人对超前

消费、信用卡消费的推崇，是造成金融危机的直接原因；我国几十年坚持不懈的植树造林活动，不只造就了中国的绿色长城，改善了生态环境，而且在全社会形成了保护树木、爱护树木的优良传统。积极开展建设生态文明的教育，就能够在我国逐步树立起保护生态环境和遵循生态文明发展规律的社会风气，这种社会风气将会引导人们按照生态文明建设的规律，自觉地调整个人行为，使生态文明建设内化为人们的自觉行动。

进行生态文明建设的教育有认知作用。"学养智，智养道，道养德，德养君子。"这个"养"字内含着教育的意思。对中国而言，建设生态文明是一个新课题，而且人们的环境意识、环境素质较低，因此开展生态文明教育就十分必要。人们往往对破坏生态的现象深恶痛绝，对生态环境破坏的恶果十分忌惮，但一涉及个人的环保行为，却往往王顾左右而言他。许多人的共同心理是，那么大的天空，还在乎我开车排一点儿废气？那么大的江湖海洋，还在乎一个工厂的废水污染？这就是反映了人的认识上的主观性和狭隘性。而且我国还是发展中国家，整个社会经济发展的速度较快，但是发展质量相对较差，存在区域之间、阶层之间巨大的不平衡发展状况。大部分地区与阶层的环境认知力与环保素质较低，所以，开展全民性的生态文明建设教育就显得尤为必要。让全体社会成员都对建设生态文明的意义、内容、方向、目标和措施，有比较清楚的认知，特别是指导群众正确处理局部利益和整体利益、眼前利益和长远利益之间的辩证关系，是开展生态文明教育的重点。

进行生态文明建设的教育有约束作用。它能够提高人们约束自己破坏生态的行为的自觉性，排放废气、污水的人就会有所顾忌与自责；能够提高人们监督破坏生态环境的行为的自觉性，人们会积极的举报或制止破坏生态环境的行为；能够鼓励人们积极保护生态环境的主动性，使有利于生态环境的生产生活方式得到提倡，比如生活垃圾分类，就体现了生态文明建设教育的作用。因此，必须开展建设生态文明的普及式教育、全民教育和动员，使多数社会成员能够自觉约束自己的行为，使保护生态环境成为每个人的自发行为。

进行生态文明建设的教育有激励创新作用。开展禁止排污的教育，就会鼓励人们进行循环利用的创新性发明；开展利用风能、水能、太阳能的教育，就会调动人们创新研究的积极性，开发利用新能源、新技术；开展保护生态的教育，就会促进人们在与生态环境相处的过程中，自觉的趋利避害，创造出新的生产方式和生活方式；开展建设生态文明的规划性教育，就会提高人们的全局意识、整体意识和长远意识，促进人们创造出新的社会管理体系、体制和新的管理方式。所以，建设生态文明的教育本身就是社会改造、社会创新的重要方面。

随着经济社会的发展，人们的生态环境意识从觉醒到逐渐发展起来。由于地区发展、城乡发展不平衡，生态环境意识以及公民自觉的生态环境保护行为也呈现出地区差异。一般来说，发达地区、大中城市公民的环境意识较强，而经济发展较弱后的以及农村地区的环境意识相对较弱，但总体而言，尤其是与发达国家相比较，中国公民的环境意识得分偏低。据"环保民生指数（2007）"显示，中国公众的环保意识总体得分42.1分，环保行为得分36.6分，两项得分距离及格（60分）还有较大的距离。尤其是公众环保行为明显落后于环保意识，有49.7%的人认为自己在环保过程中"不重要"和"不太重要"，只有13.7%的人认为自己在环保中的作用"非常重要"和"比较重要"。[1] 据资料分析表明，自1985年到2002年，除去人均废水排量有减少的

---

[1] 《中国环境的危机与转机（2008）》，社会科学文献出版社2008版，第16—17页。

趋势外，人均废气与固体废物排量一直处于上升趋势，对于拥有十几亿人口的中国而言，这势必产生强大的环境压力，相对于已经非常脆弱的生态系统与已经超负荷运转的资源环境状况而言，问题的严重程度更加显著。

中国在此问题上，要发挥社会主义全民动员的优越性，充分的利用各级党团组织、政府组织以及媒体进行宣传教育；动员全国的教育系统，在全国大中学校、初等学校以及幼儿园，都将环境保护列为必修科目之一，并组织学生开展广泛的环境保护实践，这也体现了环保是我国的一项基本国策。北京市从2006年开始，经2007年、2008年发展到今天的少开一天车的活动，已经深入人心。从2008年6月1日全国超市都禁用一次性塑料袋，也取得了较好的成效。环境保护是一项公众事业，这与社会主义建设一切依靠群众、一切为了群众的原则是相吻合的。通过发挥社会主义全民动员的优越性，使全体人民都具有较强的生态环境意识，并内化于日常生活之中，这也必将成就具有百年大计意义的中国社会主义生态文明建设事业。

进行社会主义生态文明的立法是建设中国社会主义生态文明的基本保证。法律是社会行为的规范，中国作为一个现代法治国家，必须以法制建设为基础，以对社会生活各个领域进行规约。生态文明关乎社会全体成员的利益，建设生态文明是全体社会成员的责任和义务。但是，任何事物都有长远利益和眼前利益的区别、都有潜在利益和现实利益的区别，资本主义工业文明的发展，使被资本所限定与规制的个人（以下简称资本人）在眼前利益和现实利益上都收获巨大，如果建设生态文明需要损害资本人眼前和现实的利益，资本人就必然会反对，在目前社会状况下，资本人由于经济的力量和参与政治的能量，往往会影响经济社会问题的许多方面，如果建设生态文明会妨碍资本人的现实利益，就很有可能遇到多方阻碍，这是一个不可否认的现实问题。但是，现代文明、现代法治和现代民主的发展和实施，又推动和促进了全民参与社会事务的能力，在生态文明建设中，全民对于生态文明的愿望和诉求，必然能够通过法制建设的途径表达出来。生态文明通过立法的形式表现出来，就形成了统一的国家意志。因此，在现行生态保护法规的基础上，逐步健全生态保护的法律法规，进而建设生态文明立法体系，是建设生态文明的根本措施。

回顾改革开放三十年来，我们实行社会主义的市场经济，借鉴了很多资本主义和市场经济发展生产的手段，极大地促进了生产力的发展，改革了生产关系，提高了人民群众的物质和文化生活，这个社会发展的主流是不容否认的。但是，由于我们缺乏发展社会主义市场经济的经验，在经济快速发展的同时，没有预料到或者忽略了工业快速发展对生态环境造成的危害，而生态环境的恶化又对人民群众的生产生活带来更大的危害，因此，在这种状况下进行生态文明的法制建设已经势在必行。

生态文明立法有利于协调社会各方面的利益关系。社会经济的发展，必然涉及各方面的利益关系。其实，社会经济关系在现象上显示为各种利益关系的交织。改革开放前，我国社会各种利益关系的矛盾并不明显或不突出，主要因为生产力水平低下，可剩余分配的生产资料和生活资料很少，因而社会各种利益矛盾就表现较少。改革开放以后，社会生产力迅速发展，物质资料的丰富性快速发展，催生了社会各阶层利益差距的拉大，阶层利益矛盾日益凸现，特别是资本人阶层追求利益的需要，对于破坏生态的生产方式采取放任态度，加剧了生态破坏的程度。由于没有立法，就不能约束资本人破坏生态的行为，受损害最重的是广大的平民阶层，这就使生态破坏造成了不同阶层之间的利益矛盾。实行立法约束所有破坏生态的行为，使社会各阶层在法律调整中实现利益最大化，是社会主义生态文明立法的目标取向。

生态文明立法有利于集中社会优势资源。生态文明建设,涉及社会所有方面和所有利益阶层,在当今社会,社会矛盾的焦点主要是有限的社会资源,特别是优势资源与不同利益阶层之间各自追求利益最大化的矛盾,而强势利益集团必然会在社会优势资源的占有方面居于主动的优势地位。强势利益集团为了自身的和短期的利益最大化,不惜以损害整个社会的利益为前提,特别是对于生态的破坏,而其他阶层对其又无能为力,且不说引发社会矛盾,仅从破坏生态文明建设、从而损害全体社会成员的利益这个角度来看,立法规范全社会的资源——特别是优势资源的占有和利用就十分必要。现在虽然有一些社会资源方面的立法,整体上来看,这些立法还是分散的、局部的和针对特定问题的立法,对于集中全社会的资源特别是优势资源来建设社会主义生态文明这个大课题来进行立法还是个正在讨论的问题。因此,从维护社会全体成员的利益出发,建立整体的生态文明立法,是规范资源利用、特别是集中优势资源,以促进全社会生态转向的必然要求。

生态文明立法有利于社会行为的趋利避害。法律不仅有约束作用、制裁作用,其中的引导作用十分突出,比如刑法,侧重于约束和制裁作用;而民法、经济法等法律,具有很大程度的指引作用,即指引社会行为向趋利避害的方向发展,这是立法的主要特点和作用之一。生态文明立法建设,除了需要立法对于破坏生态文明的行为进行制裁以外,主要的还是用立法规范指引社会行为趋利避害。对于自然资源的自由利用,在社会生活中的自发行为,社会生产的无序化,利益追求的自我化,最终结果必然是对于全社会生态环境的严重破坏,对于社会秩序的严重干扰,对于社会发展的严重阻碍。资本主义发生经济危机,就是因为生产的个体化和无序化,而经济危机的恢复与经济社会状况的好转,又多与国家和政府加强社会生产干预、管理与控制相关,资本主义生产的历史已经证明了这个规律。而国家和政府对于社会生产的干预，最好是采取立法的形式，因为立法具有长期性、稳定性和规范性的特点。因此，建设社会主义生态文明，进行立法，指引社会行为向着趋利避害的方向发展，是一条重要措施。

如前文所述，我国关于生态环境保护的立法已经形成较完善的法律法规体系，基本涵盖了我国进行社会主义生态文明建设的各个领域，是开展生态文明建设的基础与依据。但同时，生态文明立法中尚存在一些突出的问题，比如有些定性的规定有待进一步量化，以增强可操作性；有些对违反生态环境保护的行为惩罚措施较轻，需要进一步加强惩罚的力度，以使破坏生态环境的违法行为得到有效的根除；有些环境门槛、环境质量标准规定过低，在实践中已经不适应经济社会发展的要求，亟须调整（在此方面可以发达国家为鉴）；等等。但是，我们不得不承认，生态文明立法的根本意义还必须通过强有力的执法，通过切实有效的贯彻落实才能得到张显，而环境污染治理的最大困难还在于执法难、落实难，这成为我们今后很长一段时期必须努力克服的首要顽症。所以在生态环境的有关立法中，对执法不力、落实不严的状况的惩罚，也应该作为法律规范的一个必要的部分对每项法律法规进行充实完善。

第二节　防治环境污染，促进生态优化

我国政府从20世纪70年代以来开始关注环境问题，20世纪90年代开始重视环境污染防治工作，在防治环境污染、优化全国生态状况方面，做了大量的工作，也取得了一些成绩，比如，加快经济增长方式的转变，变粗放型的经济增长方式为以资源承受力为限，提高资源能源利用率，减少污染物排放的经济增

长方式;加强对环境产生重大影响的工业建设项目的审批;加强环境与生态立法;加快自然保护区建设等等。在这方面国家投入了大量的资金。

1999～2006 年全国污染治理投资图

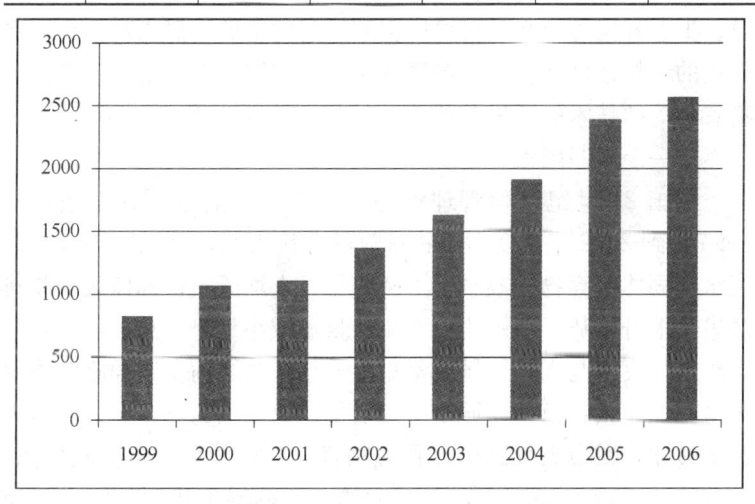

年份	全国污染治理总投资（亿元）	占当年GDP百分比（%）	比上年增长（%）	城市环保基础设施建设（亿元）	老污染源工业治理（亿元）	三同时新建项目（亿元）
1999	823.2	1.0	14	478.9	152.7	191.6
2000	1060.7	1.1	28.9	561.3	239.4	260.0
2001	1106.6	1.15	4.3	595.7	174.5	336.4
2002	1363.4	1.33	23.2	785.3	188.4	389.7
2003	1627.3	1.39	19.4	1072.0	221.8	333.5
2004	1908.6	1.4	17.3	1140.0	308.1	460.5
2005	2388.0	1.31	25.1	1289.7	458.2	640.1
2006	2567.8	1.23	7.5	1314.9	485.7	767.2

数据来源于《中国环境年鉴》2000——2007 年。

通过上图可以看出,我国对防治环境污染的投资呈逐年上升态势,从1999年的823.2亿元,发展到2006年的2567.8亿元,上涨了31.2倍,但是,整体来说,占国内生产总值的份额较低,与经济增长相比发展不快,1999年占GDP的1.0%,到2006年占GDP的1.23%,只上涨了0.23个百分点。据某外籍环境工程师看来,要想使环境状况真正得到改观,政府至少需要把国内生产总值的5%—10%投入到环保方面[①],也有人认为,如果环保投资能占到当年GDP的2%—3%,环境质量就会产生较大改善。我国的环保投资与这些估测相比还有很大的差距。鉴于中国仍然处于工业化的发展期,要保证经济增长与环境保护同步进行,这势必成为政府在环保方面投资增长的制约因素,资金缺乏成为环保最大的限制性因素之一。同时,我们还可以看出,每年的环保资金用于城市环保基础设施建设的比例较大,而用于农村的专项环保资金还是一个缺口,当然,农村通过自然保护区建设、生态补偿等财政项目可以得到一定的资助,但相对于全国更广泛的农村地区而言,这项环保资金的空缺对农村土壤改良、生物农药等新技术的开发与推广,饮用水安全以及植被保护等等,仍然是一个限制因素。

中国21世纪议程管理中心可持续发展战略研究组通过对1985年到2002年主要污染物排放的分析表明,万元GDP废气、废水与固体废弃物排放量呈下降趋势,人均废气、固体废弃物排放量呈上升趋势,但人均废水排放量呈减小趋势,总体而言,全国废气、废水与固体物排放量呈上升趋势。当前全国面临的主要环境问题包括:第一,城市空气污染向煤烟型与汽车尾气复合型污染转化,城市大气总悬浮颗粒物普遍超标并且污染比较严重,2002年在343个城市中,只有大约1/3的城市达到二级空气质

---

① 中国21世纪议程管理中心可持续发展战略研究组著:《中国可持续发展状态与趋势》,社会科学文献出版社2007年版,第102页。

量标准,符合人居环境条件;有多达107个城市空气质量属于劣三级,不适合人类居住。第二,水污染加剧。全国主要水系水质污染程度加剧,污染面积扩大,在质和量上都存在水资源危机。由于湖泊水库大部分受到总磷、总氮污染,富营养化严重,地下水普遍受到地表水入掺和农药化肥流失的污染,全国近50%城镇饮用水源地水质不符合标准,农村尚有3.6亿人喝不上符合标准的饮用水。① 第三,城市生活垃圾处理形势严峻,对环境安全与居民健康造成重大威胁。总之,从全国整体上来看,环境保护局部改善,但总体恶化。

胡锦涛在2004年9月19日《做好当前党和国家的各项工作》的讲话中指出:"虽然我国环境保护和生态建设取得了不小成绩,但生态总体恶化的趋势尚未根本扭转,环境治理的任务相当艰巨。环境恶化严重影响经济社会发展,危害人民群众的身体健康,损害我国产品在国际上的声誉。如果不从根本上转变经济增长方式,能源资源将难以为继,生态环境将不堪重负。那样,我们不仅无法向人民交代,也无法向历史、向子孙后代交代。"② 2007年11月,国家环保总局局长周生贤宣布,由于关闭了一大批污染企业,并进行了重点治理项目建设,在2007年第三季度扭转了我国主要污染物排放多年来持续攀升的局面。由环保总局制定的《"十一五"主要污染物减排考核办法》规定,减排结果将作为对各省级领导班子及领导干部综合考核评价的重要依据,所有这些努力都要为了"十一五"规划制订的到2010年末,大气主要污染物二氧化硫、水体主要污染物化学需氧量等排放总量

---

① 中国21世纪议程管理中心可持续发展战略研究组著:《中国可持续发展状态与趋势》,社会科学文献出版社2007年版,第233页。

② 《科学发展观重要论述摘编》,中央文献出版社2008版,第39页。

比2005年削减10%的目标。[①] 我国在建设社会主义生态文明中,要完成治理污染、保护环境、优化生态的目标,仍然任重而道远。

第三节　狠抓食品安全与饮用水安全,切实改善民生

各种环境污染与生态破坏的后果,日益影响到食品与饮用水安全,从而对人民的身体健康与生命造成直接的威胁。社会主义生态文明建设必须狠抓食品安全与饮用水安全,切实改善民生,尤其是在环境污染与生态退化的过程中,自我保护能力较差的低收入群体,更是社会主义生态文明建设中应该特别予以关注的对象。

2009年2月28日我国第十一届全国人民代表大会常务委员会第七次会议,正式通过《中华人民共和国食品安全法》,这是我国生态文明建设中具有标志性意义的积极成果,是随着我国社会主义现代化建设取得巨大的成绩,人民生活质量日益提高的表现,也表现了国家对切实改善民生的重视。但同时,这也表明,我国的食品安全问题已经愈益严重,特别是由于环境污染造成的食源、食材方面的安全问题尤其突出,必须以立法强制的形式加强管理与监督,《食品安全法》对食品安全风险监测与评估、食品安全标准以及违法后果等都做出了明确的规定。

中国食品安全现状严峻。首先,由于农药和化肥的大量使用,严重污染了水质与土壤,使农作物以及鱼类、禽类、畜类食

[①]《环保总局局长:主要污染物排放总量首次出现下降》,中国发展门户网,2007年11月15日。

品中,农药化肥含量超标,有数据显示:约有7%的中国耕地由于不适当的使用农药和化肥而被污染[①]。但也有文章说,中国大部分可耕土地,都受到了化学污染,喷洒的120万吨农药污染了3亿公顷的农田和森林,(中国政府从2007年开始才禁止使用大多数剧毒农药),而电子和工业废物的不恰当处理,也影响了约10%的中国土地[②]。虽然对受污染的中国土地面积估计不甚一致,但总体而言,污染大范围存在却是事实。除了这种食源性的污染,来自食品添加剂,以及动物饲养过程中激素与抗生素的超标使用等问题也十分突出。近年来,孔雀石绿事件、苏丹红事件、三聚氰胺事件等重大食品安全事件的频发证明了这一点,尤其在广泛存在的、大规模的水产养殖业与禽畜类养殖业中表现更为突出。《食品安全法》规定,必须由食品安全风险评估专家委员会的专家参加对农药、肥料、生长调节剂、兽药、饲料和饲料添加剂等的安全性评估,对食品安全风险评估结果得出食品不安全结论的,国家质量监督、工商行政管理和国家食品药品监督管理部门,应当根据各自职责,立即采取相应措施,确保该食品停止生产经营,并告知消费者停止食用。《食品安全法》第十七条规定,国务院卫生行政部门应当会同国务院有关部门,根据食品安全风险评估结果、食品安全监督管理信息,对食品安全状况进行综合分析。对经综合分析表明可能具有较高程度安全风险的食品,国务院卫生行政部门应当及时提出食品安全风险警示,并予以公布。《食品安全法》还对加入用非食品原料生产食品或者在食品中添加食品添加剂以外的化学物质和其他可能危害人体健康的物质,或者用回收食品作为原料生产食品,以及生产经营致病性微生物、农药残留、兽药残留、重金属、污染物质以及其他危

[①] 《中国的食品安全》,载《国外理论动态》2009年第2期。
[②] 《有机食品在中国的扩张》,载《国外理论动态》2009年第2期。

害人体健康的物质含量超过食品安全标准限量的食品等行为,视情节轻重分别予以没收违法所得、处以巨额罚款以及吊销营业执照等处罚。虽然《食品安全法》还有些细节及具体规定尚待完善,也存在对违法行为处罚偏轻的现象,但综合来看,《食品安全法》的颁行对我国食品安全问题的解决产生了积极作用。

饮用水安全是与食品安全同等重要的问题。2005年松花江水污染事件的爆发,标志着我国进入水污染事故高发期。2007年太湖、滇池、巢湖的蓝藻接连爆发,标志着中国进入水污染密集爆发的阶段①。党中央与国务院高度重视全国城乡饮用水安全问题,在2005年8月17日《国务院办公厅关于加强饮用水安全保障工作的通知》中,强调要加强水资源保护和水污染防治工作,规定依法严格实施饮用水水源保护区制度,合理确定饮用水水源保护区,严格禁止破坏涵养林和水资源保护设施的行为,因地制宜地进行水源安全防护、生态修复和水源涵养等工程建设;大力治理污染,严格实行污染物排放总量控制,严厉打击违法排污行为,积极推进循环经济,加快推进清洁生产;规定各地区要结合实际,定期开展对集中饮用水水源保护区的检查,对查出的问题要进行专项治理并挂牌督办。对违法违规建设的项目,要责令停建并限期治理整顿或拆除;对排污超标的企业和单位,要责令限期达标排放或搬迁。要积极开展农业面源污染防治,指导农户合理施用化肥、农药,严禁使用高毒、高残留农药,推广水产生态养殖,推进畜禽粪便和农作物秸秆的资源化利用。

中国政府在对饮用水安全的管理与监测方面,取得了很大的成绩。2000年中国安全饮用水综合普及率为80%,其中城市为97%,农村为71%,2006年中国安全饮用水综合普及率为

---

① 潘岳:《中国目前已经进入水污染密集爆发阶段》,中国发展门户网,2007年7月4日。

88%，其中城市为98%，农村为81%。① 虽然农村安全饮用水发展较快，从71%上升为81%，但整体而言，相对于城市饮用水安全还有较大的差距，数据表明，在2000年农村比城市低16个百分点，2006年低10个百分点，农村地区尤其是贫困地区的饮用水安全日益受到关注。截至2004年，我国还有33%的村庄没有合格的饮用水，自来水通村率也不到50%。《2004年中国农村贫困监测报告》显示，到2003年，我国贫困地区有18%的农户取得饮用水存在困难，14.1%的农户饮用水源被污染，37.3%的农户没有安全饮用水（已经除去水源被污染和取水困难的农户）。按饮用水水源来看，饮用自来水的农户占全部农户的32.2%，饮用深井水的农户占全部农户的20.9%，饮用浅井水的农户占全部农户的24.9%，直接引用江河湖泊水的农户占全部农户的6.9%，直接饮用塘水的农户占全部农户的2.3%，直接饮用其他水源的农户占全部农户的12.7%。在前三种水源中，去掉水源被污染和取水困难的农户，实际有安全饮用水的农户占总数的62.7%。②

食品安全与饮用水安全作为关系到国计民生的重大问题，必然成为社会主义生态文明建设的重要任务之一。在城市与农村，解决好广大人民群众的食品安全与饮用水安全，尤其是贫困地区与贫困阶层的食品安全和饮用水安全，是衡量社会主义生态文明建设成效的重要标准之一。我们在此必须强调在广大工人与农民群众中解决好这个问题。在社会主义初级阶段，尤其是实行社会主义市场经济以来，社会上产生了富裕阶层与普通民众阶层的分

---

① 卫生部编：《中国卫生统计年鉴》，中国协和医科大学出版社2008年版，附录2—4。

② 吕亚荣：《我国农村饮用水安全现状、问题及政府管制》，载《生态经济》，2007年12月15日。

殊，在食品选择与饮用水方面，富裕阶级自我保护意识、环境意识与生态意识较强，并且有财力支持，可以购买到较优质的产品，比如对有机食品的需求与消费的增长，就显示了富裕阶层以金钱买健康的意识。有机食品就是不是通过转基因技术获得的，在产品生产过程中不使用化学合成的农药化肥，没有使用催生调节措施或饲料添加剂，其生长遵循自然规律和生态规则的食品。有机食品数量较少，价格较贵，占全部食品市场份额的1％。普通民众缺乏对有机食品的持续购买力，依据笔者2008年某日在北京市石景山区沃尔玛会员店山姆超市的随机调查，受访顾客21人中，经常购买有机果蔬的5人，偶尔买过的11人，从没有买过5人，分别占总人数的24％、52％、24％，可以估算，在像北京市这样的大城市中，有70％以上的人不能持续的购买与消费有机食品，仍然以普通菜市场较低廉的疏果为主要食品来源。而且这个估算仅限于大中城市，在经济发展较落后的地区以及农村地区，比例就会更低。但不排除农民在自己的土地上种植化肥与农药含量较低的疏果，以供自己家庭食用，但比例不会很大。所以，我国的生态文明建设社会主义性质的体现，就是要让普通民众都能食用有机食品，可以通过法律强制以及财政补贴低毒或无毒、生物农药以及技术的普遍采用等措施，降低食品安全风险，促进食品的有机转型，在这方面还存在深入研究与探讨的很大空间。

第四节　使人口、资源、环境与经济社会协调发展

人口、资源、环境与经济社会协调发展，是保证中国社会主义生态文明建设取得实质成效的根本。在十七大明确提出生态文

明建设之前，中央文件都是在人口、资源、环境协调发展的部分论及生态环境问题，这是中国国情的特别体现，从20世纪70年代中期实行计划生育政策以来，中国人口增长得到明显控制，但是由于人口基数太大，即使增长率不高，而实际的人口规模也足以使资源、环境的承受力达到极限。即便这一政策持续的受到来自西方国家和国际人权组织的批评，但它不仅对中国经济保持较高的年增长率有重要贡献，而且也是决定着中国的生态文明建设能否取得实质成效的根本所在。

　　伴随着经济全球化的不断深化，中国人民受西方发达国家价值观以及消费观念的影响越来越大。2007年4月，由《中国青年报》进行的关于气候变化与可持续消费的调查显示，大多数中国城市居民最想实现的一大愿望，集中在"大面积住房"(38%)、"出国旅游"(21%)、和"拥有自己的汽车"(12%)三个方面，这个结果与2006年英国对年轻消费者调查的消费愿望几乎完全相同。[1] 如果从国家资源环境的承受力来看，这种消费愿望导致的结果将是灾难性的，如果中国公民的汽车拥有率达到美国的水平，中国的所有土地都用来建设停车场与公路也不会够用。丹尼斯·皮拉杰斯指出："假如中国奇迹般地达到了美国的消费水平，那么生态的灾难将是不可避免的，在这个假设中，中国的能源消费将会达到现有国内消费的约14倍，比现有全球能源消费高出25%，显然，如果中国人都住上复式结构的楼房，拥有可以停放两辆小汽车的车库，那么，这样的中国凭借地球上现有的可得资源是无法持续的。"[2] 胡锦涛在2004年3月10日在

---

　　[1] 《青年消费者支持节能减排但无从着手，冀望于政府》，载《中国青年报》2007年8月20日。

　　[2] 黄平编选：《与地球重新签约——哥本哈根社会发展论坛论文选之一》，人民文学出版社2003版，第268—269页。

中央人口资源环境工作座谈会上的讲话中,将可持续发展表述为"促进人与自然的和谐,实现经济发展和人口资源环境相协调,坚持走生产发展、生活富裕、生态良好的文明发展道路,保证一代接一代地永续发展"是十分确切的。在这个过程中,中国必须以社会主义为指导,培养与发展适合我国国情的消费理念与消费模式。虽然我国为了促进经济发展,尤其是受当前美国金融危机的影响,将拉动内需、促进居民消费当作一项重要措施,但我们必须清醒地认识到,鉴于我国经济发展水平以及居民生活水平的现状,更基于中国特有的人口、资源、环境条件,在消费行为中提倡节约、反对浪费,提倡俭朴、反对奢侈,仍然应该作为我们的一个基本规范。在胡锦涛同志提出的"八荣八耻"中,就明确地提出了"以艰苦奋斗为荣,以骄奢淫逸为耻"[①]。

第五节 完善生态文明建设的规划、管理和实施

国家机构是行使政府权力的职能部门。生态文明建设作为一项庞大的工程,必须要有一个专门的国家管理机构进行管理。这个管理机构的主要职能是:规划、组织、管理、协调、监控。协调,是指协调社会各个阶层、机构和领域等方面的利益关系,使之符合建设生态文明的要求。管理,是指按照立法的规定,引导、制约和纠正违反生态文明建设要求的行为。执法,是指依据法律规定,对于严重违反生态文明建设法规的行为,责令有关部门进行制裁。

要制定好建设生态文明的发展规划。规划是指对未来时间和

---

① 《十六大以来重要文献选编》(下),中央文献出版社2008年版,第317页。

空间行为的一系列的思考、蓝图、步骤与实施措施，是人类基于对研究对象变化规律的认识，根据现存条件，对未来活动有意识、有系统地安排，是对特定地域或者特定事物较大范围、较大规模和较长时间的发展方向和目标的设想蓝图，是一种战略性的全局部署方案。建设社会主义生态文明的发展规划，是指国家或地区建设社会主义生态文明的远景设想，是建设社会主义生态文明与国民经济和社会发展的中长期规划、各项宏观政策、协调部门和地区关系的较长时期的具有指导性、纲要性的文件。发展规划是社会经济发展的框架性依据。

社会主义生态文明的发展规划，要在国家立法的基础上，由国家负责生态文明的管理部门牵头，来逐步制定。这个发展规划一定要与国家社会和经济发展规划同步，也就是在国家发展规划里面增加专门的生态文明建设的部分。当然，规划的初期，可以首先制定有关生态文明建设的独立性的发展规划，随着生态文明规划的成熟，再列入国家发展规划。

生态文明建设的发展规划是一项浩大的社会、科学和创新工程，没有模式可以借鉴，因此，在学习借鉴国外关于生态文明建设经验教训的基础上，根据国内的实际发展情况，加大科学研究的力度，突出前瞻性、科学性、可操作性的特点。需要说明的是，生态文明建设规划不是生态保护发展规划，生态文明建设规划包括生态保护发展规划，但又远远大于生态保护规划，生态保护规划只是生态文明规划的一部分，生态文明规划更主要的是生态文明的建设，特别是针对不同领域、不同地域、不同阶层的社会成员、不同利益集团之间及个人之间的关系协调，以及在相当长的一段时间里的协调发展。而且生态文明建设的规划还要符合国民经济和社会发展规划。生态文明建设规划，要立足当前国民经济和社会发展的实际，在充分考虑资金、现有技术水平、经济环境、人民素质等因素的前提下，要特别根据科学技术发展前景，融入更多的科学技术元素。科学技术不仅是生产力，还是制订发展规划的重要依据之一，因为生态文明建设中不仅要考虑社会经济因素，更重要的是科学技术在建设生态文明的过程中是主导因素：生态保护、循环经济的发展都离不开科学技术的主导作用，所以生态文明发展规划要以科学技术的发展作为一条主线。

要切实落实政府部门管理生态文明建设的职能，即按照法律法规，对政府已经决定的计划、政策、路线加以具体实施。这种职能包括：对分管工作职能进行分解和细化，落实执行人，明确执行责任，有效资源的调配和运用，对于执行人员进行培训、考核，对管理工作进行过程监督、调整、纠偏和评估等等。

实行政府主管部门对于生态文明建设的专门管理，有着极其重要的意义和作用。首先，有利于落实责任。实行政府职能部门管理，就明确了政府是生态文明建设的第一责任人，根据问责制管理的要求，生态文明建设的规划、实施和组织等所有工作，各级政府都有了相应的责任，承担了一定责任的各级政府，就必然形成一个网络式的政府管理体系，因此，建立专门管理生态文明建设的政府机构是落实组织职能的基本条件。其次，有利于进行统一管理，防止政出多门。多年来的经验证明，由很多部门共同管理的事务，往往会各自为政，各管一段，达不到无缝衔接的要求。近几年出现较多的食品安全事故就是一个典型的例子。食品管理部门、食品监督部门、工商管理部门、食品检验部门以及食品生产行业和企业，对同一产品都有不同的产品质量标准，造成食品安全监督的缺失，成为出现较多食品安全事故的主要原因之一。再次，有利于资源的调配和运用。自然资源和社会资源是有限的，其再生能力受到许多因素的制约，但是，高速发展的工业化使资源的消耗呈几何级数增长，数倍于资源的再生能力，资源枯竭只是时间问题，在这种严峻的形势面前，保护资源、节约资源、促进资源再生、循环利用资源、开发新的资源、综合利用资源等一系列问题，就成为我们面临的一大课题，对资源进行协调综合管理成为必要。最后，有利于生态文明建设的发展。事物发展的客观规律证明，事物的发展变化是永恒的。生态保护、生态和谐、生态文明建设，是一个动态的、发展变化的过程，即使生态文明发展规划制定的已经相当完善，在实施过程中也会遇到经常的调整，这就需要一个专门的政府机构来管理。没有监督、调整、纠偏和评估的生态文明发展规划，就不可能得到很好的实施。可见，建立专门管理生态文明的政府机构，是落实生态文明建设组织实施功能的必要条件。

管理生态文明的政府部门力求将生态文明管理进行规范化的过程中，可以借鉴学术界的研究成果，比如生态文明指标体系，即设置一系列考核生态文明质量的指标，通过明确的量化，实现对生态文明建设现状的科学评价，同时对下一步的发展进行指导。当前已经有学者提出了非常明确的指标体系框架（见下表）[1]，并且和当地政府环境保护部门合作，对当地的生态文明建设状况进行评价，起到了较好的指导作用。当然，这个生态文明指标体系也处于发展与完善的过程中，但是在对生态文明建设提供科学的、整体的依据方面，的确有可供借鉴之处。

---

[1] 张铧、郑建华、庄世坚：《生态文明指标体系研究》，载《中国发展》2007年6月。

生态文明与社会主义

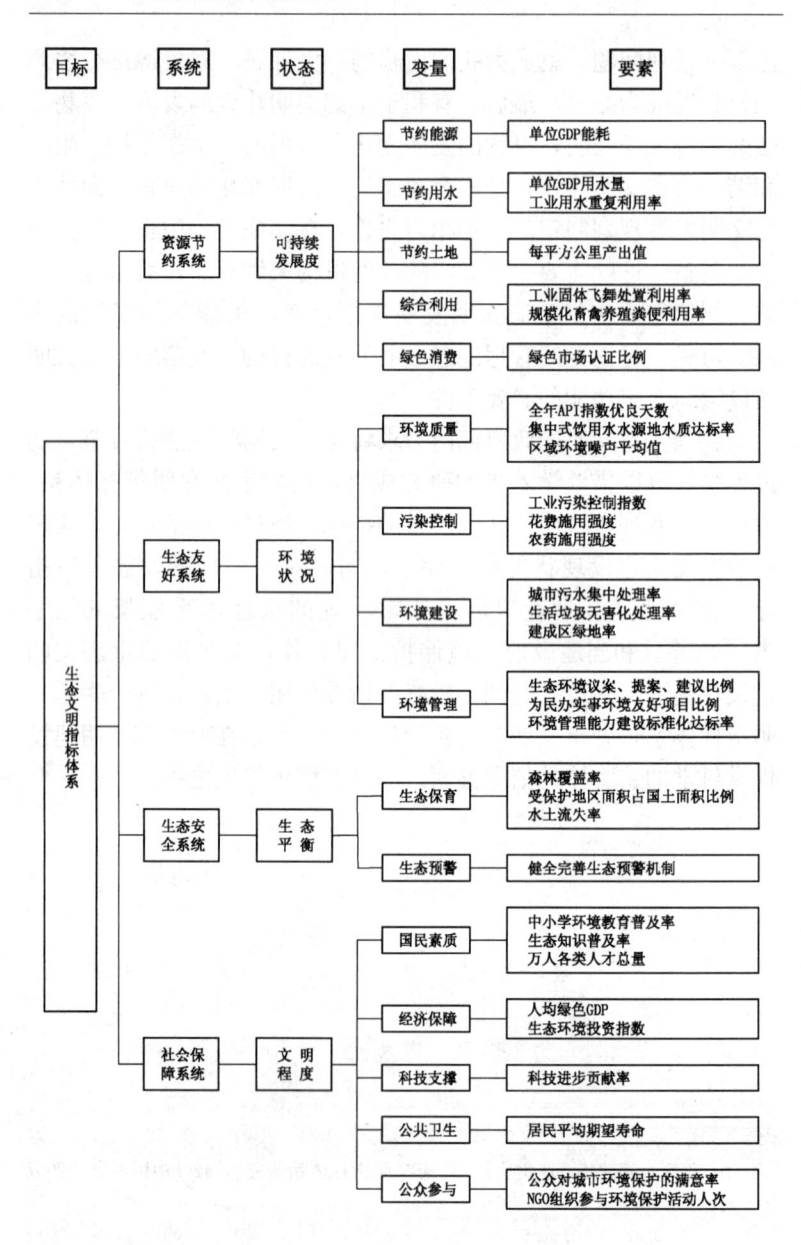

目标	系统	状态	变量	要素
生态文明指标体系	资源节约系统	可持续发展度	节约能源	单位GDP能耗
			节约用水	单位GDP用水量 工业用水重复利用率
			节约土地	每平方公里产出值
			综合利用	工业固体废弃物处置利用率 规模化畜禽养殖粪便利用率
			绿色消费	绿色市场认证比例
	生态友好系统	环境状况	环境质量	全年API指数优良天数 集中式饮用水水源地水质达标率 区域环境噪声平均值
			污染控制	工业污染控制指数 花费施用强度 农药施用强度
			环境建设	城市污水集中处理率 生活垃圾无害化处理率 建成区绿地率
			环境管理	生态环境议案、提案、建议比例 为民办实事环境友好项目比例 环境管理能力建设标准化达标率
	生态安全系统	生态平衡	生态保育	森林覆盖率 受保护地区面积占国土面积比例 水土流失率
			生态预警	健全完善生态预警机制
	社会保障系统	文明程度	国民素质	中小学环境教育普及率 生态知识普及率 万人各类人才总量
			经济保障	人均绿色GDP 生态环境投资指数
			科技支撑	科技进步贡献率
			公共卫生	居民平均期望寿命
			公众参与	公众对城市环境保护的满意率 NGO组织参与环境保护活动人次

第六章　中国社会主义生态文明建设与物质文明、政治文明和精神文明建设的实践关联

第一节　生态文明建设和物质文明建设中的矛盾和解决的思路

一、传统社会主义实践的有关经验与教训

改革开放之前，我国属于传统社会主义经济增长模式，由于工农业生产中广泛存在的粗放型经营方式，对资源能源的利用效率很低，产生的大量污染无法得到及时有效的治理；同时，也由于毁林毁草用于可耕地，从而在提高粮食产量的同时也破坏了生态平衡。1958年的大炼钢铁运动，不仅造成了资源的浪费，而且产生了大量的污染，不仅经济增长被这两项负数相加的后果所牵制，而且直接影响了人民群众的生产生活。

在传统社会主义模式的发源地——前苏联——我们同样可以观察到经济发展与生态灾难相伴出现的现象。西伯利亚开发的生态灾难、咸海的枯竭以及工业产生的巨大污染，都让那些信奉社会主义制度优于资本主义制度的人吃惊。戈德曼在1972年认为，苏联滥用环境的程度与美国相等，而库马洛夫则发现："当苏联

的生产总量只相当于美国的一半的时候,污染程度近似相等。"①但苏联在建国之初是非常重视环境保护的,"前苏联是世界上第一个建立自然保护区的国家。从 1925 年到 1929 年自然保护区的数量,从 4000 平方英里增加到 15000 平方英里。"② 1977 年苏联宪法规定了保护环境是国家与公民的基本义务。前苏联也实现了对贝加尔湖的治理,在城市中将工业区与住宅区分开,以及城市绿化与公共交通建设等环境方面的成就。但整体而言,经济发展付出的生态代价是巨大的。考虑到苏联模式特殊的时代背景,至少有以下两个原因需要考虑在内:第一,冷战时期的苏联时时处处以资本主义的美国作为自己的参照物,只有比美国经济发展的更快、人民物质生活水平更高,才能显示社会主义的优越性,否则,对人们的信仰就将变成一种挑战,在这种社会集体意识的氛围下,许多环境保护实践只能让位于经济增长了;第二,苏联的社会主义性质,决定了它不可能剥削殖民地,即不仅在国内不能剥削落后地区,而且即使在社会主义阵营内部也不能剥削其他的国家,这与资本主义在国家与世界范围内转嫁环境成本的做法截然相反,虽然可以作为社会主义属性的一个标志,但同时也付出了巨大的环境成本。

在 20 世纪 70 年代的社会主义者们看来,如果自然资源与生产资料都归国家所有,就能限制国有企业将环境成本外部化,因为任何外部化行为都将意味着由国家、进而由社会来承担环境成本,即自己造成的损失自己补偿,从而可以有力的保护环境与生态,即使有局部的环境退化也是暂时性的。事实上,这种观点不

---

① [印]萨兰·萨卡著,张淑兰译:《生态社会主义还是生态资本主义》,山东大学出版社 2008 版,第 47 页。
② [印]萨兰·萨卡著,张淑兰译:《生态社会主义还是生态资本主义》,山东大学出版社 2008 版,第 44 页。

仅在理论上是成立的,而且在实践上也可以发现支持的案例,比如古巴就成为成功实现环境管理的社会主义国家。"古巴有世界上最全面的循环再利用系统,它致力于创新型环保科学研究,并把大部分农业生产转变成使用有机化肥生产。古巴已经开创了小规模综合性农场经营,远离了单一的种植模式,并在大众中普及了有关古巴岛的环境教育。""古巴的森林覆盖率由15%上升到25%,古巴对自然灾害(如飓风)的应对措施,为全世界提供了典范。古巴正在努力将国家所有的电灯泡换成节能型荧光灯管,以减少二氧化碳的排放和电力的损耗。它在都市性农业、社区医疗、地方民主组织与国际医疗合作方面的成功经验都走在世界前列。"[1] 为了节约能源,古巴在20世纪80年代末、90年代初就出现了自行车热。[2] 当然,传统社会主义模式与中国和前苏联的生态退化有相关联之处,但并非唯一的原因,从古巴的成功经验,我们不仅证实了社会主义在解决环境问题方面有理论优势,而且有现实可操作性,最重要的是要找出一条适合本国国情的经济发展与环境保护的道路。

二、生态文明建设和物质文明建设的实践关联

改革开放以来,随着我国经济的持续高速增长,环境问题愈来愈严重,不仅经济实现了压缩式的增长,在短短几十年实现了西方国家要用一百年的时间实现的经济目标,而且环境状况也呈压缩式的退化。虽然在这个过程中,政府为了治理污染、阻止退化做了大量的工作,体现了社会主义制度的优越性,但总体来

---

[1] [美]马克·布罗丁:《工人阶级、环境与社会主义》,《马克思主义与可持续发展——世界政治经济学会第三届论坛(2008)》,第56页。

[2] 庞炳庵:《亲历古巴——一个中国驻外记者的手记》,新华出版社2000年版,第68—69页。

看，仍然有很大的、尚须努力的空间。2004年环保总局和国家统计局共同启动了"绿色GDP"项目，即综合环境与经济核算研究项目，在2006年9月，国家环保局和国家统计局联合发布了2004年绿色GDP核算报告，得出的基本结论是，2004年全国环境退化成本——即由环境污染造成的经济损失——为5118亿元，占全国GDP的3.05%。绿色GDP是一种国民经济核算体系，包括许多理论范式，概而言之，就是在传统GDP核算的基础上减去由经济增长而带来的环境成本——比如资源能源耗费、环境污染治理、生态退化等等——而得出的所谓的净增长或真实增长标准。虽然绿色GDP的计算在实践中仍有诸多问题，但它确实在经济增长与环境保护之间建立了一种可计量的关联模式，从而将环境退化作为一项经济成本纳入国家经济增长中，这既是物质文明建设的一个创新，也是生态文明建设取得实效的基础性依托。2005年，全国有十个省市区（包括北京、天津、河北、四川、安徽、广东、浙江、内蒙古等）开展了绿色GDP试点工作，这使许多人产生了较为乐观的看法，即环境指标有望成为地方政府政绩考核的一个重要因素而不能被忽视，从而使生态环境好转产生希望。但是由于环保部门与统计部门的计算方法存在分歧等原因，始终没有实现对外公布绿色GDP统计结果。绿色GDP遭遇搁浅说明，要将生态环境问题真正内化到经济发展中去，对于我国这样一个发展中国家而言，仍然任重而道远。

在绿色GDP的基础上，有学者在不同的侧面，如人均生态足迹、人类发展的福利指数以及资源生产率等方面，展开经济、社会、环境三者如何协调进步的探讨，都是很有意义的。

生态足迹（EF）（人均生态足迹ef）是指生产一定人口所消费的资源和吸纳这些人口所产生的废弃物所需要的生物生产性土地的总面积。它通过估算维持人类的自然资源消费量和消纳人类产生的废弃物所需要的生态生产性空间面积，并与给定人口区域的生态容量进行比较,来衡量区域的可持续发展状况。[①] 2003年,世界人均生态足迹2.64gha,中国人均生态足迹为1.9672gha,地球生态容量为1.8gha,世界生态赤字为0.84gha,中国生态赤字为0.1672gha。从数字可以看出,人类生产生活活动已经超出了地球的生态限制,照这样下去,不仅生态环境无以为继,人类的经济社会发展也将失去最终的自然物质依托。

人类发展指数(HDI)是联合国开发计划署在1990年提出的对人类福利进行概括性衡量的指标,它由预期寿命指标、知识水平指标与体面生活水平指标三部分构成。2003年世界人类发展指数的年均数为0.741,中国HDI为0.755,略高于世界水平。

年份	人类发展指数	真实GDP（亿元）	人均GDP（美元）	人均生态足迹
1980	0.559	7560.16	252.382	0.9754
1981	——	7917.07	285.22	0.9739
1982	——	8806.93	325.021	1.0150
1983	——	9760.28	369.779	1.0731
1984	——	11248.7	436.262	1.1497
1985	0.595	12774.75	503.02	1.2042
1986	——	13918.1	550.735	1.2260
1987	——	15546.26	621.05	1.2581
1988	——	17296.76	703.702	1.2957
1989	——	17956.78	748.943	1.3061
1990	0.634	18667.82	795.913	1.3118

[①] 诸大建主编:《生态文明与绿色发展》,上海人民出版社2008年版,第121页。

续表

年份	人类发展指数	真实 GDP（亿元）	人均 GDP（美元）	人均生态足迹
1991	0.612	20407.66	887.966	1.3427
1992	0.611	23378.18	1025.45	1.4024
1993	0.609	26368.6	1182.42	1.4857
1994	0.644	29823.01	1350.55	1.5563
1995	0.685	33073.68	1512.37	1.6423
1996	0.693	36381.04	1677.58	1.7528
1997	0.701	39764.47	1845.46	1.7367
1998	0.706	42866.21	1993.17	1.7288
1999	0.718	46124	2157.95	1.7088
2000	0.732	49998.26	2372.14	1.7124
2001	0.721	54148.29	2612.44	1.7547
2002	0.745	59075.81	2881.29	1.8336
2003	0.755	64983.23	3217.46	1.9672
2004	0.768	71546.74	3614.10	2.1941
2005	0.777	78987.5	4078.77	2.4587

资料来源：诸大建主编《生态文明与绿色发展》，上海人民出版社 2008 年版，第 125—126 页。

《生态文明与绿色发展》的学者对中国 HDI、GDP（人均 GDP）和人均生态足迹进行了汇总统计与分析，得出结论：1980 年——2005 年的经济增长带来了社会福利增长与人均生态足迹的增长，人民物质生活水平的提高与生态环境的退化是同步的，但是，随着生态环境退化的速度超过经济增长的速度，社会福利以及人民生活水平的增长将减缓，从而在突破"生态门槛"的同时突破"福利门槛"。如果这个结论可以成立的话，那么照原有经济增长模式继续进行下去，就很可能在一个距今不远的临界点上集中爆发生态危机、经济危机、社会危机与政治危机，所以，必须从根本上解决经济增长过程对资源消耗的过度依赖与资源能源利用的低效率，从经济过程入手，在产生良好的生态效益的基础上，实现经济健康发展，所以在现阶段，经济增速的适当控制，从长远和整体上来看，对调整经济结构、改变经济增长方式也许有一定的积极作用。

以上这些融环境因素在内的经济指标进一步促使人们在生产生活中，将物质文明与生态文明发展结合起来。比如在全社会大力倡导发展循环经济，实现工农业的生态化，将大大降低资源消耗与环境污染，在产生较好的经济效果的同时也产生良好的生态效果。丹麦、美国等西方国家的生态工业园区建设为我们发展循环经济提供了很好的经验，德国、日本、瑞典等国家的循环社会建设也对我们产生了较大的启示。以丹麦为例，在工业生产中，成立于一百多年前的丹麦热电联产制造厂，使用的能源来自生活垃圾的焚烧，在给社区提供电力的同时，把发电产生的余热以暖气的形式提供给附近的居民和医院。在生活中，将城市建筑物屋顶的雨水进行收集，经管道底部的预过滤设备进入贮水池储存，再利用水泵经过水门的浮筒式过滤器过滤后，用于冲洗厕所和洗衣服。丹麦每年从居民建筑物屋顶收集的雨水645万立方米，占居民冲洗厕所和洗衣服实际用水量的68%，占居民用水总量的22%。[1] 中国的循环经济也逐渐发展起来，以山东鲁北集团的生态工业园区建设为例，鲁北集团的绿色产业链之一就是利用磷铵生产废渣磷石膏制造硫酸联产水泥，硫酸返回用于生产磷铵，硫酸尾气回收处理后制成液体二氧化硫，用作海水提溴，同时将锅炉排放的炉渣作为混合材料制成合格的水泥，解决了磷肥工业

---

[1] 凌先有：《丹麦的生态文明建设》，载《水利发展研究》，2008年第12期。

"三废"污染处理的世界性难题。[①] 但是，中国距离建设一个公民具有高度环境自觉的循环社会，还有很长的路要走。比如垃圾分类已经实行很长时间了，虽然垃圾桶上都明确写明可回收与不可回收的字样，但是很少有公民自觉按照这个要求来做，尤其是城市社区的垃圾分类，距离严格意义上的、能够产生预期效果的目标还相差很远。

生态补偿与环境影响评价法律的实行，可以作为生态环境问题的经济社会解决的另外两条途径。"生态补偿是通过调整损害或者保护生态环境主体之间的利益关系，将生态环境的外部性进行内部化，达到保护生态环境、促进自然资本或生态服务功能增值的目的的一种制度安排，其实质是通过资源的重新配置，调整和改善自然资源开发利用或者生态环境保护领域中的相关生产关系，最终促进自然资源环境以及社会生产力的发展"。[②] 本着"谁损害、谁补偿，谁受益、谁补偿"的原则，在国家层面、地方政府层面、企业层面展开的人地补偿与人际补偿相结合的经济措施，比如对自然保护区的生态补偿，主要水系的下游对上游的生态补偿等等。生态补偿在一定程度上促进了补偿地区的生态修复。环境影响评价是对环境可能有重大影响的项目，在建设之前组织由专家和公众参与的论证以及论证结果发布会，来事先预测项目的可行性以及对环境与人身等方面造成的损害，从而决定是否进行建设的评估活动。恩格斯曾经指出，自然规律被人们掌握以后，人们就可以更好的驯服大自然，让自然力为我所用。环境影响评价可以看做是人类主动运用自然规律，遵守生态规则的理性选择。但在具体的实施中，也存在很多问题，比如，北京地铁

[①] 廖福霖等：《生态生产力导论》，中国林业出版社 2007 年版，第 127 页。
[②] 俞海、汪勇：《中国生态补偿：概念、问题类型与政策路径选择》，载《中国软科学》2008 年第 6 期。

四号线的成府路一站,经过北大校园,就地铁的震动对北大物理楼上价值几亿元的精密仪器的影响问题,进行了环境影响评价,虽然北大物理系证实,地铁的通过的确会产生一些对实验的影响,但环保局还是通过了项目建设的决定。

除此之外,还有绿色信贷等将物质文明与生态文明建设结合起来的许多具体措施,在此不再一一详述。但通过以上的论述,我们理解了,当代的物质文明建设是不能离开对生态环境因素的考虑的,换言之,生态环境指标已经成为经济发展的一个重要的、不可或缺的变量。我们可以通过借鉴西方发达国家的许多有益的经验,来服务于我国的物质文明和生态文明建设,而且我国是一个社会主义国家,在国家财政、政府主导、国家动员等方面都有很多的优势,在充分发挥这些优势的基础上,将生态文明建设与物质文明建设很好地结合起来,一定会取得良好的效果。

第二节 生态文明建设需要政治文明建设的保障和引导

一、生态文明建设要坚持法治原则

把中国建设成为一个社会主义法制化国家,是我们建设社会主义事业的主要任务之一,也是我国政治文明建设的根本任务之一。对生态环境问题加强立法监督,是我们解决环境污染治理与杜绝生态破坏的根本途径。根据《关于印发〈国家环境保护"十五"计划〉的通知》,我们了解到,国家共颁布了6部环境保护法律、10部相关资源法律和30多件环境保护法规,颁布了90余件环境保护规章,制定了427项国家环境保护标准,地方性环境保护法规1020件。随着经济社会的不断发展,这些数字一直呈迅速上升趋势，可见国家不仅对环境立法十分重视，而且也确实做了大量的工作，取得了实质性的效果。在法律约束下，工厂企业的排污行为受到控制，环境污染得到治理，自然保护区得以完整保持。但同时，我们也必须正视环境保护法律制定、执行等环节还存在相当多的问题有待解决。

首先，环境立法具有落后于环境实践的特点，即一般是先出现环境问题，经过一段时间的发展，发现这些问题具有一些相似的规律性，国家才会制定颁行相关的法律法规，对环境实践进行规范与约束，这也是法律制定的一般性特点。

由于生态环境问题包括人与自然的关系在内，与人际关系的发展相比，具有不同的特点。比如在人与人的关系方面，在相关法律颁行之前不合理的人际关系，可以在法律颁行之后得到迅速地改变，而人与自然的关系在被破坏损毁之后，虽然相关法律颁行之后，可以防止相似的人对自然的破坏，但是之前的破坏却已经发生了，而且生态灾难很难在短时间内修复，具有较强的不可逆性，这是生态环境立法滞后性带来的问题。由于生态环境的这个特点，就促使各级地方政府针对当地的具体情况，及时做出保护生态环境方面的行政规定与地方性法规，从而减轻由于全国性生态环境立法的滞后性而给生态环境造成的破坏与毁损的程度，缓解经济过快增长及人与自然环境的矛盾。

其次，环境立法中规定的许多环境标准不适于经济社会发展的水平，有些环境立法缺乏标准或标准不够细化，不易操作，有些已有的环境标准已经明显陈旧过时，这就使得许多工厂企业在排污方面虽然已经符合法律规定，但仍然会造成严重的环境问题，从而使法律流于形式，相当于实质上的空场。针对这种情况，国家在"十一五"期间计划修订近1400项环境标准，并完善环保标准的覆盖面，逐步健全完善环保标准体系。

再次，环境法规规定的许多惩罚措施不够严厉，有许多环违法行为只规定了行政处罚,也有经济罚款,而罚款金额不足以威慑环境违法行为的再次复发,鲜有刑事处罚。而实际上,随着经济增长带来的环境问题的日益严峻,对于中国这样一个人多地少的社会主义大国,必须充分保障大多数人民群众的生存权,只有对环境违法行为施以重典,对有些威及群体公共健康的环境违法责任人,可以处以极刑,法律只有在这方面进行严格的规定,对违法责任人进行严厉惩处,才会逐渐在企业、公民以及全社会形成环境保护的责任感和法律意识,从而对环境违法问题的发展进行有效的遏制。

最后,环境法律执行中存在着重大的缺陷。有许多污染企业引发环境问题以后,环保部门给出的限期整改的治理决策,在很大程度上流于形式,整改行为不能使环境状况取得实质性改善。有些群众反映大的污染企业被迫关闭,但污染企业仍然迁移到另外的地区重新开张,继续生产和继续污染,造成对土地、环境、生态以及人民健康循环式的轮流破坏。而且,更为严重的是,许多企业以及地方的排污、治污设备形同虚设,成为专门迎接上级检查的"花瓶",笔者在对山东鲁北地区某县的调查中,一位基层干部反应:"当地化工厂的污水处理设备只是摆设,平常根本不使用,只有迎接上级检查时才开动设备,主要原因是资金不足。"虽然国家在治理污染的基础设施方面投入巨大,但建成之后保持运转的资金耗费更多,这笔资金的来源是个大问题,这种情况在落后地区表现得尤为明显。在这些地区,经济增长相对于其他方面的工作,比如环境保护,仍然具有大家心照不宣的优先权,所以,"经济靠市场,环保靠政府",转变成了政府与市场都把经济增长捧上天,而环保工作无人管。在有些地方,环保只具有形式意义,在更多的落后地区,环保成为地方发展经济的绊脚石。在这些案例中,生态文明建设与物质文明、政治文明建设纠缠在一起,使问题更加复杂化,而往往通过环境群体性事件这种激进的方式爆发出来。

二、环境群体性事件以及地方政府的角色与责任

2005年《深圳市预防和处置群体性事件实施办法》中将群体性事件定义为："由人民内部矛盾引发的、众多人员参与的危害公共安全、扰乱社会秩序的事件。"根据参与人数的数量分为一般性群体性事件（5＜人数＜30）、较大群体性事件（30≤人数＜300）、重大群体性事件（300≤人数＜1000）与特别重大群体性事件（人数≥1000）。由于环境问题引发的群体性事件称为环境群体性事件。近年来，环境群体性事件以29%的年均增长率递增，已经成为危及政治、社会稳定、制约经济增长的重大社会问题。

首先，从环境群体性事件的发展演变的分析，可以看出问题十分严峻。

1999—2006年由环境污染引起的群众信访工作数据统计

年份	国家环保总局受理的群众来访（批）					国家环保总局受理的群众来信（封）				
	涉及水污染	涉及大气污染	涉及噪声污染	涉及固体废弃物污染	总计	涉及水污染	涉及大气污染	涉及噪声污染	涉及固体废弃物污染	总计
1999	93	45	—	—	142	430	304	147	40	739
2000	96	65	33	9	176	442	423	175	73	782
2001	110	47	20	15	181	720	640	213	83	1297
2002	124	73	30	14	179					1346
2003	—	—	—	—	169	—	—	—	—	1250
2004					332					1924
2005	156	174	78	18	320	880	1169	378	138	1723
2006	189	178	90	38	377	1158	1209	446	162	2365

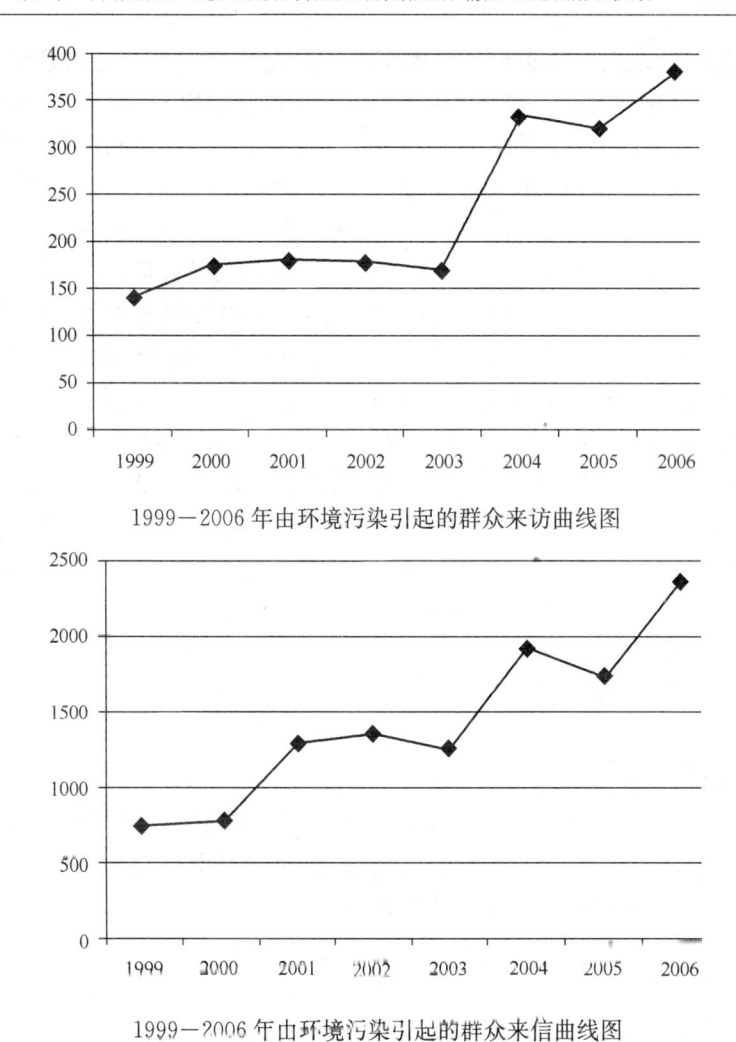

1999—2006年由环境污染引起的群众来访曲线图

1999—2006年由环境污染引起的群众来信曲线图

* 数据来源于《中国环境年鉴》,其中破折号标注的项目为没有数据。

根据数据统计与曲线图,我们可以看出,虽然个别年份由于环境污染而引发的群众来信来访稍有降低(比如,2003年的数量降低,其中非典期间2003年上半年对进京的控制就是一个主要因素），但总体来说，呈现不断上升而且呈加速上升的趋势。原因是多方面的，客观上由于我国持续保持年均8%—11%的经济增长率，而依靠固定资产投资为主的粗放型经济增长模式，仍然占据主导地位，这势必造成环境压力加大，工业排污增大的趋势。同时，虽然环境执法力度越来越大，比如个别年份，2005年就出现了来信来访的短暂下降，以及程度短暂降低，但整体而言，环境形势依然十分严峻，给人民生产和生活造成的损害也逐年增加。除此之外，从2003年起，以北京为首的全国私家车销售量迅猛攀升，据统计，北京的机动车数量从1949年的2300辆，到1997年5月的100万辆，用了近50年的时间，从1997年5月的100万辆，到2003年8月的200万辆，用了6年的时间，而从2003年8月的200万辆到2007年5月26日的300万辆，用了不到4年的时间，这也在一定程度上解释了，在水污染引发的环境污染事件持续占据总数50%以上的同时，大气污染程度逐年加重的事实。

  环境污染案例是与环境群体性事件密切交织在一起的，许多集体性的环境信访案例，直接就导源于环境群体性事件。而大量的环境群体性事件也主要归因于信访工作没有做好，所以从环境信访的数据统计，可以反映出环境群体性事件的许多特征。根据《中国环境年鉴》对群众信访工作的分析，关于环境污染引发的群众纠纷主要集中在以下几个方面：

  1. 一些经济落后地区的县、镇、乡政府和农村为发展经济盲目引进污染项目，污染企业多在不办理环保审批、没有环保设备或环保设施不运行的情况下，擅自投入生产，产生的废水、废气、废渣不经治理直接排放，污染了当地的土地、水源与空气，直接影响农作物生产与当地居民的身体健康，这在农村地区较为严重，也是农民环境信访的主要问题。2. 新建或改扩建的水泥厂、钢铁厂与居民之间的防护距离不足，粉尘、噪声污染严重；

矿山开采及选矿中,废水、废渣不经治理随意排放或堆放,造成生态环境破坏及农田的污染。3.政府下达的关停污染企业的决定无法贯彻执行。污染企业继续生产,造成环境污染反弹,群众反复举报,当地政府置之不理。4.电磁辐射污染问题日益突出。在居民居住区、人口稠密区、自然保护区周边新建或扩建无线通讯发射塔,高压输变线路,变电站和电厂的选址等项目,导致居民对此问题强烈不满,引发群众集体上访。5.垃圾填埋场对周围环境及地下水的污染。6.环保部门行业作风问题,包括基层环保部门对群众反映的污染问题查处不及时,或干脆不处理,环保部门中有人在污染企业中参股或拥有暗股,利用职权包庇污染企业,为企业通风报信、对监管企业索贿受贿。7.环境评价部门对新建或改扩建项目的环境影响报告书弄虚作假,欺瞒群众。[①] 这些问题是导致环境问题群众信访事件的主要原因。由于环境污染问题引发的群众信访得不到及时有效的解决,导致群众反复上访、重复上访现象严重。当群众对司法解决、行政解决的期望破灭之后,就极易发展成为环境群体性事件。

其次,环境群体性事件的分类与特点。

从触发环境群体性事件的直接原因来看,一般可分为反应型和预防型两种;从利益相关的角度,即动机方面,可以分为个人利益密切相关型与公益价值取向型。反应型环境群体性事件,指由于环境污染影响到居民生活,经多方交涉、长期交涉无效,而导致的群众集体与污染制造方或当地政府进行对抗的群体性事件,当前农村地区、落后地区的环境群体性事件大多属于这一类型。预防型环境群体性事件,指由于居民认为将要进行的项目会对当地的居住环境与实际生活、身体健康造成不良影响或危害,而主动进行的阻止项目建设的群体性事件,有许多城市的环境型

---

① 《中国环境年鉴2005》,第321页。

群体性事件属于这一类型。2007年厦门"PX项目"风波是比较典型的案例。当前我国的环境性群体性事件绝大多数属于与个人利益密切相关型的,而公益价值取向型的环境群体性事件并不多见。

当前我国环境群体性事件具有一些共同的特征,有学者这样总结道:"地方政府为发展经济引进污染企业,民众因受污染四处告状得不到处理而采取自救式维权;地方政府以维护社会治安为名动用警力,进而引发警民冲突,维权民众被以妨害公务罪或扰乱社会秩序罪判刑。"[①] 也有人从法律的角度出发,认为环境群体性事件除了具有群体性事件的一般性特征——即引发的突然性、情况的复杂性、经济利益的主导性、起因一定程度的合理性——以外,还具有一些相对独立的特点,如:预警相对容易,发生地域的不确定性以及参与者诉求的多样化等等。笔者认为,环境群体性事件除了以上特点还应该具有:发生的原因一般具有合理性,但是在进展过程中容易造成对抗行为的失控,以及由于缺乏处置环境群体性事件的法律依据,地方政府容易处置不当等特点。

最后,我们以两起有代表性的典型环境群体性事件案例为基础,来分析解决环境群体性事件的途径。

反应型环境群体性事件的典型案例是发生于2005年的浙江省东阳画水事件。浙江省东阳市画水镇本来依山傍水,风景秀丽。可是,自2001年起,地方政府占用千亩土地建设竹溪工业园区,引进13家化工、印染和塑料企业。这些工厂常年排出大量的废气、废水,严重影响到了周围居民的身体健康。村民多次到东阳市、金华市以及浙江省的环保部门上访,并向省环保局和

---

① 于建嵘:《当前农村环境污染冲突的主要特征及对策》,载《世界环境》2008年第1期。

国家环保局投诉未果。2005年3月20日,村民开始在化工园区进区路口搭建了十多个路障和毛竹棚,由村里老人驻守,阻止厂区车辆运送原料和货品出入。4月10日凌晨,政府出动3000工作人员,强行拆除农民搭建的占道竹棚,引发万余民众围堵,参与清障行动的工作人员中,有数十人受到不同程度的伤害,其间有68辆车被砸毁,经济损失380余万元。事后8名村民被判刑,东阳市主要负责人受到处分。[①] 这起事件是典型的由于地方政府与污染企业勾结,对群众的环境诉求处置不当造成的。在某种程度上可以说,这是村民与地方政经一体化机制之间的对抗。

上文我们在论述环境问题群众信访中主要集中的问题时也提到,地方基层政府或环保部门的负责人,由于得到来自污染企业的贿赂,直接就成为污染企业的帮凶。污染企业不仅是当地的纳税大户,对地方财政有实质性贡献,而且与政府或环保部门的官员直接利益相关,成为当地群众的环境诉求得不到回应与解决的直接原因。于建嵘将这种事件中的群众行为称为"自救式维权",是有一定道理的。但在群众与污染企业的对峙中,不仅由于群体性情绪容易失控,而且地方政府由于不适当的动用警力,而促使事态进一步激化。在这种类型的事件中,政府与警方要非常注意工作方式与工作态度,政府如果切实站在人民群众的立场上,来处理与解决问题,比较有利于平息事件的进一步发展。所以地方政府的立场、扮演的角色以及发挥的作用,就成为生态文明建设与政治文明建设共同关注的问题。

预防型环境群体事件中,最有代表性的是2007年6月的厦门PX项目风波。PX项目是厦门市政府引进的、总投资额达108亿元的腾龙芳烃(厦门)有限公司的一个化工项目,按照预

[①] 于建嵘:《当前农村环境污染冲突的主要特征及对策》,载《世界环境》2008年第1期。

期，该项目建成投产后，将成为中国最大的 PX 生产企业，从而能为厦门增加 800 亿元的工业产值。但是，由于 PX 项目距离国家级风景名胜区鼓浪屿仅 7 公里，距有 5000 多名学生的学校仅 4 公里，项目 5 公里半径范围内的海沧区有 10 万多人口，居民区与厂区最近处不到 1.5 公里。PX 项目存在着泄漏或爆炸的隐患，一旦发生事故或自然灾害危及项目安全，厦门市的百万人口将面临危险。在 2007 年 3 月的全国政协会议上，有 105 名专家与政协委员联名签署的《关于厦门海沧 PX 项目迁址建设的议案》被媒体披露后，引起广泛的社会反响。厦门市著名的网络社区小鱼社区以及厦门大学的 BBS 上，关于讨论 PX 项目的帖子吸引了数以万计的点击率，加强了当地居民抵制 PX 项目的集体信念。在 2007 年 5 月，通过手机短信的方式，散发市民集体上街"散步"的消息，最终引起 6 月 1 日厦门市人民为了抵制 PX 项目而进行的环境群体性事件。2007 年 12 月 5 日《厦门市城市总体规划环境影响评价》专题报告完成，进入公共参与阶段。12 月 13 日与 14 日，市政府就 PX 项目举办了两次有市民代表参与的座谈会，99 名市民代表参加，有 85％以上的代表反对 PX 项目继续兴建。2008 年 1 月上旬，市政府作出 PX 项目迁址建设的决定。① 从这次事件中，我们可以看出，严格执行环境评价法具有重要意义，同时，市民理性的参与政府组织的环境影响评价座谈会，为公民在守法、理性的前提下，合理的参与地方性或社区性政治生活提供了一个范例。在社会主义政治文明建设中，积极推进基层民主建设是一项重要任务。在政府组织下，公民对当地的公共事务进行民主的讨论，参与当地政策的制定与实施，可以作为基层民主实践形式来进行研讨。在厦门 PX 项目风波中，我

---

① 《中国环境的危机与转机（2008）》，社会科学文献出版社 2008 版，第 131—133 页。

们还看到了网络、媒体以及手机短信在群体性事件中的重要作用，政府、公安以及电信部门，在保障公民基本权利的前提下，如何积极防范它们的消极影响，也是一个值得探讨的问题。

总之，对于应对与解决环境群体性事件，我们应该从以下几个方面着手：首先，必须加强关于环境群体性事件的立法，从而在应对中做到有法可依；其次，地方政府在树立科学发展的正确的政绩观的同时，大力打击官员与污染企业利益勾结的腐败行为，加强"立党为公，执政为民"的信念教育，真正为人民做实事、做好事，而不能从部门利益或个人利益出发，对群众的环境诉求不作为或恶作为。地方政府只有顺应民意，树立科学的发展观，才能实现既能保证经济增长，又能切实维护群众的环境和健康等基本权益，促进经济社会可持续发展。2008年下半年开始至2009年3月，从中央到地方广泛开展的学习与实践科学发展观活动，可以作为地方政府转变政绩观的一次契机。所以，绝不能将其理解为一种运动式的学习活动，而是要在思想上切实理解与体会，形成科学发展的政绩观，从而指导实践工作，实现"执政一方，造福一方"的真正为群众谋福利的执政理念，这也是中国共产党党中央对各级组织的基本要求之一。

第三节 生态文明建设与精神文明建设的实践关联和互促关系

生态文明建设和精神文明建设的实践关联十分密切。首先，科学技术的高度进步为防治环境污染、促进生态优化提供了基础和前提。在很大程度上，生态文明建设和科学技术的进步是密切相关的。虽然也有许多西方马克思主义者对科学技术的生态后果提出质疑，更有激进的生态中心主义者认为科学技术是造成生态危机的重要因素，从而反技术、反进步、反发展，甚至主张人类应该"回归"古典的生产生活方式。事实上，正如生态马克思主义指出的，造成生态危机的根源并非科学技术本身，而是科学技术的资本主义使用。科学技术本身是中性的，在社会主义条件下，科学技术不是为资本家阶级赚取利润的服务工具，而是为了从根本上改善人与自然之间的紧张关系，这样就能把科学技术的最大潜能发挥出来，为实现人与自然的和解作出贡献。但同时，我们也必须看到，由于人类的认识水平是随着社会发展而不断发展的，在科学技术使用过程中，某些对生态环境的消极后果并非人们短时间所能认识到的，所以既要大力发展科学技术在发展生产力、解决生态危机方面的应用，同时也必须慎重。

其次，精神文明建设以提高人的素质为重要内容，而生态文明建设作为一个需要全社会动员、每个人参与的事业，人的素质建设就显得尤为重要。如果全民素质都有了较大的提高，那在保护环境、节约资源等方面的努力就会显示出较好的生态效应。

最后，生态文明与精神文明建设的实践关联主要通过消费主义文化在中国造成的生态后果体现出来。中国是一个处于社会主义初级阶段的发展中国家，实行社会主义市场经济体制是现阶段的必然选择。市场经济促进了经济社会的发展，但是也带来了许多负面影响，比如消费主义在中国的兴起。在前文我们已经分析了消费主义的资本主义性质及其反生态的特点，事实上，消费主义行为不只是成为生态环境的压力，而且对于消费者的心理与精神同样造成压力。只要不属于生活真正富裕的大资本家阶层，经历"逛街"与"购物"行为之后的消费者，在体验了短暂的满足与愉悦感之后，接下来就是长期的压力，比如由于透支而造成的还贷压力等，所以，从形成积极的社会价值观、消费观和幸福观，以使人与自然、社会与自然和谐发展的角度来看，消费主义文化作为资本主义的伴生物是应该受到批判的。而且在许多学者的撰文中，作为一种价值观的消费主义也的确遭到了批判。王岳川在一篇文章中写到:"消费主义对物质精益求精和永无餍足的渴求，在怂恿人们过量消费而造成精神颓丧的同时，造成了环境超前消耗而恶化污染，非理性攀比的疯狂消费观受到意识话语的鼓励，使这个本来就面临资源逐渐耗竭、污染日益加剧的地球越来越不堪重负。可以说，消费主义修改了人们的幸福观和价值观，造成了自然环境和人文环境的双重恶化。"① 然而在现实生活中，消费主义在中国的兴起却是一个不争的事实。从改革开放30年的历史演变中，我们可以看到在生活质量提高的同时，人们的消费观念也改变了许多。反应在大众认可的奢侈品方面，六十年代是手表、自行车、缝纫机，八十年代是彩电、冰箱、洗衣机，到了九十年代之后是电话、空调，以至于别墅、私车等等。

广告在刺激消费主义走向强大的过程中也起到了重要作用。"2003年中国广告资金额是1078亿元人民币，相当于国家这年GDP的1%，约相当于国家对于全民初等教育的投资。"② 在一个讽刺的语境中，我们似乎可以将于广告作为国民教育的一部分来理解。黄平指出:"社会的发展进步反映在生态意义上、环境意义上和我们生活的质量上，我们每一个人生活幸福与否，不是你有多少钱，而是真正实际上我们的安全感和幸福感，这和消费并没有正相关的关系，更没有因果关系。"但是消费主义这一静悄悄的革命，还是开始了并迅速发展起来，它在我们日常生活中，慢慢地改变了我们的社会关系与人际关系。③

---

① 王岳川:《东方消费主义话语中的文化透视》，载《解放军艺术学院学报》2004年第3期。
② 郑也夫:《消费主义批判》，载《书摘》2008年第3期。
③ 黄平:《生活方式与消费文化:一个问题，一种思路》，载《江苏社会科学》2003年第3期。

这个后果至少在目前看起来是严峻的，邓常春与任卫峰在《消费主义的中国版及其生态影响》中写道，"我国目前是世界上煤矿和化肥最主要的生产和消费国，杀虫剂的第二大生产和消费国，钢产量排名第一，发电量排名第二，化工纺织产品也位居第二，也是世界上第三大石油消费国。我国的汽车产量位居世界第三，仅次于美国和日本，我国的木材消耗也居世界第三，这些木材是乡村地区的能源（薪柴），也被用在纸和纸浆业以及蓬勃发展的建筑行业。在20世纪90年代后期我国颁布了禁伐自然林的命令之后，我国的木材进口增加了6倍，正赶超日本成为世界上第一大热带林木的进口国。我国对木材的需求对地球的森林资源造成了巨大压力，砍伐森林转移到了其他国家。我国一半以上的进口木材来自俄罗斯、印度尼西亚和马来西亚，这些国家都在与滥伐和非法砍伐作斗争。生活水平的提高也导致了人们对肉类和鱼类更多的需求。在东北，三江平原的淡水沼泽地已经被改造为农田。对肉类更大的需求带来的是更大规模的谷物生产，以用来饲养动物。人均鱼的消费量在过去的四分之一世纪里，已经增长了五倍，我国同时还出口鱼类、软体动物和其他水产。我国的渔民们已经把渔网撒到了世界各地，包括在诱人的非洲西南海域里搜捕鱼类（这些行为并不全是合法的），过度捕捞还发生在我国的深海和沿岸地区。由于工业和废水排污，再加上农业和水产养殖过程中化肥、杀虫剂和粪肥肥料的排泄，河流和地下水源的水质变差。所有的含养分排泄物导致藻类的过度集中，这个过程即水体的富营养化过程。我国约75%的湖泊以及所有的近海海域都被污染了，我国海洋中的赤潮（即浮游生物大量繁殖，对鱼类和其他海洋生物有毒害作用的生态现象）已增加到每年近100

次,而在 20 世纪 60 年代,每五年才出现一次"①。从中我们可以看出,迄今为止,消费主义对中国的生态环境已经造成了非常严重的后果。"当大多数人看到一辆汽车,首先想到的是它导致了空气污染,而不是它所象征的社会地位时,环境道德就到来了。同样,当大多数人看到过度的包装、一次性产品或者一个新的购物中心而认为这些是对他们的子孙犯罪而愤怒时,消费主义就处于衰退之中了。"②

人们要在世界上生活生产,就必然会进行各种各样的消费活动。中国目前应该大力倡导和谐消费观。在中国社会主义生态文明建设中,所谓和谐消费观,就是指人们在生产生活中对资源、能源、物品等等的消费活动,都要以与自然界的协调为根本出发点,抵制或反对那些违反"资源节约型、环境友好型"社会原则的消费活动。具体包括,和谐的消费意识、和谐的消费行为与和谐的消费结果。和谐的消费意识是指,人们在消费活动中要时刻提醒自己及他人,要节约资源、保护环境,保持生态平衡,环境意识成为内在于人们的各种消费活动的一个先在的因素,从而时时处处对人们的消费活动产生影响与制约。和谐的消费行为是指,人们购买绿色、环保商品用于消费,在购买、消费的整个过程中,都时刻注意消费行为对环境的影响,厉行节约、反对浪费,避免或减少对生态环境的破坏。在和谐的消费意识与消费行为的基础上,使整个消费活动对自然界的负面效果降至最低,或者产生某种程度的积极影响,从而实现人与自然、社会与自然之间物质变换的合理与和谐。中国是一个处于社会主义初级阶段的

---

① 邓常春、任卫峰:《消费主义的中国版及其生态影响》,载《生态经济》2007年第2期。

② [美]艾伦·杜宁:《多少算够——消费社会与地球的未来》,吉林人民出版社1997年版,第103—104页。

大国，人口多、底子薄，人口与资源之间的矛盾十分突出，如果盲目效仿西方社会，使消费主义大行其道，只会加剧人口与资源之间的矛盾，使经济社会失去可持续发展的基础，所以，提倡与践行和谐的消费观就成为建设社会主义生态文明的重要内容。

结束语：中国社会主义生态文明建设在解决全球生态问题中的责任

我们对马克思恩格斯自然观及其生态启示的论述中，可以看出，资本主义制度在本质上是反生态的，资本主义的唯利是图、急功近利与生态文明的整体性与长期性特点根本不相容，资本主义制度造成了对人周围的自然界与人自身自然的双重破坏，并把这种破坏作为资本增长的基础，所以在本质上，资本主义的发展是恶性循环与自我背反的发展。而且，伴随着资本的全球扩张，势必将这种破坏运动带至世界的每个角落，资本的破坏性而非建设性决定了，在它的影响下生态文明建设难以取得任何实质性进展。因为在资本主导的世界中，局部的改善只能意味着更广泛的破坏。这个过程终止之处即是资本本性的丧失之时。社会主义是对资本主义的积极扬弃，在社会主义制度下，虽然依然存在人与自然的物质变换、存在着人的必要劳动。但是，这种物质变换是在最合理的情境下发生的，而社会必要劳动也由于剥削的消除与按劳分配（按需分配）的实行而达至最小化。人与自然的和解建立在人与人、人与社会的和解之上，而人在社会关系领域的和谐也愈益通过人与自然关系的和谐体现出来。生产力的高度发展与生产资料的社会所有是实现这个和谐社会的物质基础。

新中国建立后，我国确立了社会主义基本制度，社会主义理念不仅仅体现在我们的旗帜上，而是渗透与影响了社会生活的方方面面。到2010年，社会主义新中国已经建立61周年。经过这么多年的发展，社会主义观念已经深入人心。就像中国传统社会的儒释道思想一样，社会主义文化也已经成为中华文化的一个有机组成部分，这已是不争的事实。所以社会主义与生态文明理念的内在一致，使我们建设生态文明具有良好的理论基础与观念基础，这是我们必须保持并发扬光大的优秀文化成果。但是，必须正视的现实是，我国依然处于并将长期处于社会主义初级阶段，并且，建立与发展社会主义市场经济体制来实现解放生产力、发展生产力的历史重任，既要利用资本、利用市场，又要抑制或消除资本与市场带来的消极影响就成为我国在社会主义初级阶段这样一个长期的历史过程中最值得探讨的理论问题与实践问题。其中，资本取向与市场取向给中国这样一个具有十几亿人口的发展中国家带来的资源、环境压力，使中国经济社会长期处于一种超负荷运转的状态。在科学发展观指导下的可持续发展是对这种状况的有针对性的治疗方案，而且它作为长期性与整体性的社会发展的战略，对社会主义初级阶段的整个历史进程都有指导意义。在中国共产党的坚强领导下，加强法制与教育，依靠广大人民，假以时日，社会主义生态文明建设是能够取得实质成效的。

生态环境问题是一个全球性的问题，单靠一个国家、一个地区的坚持和努力，只能缓解局部的环境问题。中国在全球经济政治体系中发挥着日益重要的作用，从而也应当在推进全球生态问题的解决中，做出与自身国际地位相称的贡献，这是关乎子孙后代的长远事业。在生态环境问题上，加强国际合作，同时又对发达国家生态殖民主义的行径进行有理有利有节的斗争，并且将合作与斗争结合起来，促进全世界生态环境问题以及第三世界的经济社会发展与生态环境保护朝向较优的方向发展，是社会主义中国不可推卸的责任。在合作中谋发展，以斗争来促进步，成为中国在社会主义初级阶段参与国际事务的策略安排。在这个过程中，毫不松懈地将社会主义与生态文明一致的科学理念发挥推广开来，使中国不仅成为促进世界经济社会生态化转向的推进者，而且成为世界社会主义事业复兴的旗手，这是我们国家的历史责任。

　　但是我们必须对社会主义生态文明建设有一个清醒的认识。由于资本主义不仅将长期存在，而且具有经济、科技、军事和舆论上的优势，资本的逻辑也就是高兹所谓的经济理性还将依然在经济社会生活中占据主导地位，所以生态问题的彻底解决仍然困难重重、任重道远。而且人类对生态问题的认识、对生态规律的把握都有一个由不认识到有所认识、由自发到自觉、由浅入深的过程，通过资金投入、环保科技以及制度保障来进行的生态优化亦需要长期不懈的坚持和努力。我国长期处于社会主义初级阶段、实行社会主义市场经济体制，又处于经济全球化的激烈竞争之中，所以我国的社会主义生态文明建设必将是一个长期的、循序渐进的过程，但是，无论这个过程有多么漫长、多么艰难，只要我国坚持生态文明建设的社会主义性质、坚持在整个中国特色社会主义的社会文明建设中把"生态文明建设"置于突出的和应有的地位，我们建设生态文明的前景就将会是光明而美好的。

参考文献

著　作

[1] 《马克思恩格斯选集》一、二、三、四卷，人民出版社，1995年版。
[2] 《马克思恩格斯全集》3、30卷，人民出版社，1995年版。
[3] 马克思：《资本论》一、三卷，人民出版社，1975年版。
[4] 马克思：《1844年经济学哲学手稿》，人民出版社，1985年版。
[5] 恩格斯：《英国工人阶级状况》，人民出版社，1956年版。
[6] 《列宁选集》一、二、三、四卷，人民出版社，1995年版。
[7] 《毛泽东选集》一、二、三、四卷，人民出版社，1991年版。
[8] 《邓小平文选》一、二卷，人民出版社，1994年版。
[9] 《邓小平文选》三卷，人民出版社，1993年版。
[10] 《江泽民文选》一、二、三卷，人民出版社，2006年版。
[11] 李崇富：《较量：关于社会主义历史命运的战略沉思》，方志出版社，2007年版。
[12] 李崇富、罗文东、陈志刚主编：《阶级和革命观点研究》，中央编译出版社，2008年版。
[13] 靳辉明主编：《中国特色社会主义理论体系研究》，海南出版社，1998年版。
[14] 赵智奎：《精神文明建设论》，江西高校出版社，2003年版。
[15] 赵智奎：《邓小平理论的范畴体系》，河南出版社，2001

年版。
- [16] 罗文东：《中国特色社会主义文化理念论》，中国法制出版社，2003年版。
- [17] 罗文东：《中国特色社会主义理论体系新论》，人民出版社，2008年版。
- [18] 《十六大以来重要文献选编》（上），中央文献出版社，2005年版。
- [19] 《十六大以来重要文献选编》（中），中央文献出版社，2006年版。
- [20] 《十六大以来重要文献选编》（下），中央文献出版社，2008年版。
- [21] [德]海德格尔著，熊伟译、王炜编：《熊译海德格尔》，同济大学出版社，2004年版。
- [22] [德]马克斯·霍克海默，西奥多·阿道尔诺著，渠敬东、曹卫东译：《启蒙辩证法：哲学断片》，上海人民出版社，2003年版。
- [23] [德]维尔纳·桑巴特著，王燕平、侯小河译：《奢侈与资本主义》，上海人民出版社，2005年版。
- [24] [德]乌尔里希·贝克著，吴英姿、孙淑敏译：《世界风险社会》，南京大学出版社，2004年版。
- [25] [俄]А. И. 科斯京著，胡谷明等译：《生态政治学与全球学》，武汉大学出版社，2008年版。
- [26] [法]让·鲍德里亚著，刘成富、全志刚译：《消费社会》，南京大学出版社，2008年版。
- [27] [古巴]菲德尔·卡斯特罗著，王玫等译：《全球化与资本主义》，社会科学文献出版社，2000年版。
- [28] [加]本·阿格尔著，慎之等译：《西方马克思主义概论》，中国人民大学出版社，1991年版。

[29] [联邦德国]A·施密特著,欧力同、吴仲昉译,赵鑫珊校:《马克思的自然概念》,商务印书馆,1988年版。
[30] [美]埃伦·伍德,福斯特主编:《保卫历史:马克思主义与后现代主义》,社会科学文献出版社,2009年版。
[31] [美]艾伦·杜宁:《多少算够——消费社会与地球的未来》,吉林人民出版社,1997年版。
[32] [美]奥尔多·利奥波德:《沙乡年鉴》,吉林人民出版社,1997年版。
[33] [美]巴里·康芒纳:《封闭的循环:自然、人和技术》,吉林人民出版社,1997年版。
[34] [美]丹尼尔·A·科尔曼著者,梅俊杰译:《生态政治:建设一个绿色社会》,上海译文出版社,2002年版。
[35] [美]丹尼斯·米都斯等著,李宝恒译:《增长的极限:罗马俱乐部关于人类困境的报告》,吉林人民出版社,1997年版。
[36] [美]凡勃伦著,蔡受百译:《有闲阶级论:关于制度的经济研究》,商务印书馆,1964年版。
[37] [美]亨利·梭罗:《瓦尔登湖》,吉林人民出版社,1997年版。
[38] [美]黄宗智:《长江三角洲小农家庭与乡村发展》,中华书局出版社,1992年版。
[39] [美]霍尔姆斯·罗尔斯顿:《哲学走向荒野》,吉林人民出版社,2000年版。
[40] [美]蕾切尔·卡逊著,吕瑞兰、李长生译:《寂静的春天》,吉林人民出版社,1997年版。
[41] [美]约翰·贝拉米·福斯特著,耿建新、宋兴无译:《生态危机与资本主义》,上海译文出版社,2006年版。
[42] [美]约翰·贝拉米·福斯特著,刘仁胜、肖峰译,刘庸安

校：《马克思的生态学——唯物主义与自然》高等教育出版社，2006年版。

[43] [美]詹明信：《晚期资本主义的文化逻辑》，三联书店，1997年版。

[44] [美]詹姆斯·奥康纳著，唐正东、臧佩洪译：《自然的理由：生态学马克思主义研究》，南京大学出版社，2003年版。

[45] [日]堤清二著，朱绍文等译校：《消费社会批判》，经济科学出版社，1998年版。

[46] [日]岩佐茂著，韩立新译：《环境的思想：环境保护与马克思主义的结合处》，中央编译出版社，1997年版。

[47] [苏]E·费道洛夫著，王炎庠、赵瑞全译：《人与自然：生态危机和社会进步》，中国环境科学出版社，1986年版。

[48] [匈]卢卡奇：《历史与阶级意识》，商务印书馆，2004年版。

[49] [印]萨兰·萨卡著，张淑兰译：《生态社会主义还是生态资本主义》，山东大学出版社，2008年版。

[50] [英]安德鲁·多布森著，郇庆治译：《绿色政治思想》，山东大学出版社，2005年版。

[51] [英]戴维·麦克莱伦著，王珍译：《卡尔·马克思传》，中国人民大学出版社，2005年版。

[52] [英]戴维·佩珀著，刘颖译：《生态社会主义：从深生态学到社会正义》，山东大学出版社，2005年版。

[53] [英]迈克·费瑟斯通著，刘精明译：《消费文化与后现代主义》，译林出版社，2000年版。

[54] 《21世纪议程》上下卷，科学技术文献出版社，2000年版。

[55] 《科学发展观重要论述摘编》，中央文献出版社，2008年

版。
- [56] 《马克思主义与可持续发展——世界政治经济学会第三届论坛(2008)》。
- [57] 《中国环境发展报告(2009)》，社会科学文献出版社2009年版。
- [58] 《中国环境年鉴》。
- [59] 陈敏豪：《生态文化与文明前景》，武汉出版社，1995年版。
- [60] 陈学明、王凤才：《西方马克思主义前沿问题二十讲》，复旦大学出版社，2008年版。
- [61] 陈学明：《生态文明论》，重庆出版社，2008年版。
- [62] 陈学明：《永远的马克思》，人民出版社，2006年版。
- [63] 大卫·格里芬：《后现代科学——科学魅力的再现》，中央编译出版社，1998年版。
- [64] 迪德里齐等著：《全球资本主义的终结：新的历史蓝图》，人民文学出版社，2001年版。
- [65] 冯沪祥：《环境伦理学：中西环保哲学比较研究》，台北学生书局，1991年版。
- [66] 高中华：《环境问题抉择论 生态文明时代的理性思考》，社会科学文献出版社，2004年版。
- [67] 国家环保总局环境规划院，国家信息中心编：《2008～2020年中国环境经济形势分析与预测》，中国环境科学出版社，2008年版。
- [68] 国家环境保护总局、中共中央文献研究室编：《新时期环境保护重要文献选编》，中国环境科学出版社、中央文献出版社，2001年版。
- [69] 贺新元：《环境问题与第三世界》，中央民族大学出版社，2007年版。

[70] 洪大用主编：《中国环境社会学：一门建构中的学科》，社会科学文献出版社，2007年版。

[71] 郇庆治：《环境政治国际比较》，山东大学出版社，2007年版。

[72] 黄平编选：《与地球重新签约——哥本哈根社会发展论坛论文选之一》，人民文学出版社，2003年版。

[73] 解保军：《马克思自然观的生态哲学意蕴："红"与"绿"结合的理论先声》，黑龙江人民出版社，2002年版。

[74] 孔明安：《物·象征·仿真——鲍德里亚哲学思想研究》，安徽人民出版社，2008年版。

[75] 雷毅：《深层生态学思想研究》，清华大学出版社，2001年版。

[76] 李凤岐主编：《社会主义本质研究》，黑龙江人民出版社，2003年版。

[77] 李惠斌，薛晓源，王治河：《生态文明与马克思主义》，中央编译出版社，2008年版。

[78] 李小云等主编：《环境与贫困：中国实践与国际经验》，社会科学文献出版社，2005年版。

[79] 廖福霖：《生态文明建设理论与实践》，中国林业出版社，2003年版。

[80] 廖福霖等著：《生态生产力导论》，中国林业出版社，2007年版。

[81] 刘仁胜：《生态马克思主义概论》，中央编译出版社，2007年版。

[82] 刘湘溶编：《生态文明论》，湖南教育出版社，1999年版。

[83] 刘燕华、李秀彬主编：《脆弱生态环境与可持续发展》，商务印书馆，2007年版。

[84] 刘应杰、邓文奎、龚维斌：《中国生态环境安全》，安徽教

育出版社，2004年版。
- [85] 刘宗超：《生态文明观与中国可持续发展走向》，中国科学技术出版社，1997年版。
- [86] 刘宗超等著：《生态文明观与全球资源共享》，经济科学出版社，2000年版。
- [87] 卢风、刘湘溶：《现代发展观与环境伦理》，河北大学出版社，2004年版。
- [88] 罗桂环、舒俭民编著：《中国历史时期的人口变迁与环境保护》，冶金工业出版社，1995年版。
- [89] 罗骞：《论马克思的现代性批判及其当代意义》，上海人民出版社，2007年版。
- [90] 蒙培元：《人与自然：中国哲学生态观》，人民出版社，2004年版。
- [91] 庞炳庵：《亲历古巴——一个中国驻外记者的手记》新华出版社，2000年版。
- [92] 曲格平：《我们需要一场变革》，吉林人民出版社，1997年版。
- [93] 曲格平：《中国环境问题及对策》，中国环境科学出版社，1984年版。
- [94] 任俊华、刘晓华：《环境伦理的文化阐释：中国古代生态智慧探考》，湖南师范大学出版社，2004年版。
- [95] 沈清松编：《俭朴思想与环保哲学》，立绪文化事业有限公司，1997年版。
- [96] 世界环境与发展委员会：《我们共同的未来》，吉林人民出版社，1997年版。
- [97] 中科院现代化研究中心中国现代化战略课题组：《中国现代化报告2007——生态现代化》，北京大学出版社，2007年版。

[98] 汪劲：《中外环境影响评价制度比较研究：环境与开发决策的正当法律程序》，北京大学出版社，2006年版。

[99] 王利华主编：《中国历史上的环境与社会》，三联书店，2007年版。

[100] 王祥荣：《中国城市生态环境问题报告》，江苏人民出版社，2006年版。

[101] 卫生部编：《中国卫生统计年鉴》，中国协和医科大学出版社，2008年版。

[102] 吴凤章主编：《生态文明构建：理论与实践》，中央编译出版社，2008年版。

[103] 夏莹：《消费社会理论及其方法论导论》，中国社会科学出版社，2007年版。

[104] 肖显静：《生态政治：面对环境问题的国家抉择》，山西科学技术出版社，2003年版。

[105] 辛向阳：《科学发展观的基本问题研究》，中国社会出版社，2008年版。

[106] 徐艳梅：《生态学马克思主义研究》，社会科学文献出版社，2007年版。

[107] 许宝强，汪晖选编：《发展的幻象》，中央编译出版社，2001年版。

[108] 薛晓源，李惠斌主编：《生态文明研究前沿报告》，华东师范大学出版社，2007年版。

[109] 杨东平主编：《中国环境的危机与转机(2008)》，社会科学文献出版社，2008年版。

[110] 杨通进、高予远编：《现代文明的生态转向》重庆出版社，2007年版。

[111] 杨通进：《环境伦理：全球话语中国视野》重庆出版社，2007年版。

- [112] 杨通进编：《生态二十讲》，天津人民出版社，2008年版。
- [113] 叶平：《生态伦理学》，东北林业大学出版社，1994年版。
- [114] 余谋昌：《生态哲学》，陕西人民教育出版社，2000年版。
- [115] 曾建平：《环境正义：发展中国家环境伦理问题探究》，山东人民出版社，2007年版。
- [116] 曾鸣、谢淑娟：《中国农村环境问题研究：制度透析与路径选择》，经济管理出版社，2007年版。
- [117] 曾文婷：《"生态学马克思主义"研究》，重庆出版社，2008年版。
- [118] 张世英：《天人之际：中西哲学的困惑与选择》，人民出版社，2007年版。
- [119] 张勇：《环境安全论》，中国环境科学出版社，2005年版。
- [120] 中国21世纪议程管理中心可持续发展战略研究组、中国科学院地理科学与资源研究所：《中国可持续发展状态与趋势》，社会科学文献出版社，2007年版。
- [121] 中国21世纪议程管理中心可持续发展战略研究组编：《生态补偿：国际经验与中国实践》，社会科学文献出版社，2007年版。
- [122] 诸大建主编：《生态文明与绿色发展》，上海人民出版社，2008年版。
- [123] André Gorz, translated by Patsy Vigderman and Jonathan Cloud, *Ecology as politics*, 1980.
- [124] André Gorz, translated by Chris Turner, *Capitalism, socialism, ecology*, 1994.

[125] Andre Gorz, Translated by Gillian Handyside and Chris Turner, *Critique of Economic Reason*, Verso, 1989.

[126] Anthony Giddens, *Modernity and self—identity : self and society in the late modern age*, Oxford : Blackwell Pub. , 1991.

[127] Anthony Giddens, The consequences of modernity, Cambridge : Polity Pr. , 1990.

[128] Charles Taylor, *Sources of the self : the making of the modern identity*, Cambridge: Cambridge University Press, c1989.

[129] Charles Taylor, *Modern social imaginaries*, Durham : Duke University Press, 2004.

[130] Harald Swedner, *Ecological differentiation of habits and attitudes*, Lund : C. W. K. Gleerup, 1960.

[131] Howard L. Parsons, *Marx and Engels on Ecology*, Greenwood Press, 1977.

[132] Jonathan Hughes, *Ecology and Historical Materialism*, Cambridge University Press, 2000.

[133] John Bellamy Foster, *Ecology against capitalism*, New York: Monthly Review Press, 2002.

[134] Mark Elvin, *The retreat of the elephants: an environmental history of China*, New Haven : Yale University Press, c2004.

[135] Mathew Humphrey, *Ecological politics and democratic theory : the challenge to the deliberative ideal*, London; New York : Routledge, 2007.

[136] Paul Burket, *Marxism and ecological economics : toward a red and green political economy*, Boston: Brill,

2006.
- [137] Reiner Grundmann, *Marxism and ecology*, Oxford University Press, 1991.
- [138] Sandra Moog & Rob Stones, *Nature, Social Relations and Human Needs*, London: Palgrave macmillan, 2009.
- [139] Benton, T, *Philosophical Foundations of the Three Sociologies*, London: Routledge and Kegan Paul, 1997.
- [140] Paul Burkett, *Marx and Nature*, Macmillan Press, 1999.

论　文

- [141] [荷] 阿瑟·莫尔著，庞娟摘译：《转型期中国的环境与现代化》，《国外理论动态》2006年第11期。
- [142] [美] 查伦·斯普瑞特奈克著，张妮妮译：《生态后现代主义对中国现代化的意义》，《马克思主义与现实》2007年第2期。
- [143] [美] 默里·布克金著，郇庆治、卢文娟译：《走向一种生态社会》，《马克思主义与现实》2007年第5期。
- [144] [美] 默里·布克金著，郇庆治、周娜译：《社会生态学导论》，《南京林业大学学报(人文社会科学版)》2007年第1期。
- [145] [英] 戴维·佩珀著，张淑兰译：《生态乌托邦主义：张力、悖论和矛盾》，《马克思主义与现实》2006年第2期。
- [146] 《开创中国特色环境保护事业的探索与实践——记中国环境保护事业30年》，《环境保护》2008年8月。
- [147] 鲍小会：《中国农民传统生态观念解构分析》，《四川理工学院学报(社会科学版)》2006年第5期。

[148] 博格：《增长与不平等》，《经济社会体制比较》2008年第5期。

[149] 曹凤中，王玉振：《面向21世纪乡镇企业发展与环境保护》，《环境科学动态》，1999年第1期。

[150] 曹孟勤：《欲望消费与生态危机》，《兰州大学学报(社会科学版)》2003年第1期。

[151] 陈芬：《消费主义的伦理困境》，《伦理学研究》2004年第5期。

[152] 陈晖涛：《可持续消费：对消费主义的反省和矫正》，《广西社会科学》2007年第4期。

[153] 陈寿朋：《牢固树立生态文明观念》，《北京大学学报(哲学社会科学版)》2008年第1期。

[154] 陈学明，罗骞：《科学发展观与人类存在方式的改变》，《中国社会科学》2008年第5期。

[155] 陈学明：《生态文明视野下的中国发展之路——陈学明教授访谈录》，《晋阳学刊》2008年第3期。

[156] 陈映：《论中国共产党人与自然和谐发展的思想演进》，《毛泽东思想研究》2007年第6期。

[157] 程相占，杜维明：《环境感知、生态智慧与儒学创新》，《学术月刊》2008年第1期。

[158] 戴安良：《对建设生态文明几个理论问题的认识——兼论科学发展观与建设生态文明的关系》，《探索》2000年第1期。

[159] 邓常春、任卫峰：《消费主义的中国版及其生态影响》，《生态经济》2007年第2期。

[160] 杜丽群：《资源、环境与可持续发展》，《北京大学学报(哲学社会科学版)》2003年第3期。

[161] 殷昌群、杨雪清、张文逸：《生态环境问题对新中国政治

生活之影响———从政治生态学的角度分析》,《思想战线》2000年第4期。
[162] 樊小贤:《试论消费主义文化对生态环境的影响》,《社会科学战线》2006年第4期。
[163] 方亚琴:《国内外消费主义研究综述》,《渤海大学学报(哲学社会科学版)》2008年第5期。
[164] 高德明:《可持续发展与生态文明》,《求是》2003年第18期。
[165] 郭建:《中国特色社会主义生态文明的科学内涵及其构建》,《河南师范大学学报(哲学社会科学版)》2008年第3期。
[166] 郭剑仁:《探寻生态危机的社会根源——美国生态学马克思主义及其内部争论析评》,《马克思主义研究》2007年第10期。
[167] 郭明哲、赵士锋:《后现代主义语境下的生态哲学》,《兰州学刊》2005年第5期。
[168] 郭尚花:《生态社会主义关于生态殖民扩张的命题对我国调整外资战略的启示》,《当代世界与社会主义》2008年第3期。
[169] 郭熙保、杨开泰:《生态现代化理论评述》,《教学与研究》2006年第4期。
[170] 韩雪风:《论生态文明建设》,《探索》2008年第1期。
[171] 何传启:《勾画绿色中国——21世纪中国生态现代化战略》,《国土资源》2007年第2期。
[172] 何传启:《世界生态现代化的历史事实》,《高科技与产业化》2007年9月。
[173] 何传启:《中国生态现代化路径图》,《高科技与产业化》2007年9月。

[174] 何中华:《论马克思和恩格斯哲学思想的几点区别》,《东岳论丛》2004年第5期。
[175] 何中华:《如何看待马克思和恩格斯的思想差别》,《现代哲学》2007年第3期。
[176] 贺新元:《西方全球化带来的环境问题》,《理论与现代化》2007年第4期。
[177] 胡鞍钢,王亚华:《从生态赤字到生态建设:全球化条件下中国的资源和环境政策》,《中国软科学》2000年第1期。
[178] 胡振平:《"以人为本"核心价值理念的形成》,《社会科学》2008年第7期。
[179] 环境保护部国际合作司:《国际环境动态》2008、2007年。
[180] 郇庆治:《城市可持续性与生态文明:以英国为例》,《马克思主义与现实》2007年第2期。
[181] 郇庆治:《生态现代化理论与绿色变革》,《马克思主义与现实》2006年第2期。
[182] 黄楠森:《马克思主义与"以人为本"》,《北京日报》2004年5月9日。
[183] 江曙曜,许若鲲:《和谐之美——对厦门发展变迁的思考》,《求是杂志》2007年第1期。
[184] 姜春云:《跨入生态文明新时代——关于生态文明建设若干问题的探讨》,《求是杂志》2008年第21期。
[185] 瞿佳平:《农业环境保护应列入县级政府环境保护目标责任制考核内容》,《农村生态环境》1993年4月。
[186] 孔繁德等:《中国现代化报告2007——生态现代化研究述评》,《中国环境管理干部学院学报》2007年第9期。
[187] 李明华,陈真亮,文黎照:《生态文明与中国环境政策的

转型》,《浙江社会科学》2008年第11期。
[188] 李慎明:《全球化与第三世界》,《中国社会科学》2000年第3期。
[189] 李伟:《"人有多大胆,地有多大产"与山东农业大跃进运动》,《福建党史月刊》2008年第3期。
[190] 梁思奇:《不能再做断子孙路的蠢事》,《瞭望》2007年第48期。
[191] 刘福森:《自然中心主义生态伦理观的理论困境》,《中国社会科学》1997年第3期。
[192] 莫创荣:《生态现代化理论与中国的环境与发展决策》,《经济与社会发展》2005年第10期。
[193] 潘岳:《生态文明的前夜》,《瞭望》2007年第43期。
[194] 潘岳:《以环境友好促进社会和谐》,《求是杂志》2006年第15期。
[195] 秦鹏:《论环境法发展观的价值维度——面向消费主义的批判与超越》,《现代法学》2007年第4期。
[196] 曲格平:《中国环保事业的回顾与展望》,《中国环境管理干部学院学报》1999年8月。
[197] 桑杰:《中国共产党关于生态文明建设的理论与实践》,《红旗文稿》2006年第23期。
[198] 是丽娜,王国聘:《生态文明理论研究述评》,《社会主义研究》2008年第1期。
[199] 宋言奇:《改革开放30年来我国的城市化历程与农村生态环境保护》,《苏州大学学报(哲学社会科学版)》2008年11月。
[200] 孙金华,张国富:《和谐发展理念的升华:建设生态文明》,《武汉大学学报(人文科学版)》2008年第5期。
[201] 孙金华:《论中国共产党生态文明理论的思想基础》,《社

会主义研究》2008年第2期。

[202] 孙玉霞：《生态学语境中的消费主义文化审视》，《江西社会科学》2008年第7期。

[203] 陶锡良：《略论当代国际关系中的环境殖民主义》，《国际关系学院学报》1996年第3期。

[204] 王国聘：《哲学从文化向生态世界的历史转向——罗尔斯顿对自然观的一种后现代诠释》，《科学技术与辩证法》2000年第5期。

[205] 王红梅：《中国共产党生态文明思想的形成过程及重要意义》，《新疆社科论坛》2008年第6期。

[206] 王进芳：《幻象与真实：消费主义的文化含义》，《社会科学家》2007年第1期。

[207] 王求是，黄浦芳：《消费主义的危害与对策》，《社会科学家》2007年第3期。

[208] 王伟光：《科学发展观是中国特色社会主义理论体系的创新成果》，《求是杂志》2008年第2期。

[209] 王炜：《从技术批判到生态哲学》，《浙江学刊》1996年第3期。

[210] 王晓华：《中国的生态主义运动与建设性后现代主义——在美国克莱蒙特大学的演讲提纲》转自"学说连线"http://www.xslx.com。

[211] 王晓华译．《后现代转折与我们这个星球的希望——大卫·格里芬教授访谈录》，《国外社会科学》2003年第3期。

[212] 王逸舟：《生态环境政治与当代国际关系》，《浙江社会科学》1998年第3期。

[213] 王雨辰：《论作为境界论的生态文明理论和作为发展观的生态文明理论》，《道德与文明》2008年第4期。

[214] 王雨辰：《制度批判、技术批判、消费批判与生态政治哲

学——论西方生态学马克思主义的核心论题》,《国外社会科学》2007年第2期。
[215] 王玉德:《中国环境保护的历史和现存的十大问题——兼论建立生态文化学》,《华中师范大学学报(哲社版)》1996年第1期。
[216] 王岳川:《东方消费主义话语中的文化透视》,《解放军艺术学院学报》2004年第3期。
[217] 王跃生:《家庭责任制、农户行为与农业中的环境生态问题》,《北京大学学报(哲学社会科学版)》1999年第3期。
[218] 吴绮雯:《论毛泽东"人定胜天"的环境思想》,《涪陵师范学院学报》2006年第5期。
[219] 徐春:《处于全球化悖论中的可持续发展》,《北京大学学报(哲学社会科学版)》2002年第6期。
[220] 许素萍:《<1844年经济学哲学手稿>:关于生态文明思想的先声》,《学术交流》2008年6月。
[221] 鄢斌:《公民环境意识的变迁与环境法的制度调整》,《法学杂志》2007年第3期。
[222] 杨通进:《多元化的环境伦理》,《哲学动态》2000年第2期。
[223] 杨曾宪:《论自然价值两重性》,《学术研究》2005年第8期。
[224] 叶汝求:《改革开放30年环保事业发展历程——解读历次国务院关于环境保护工作的决定》,《环境保护》,2008年11月。
[225] 尹世杰:《再论"弘扬生态文明"》,《社会科学》2008年第4期。
[226] 袁玲红:《西方生态现代化的伦理反思》,《前沿》2008年第9期。

[227] 曾正德：《历代中央领导集体对建设中国特色社会主义生态文明的探索》，《南京林业大学学报（人文社会科学版）》2007年12月。

[228] 张荣华，原丽红：《中国特色社会主义生态文明建设论析》，《理论学刊》2008年第8期。

[229] 张同乐，郭琪：《"大跃进"时期生态环境问题论析——以河北省为例》，《河北师范大学学报（哲学社会科学版）》2008年第2期。

[230] 张卫良：《20世纪西方社会关于"消费社会"的讨论》，《国外社会科学》2004年第5期。

[231] 张文喜：《马克思的自然概念与历史主义》，《人文杂志》2005年第1期。

[232] 张永华：《发展主义、生态后现代主义与新型现代性》，《社会科学家》2005年第6期。

[233] 郑红娥：《发展主义与消费主义：发展中国家社会发展的困厄与出路》，《华中科技大学学报·社会科学版》2005年第4期。

[234] 郑湘萍：《生态学马克思主义生态批判理论的多维视角》，《云南社会科学》2007年第4期。

[235] 周穗明：《西方绿色思潮与后物质主义价值观》，《岭南学刊》2002年5期。

[236] 周穗明：《新社会运动：世纪末的文化抗衡》，《当代世界与社会主义》1997年第4期。

[237] 朱琦，徐富春，尚屹：《中国环境信息系统的现状和展望》，《环境保护》2004年第3期。

[238] 邹广文：《全球化进程中的哲学主题》，《中国社会科学》2003年第6期。

[239] Andrea Migone, Hedonistic Consumerism: Patterns of

Consumption in Contemporary Capitalism, *Review of Radical Political Economics*, Vol. 39, No. 2, 173—200 (2007).

[240] Brett Clark & John Bellamy Foster, The Environmental Conditions of The Working Class, *Organization & nvironment*, 19(3) (2006).

[241] David Simon, Dilemmas of development and the environment in a globalizing world: theory, policy and praxis, *Progress in Development Studies*, Vol. 3, No. 1, 5—41 (2003).

[242] Gavin Walker, Sociological theory and the natural environment, *History of the Human Sciences*, Vol. 18, No. 1, 77—106(2005).

[243] Jeff Shantz, Radical Ecology and Class Struggle: A Re-Consideration, *Critical Sociology*, Volume 30, issue 3, 2004.

[244] John Bellamy Foster, The Crisis of The Earth, *Organization & Environment*, Vol. 10 No. 3, September 1997 278—295.

[245] Kate Soper, Re-thinking the 'Good Life'——The citizenship dimension of consumer disaffection with consumerism, *Journal of Consumer Culture*, Vol. 7, No. 2, 205—229 (2007).

[247] Marcel Wissenburg, Globotopia: The Antiglobalization Movement and Utopianism, *Organization & Environment*, Vol. 17 No. 4, December 2004, 493—508.

[248] Martha E. Gimenez, Does Ecology Need Marx? *Organization & Environment*, Vol. 13 No. 3, September

2000, 292—304.

[249] Paddy Dolan, The Sustainability of "Sustainable Consumption", *Journal of Macromarketing*, Vol. 22, No. 2, 170—181 (2002).

[250] Peter G. Stillman, Scarcity, Sufficiency and Abundance: Hegel and Marx on Material Needs and Satisfactions, *International Political Science Review*, Vol. 4 No. 3, 1983, 295—310.

[251] Samir Amin, Translated by David Luckin, The challenge of globalization, *Review of International Political Economy* 3: 2 Summer 1996, 216—259.

[252] Subhabrata Bobby Banerjee, Who Sustains Whose Development? Sustainable Development and the Reinvention of Nature, *Organization Studies* (2003) 24(1): 143—180.

[253] Timo Jarvikoski, The Relation of Nature and Society in Marx and Durkheim, *Acta Sociologica*, 1996 Vol. 39.

[254] Ted Benton, Marxism and Natural Limits: An Ecological Critique and Reconstruction, *New Left Review*, 1989, No. 178.

[255] Reiner Grundamann, The Ecological Challenge to Marxism, *New Left Review*, No. 187, May/June 1991.

后　记

本书是在我的博士论文的基础上修改而成的。首先感谢我的导师李崇富教授对我为学、为人的培养，论文的选题、结构都是在导师的指导下完成的，写作与修改过程中也凝结着导师的心血。深深感谢我的师母叶爱莲老师，她不仅关心着我的生活和学习，而且以她的人生态度激励着我。

感谢钟哲明教授、钱淦荣教授、夏春涛研究员、赵智奎研究员与金民卿研究员在论文答辩中给我提出的意见和建议，我在论文的修改过程中不同程度的予以采纳。感谢贺新元、罗骞同志给论文写作提出的建议。在论文写作过程中，还得到了陈志刚和陈建波同志的帮助，也向他们致谢。中国社科院哲学所的孔明安老师在我的学业上给予了很多指教和帮助，在此对他致以诚挚的谢意！感谢家人的支持。

人生至福莫过于做自己喜欢的事情。在读书思考中获得的快乐，是人生最真实的快乐之一。

由于水平与时间所限，错漏之处在所难免，恳请方家指正、赐教。

张　剑
2010 年 8 月